对地观测卫星激光检校理论方法与实践

谢俊峰 刘力荣 莫 凡 周 平 著

地质出版社

·北 京·

图书在版编目（CIP）数据

对地观测卫星激光检校理论方法与实践 / 谢俊峰 等著. — 北京：地质出版社, 2022.12

ISBN 978-7-116-13434-8

Ⅰ. ①对… Ⅱ. ①谢… Ⅲ. ①激光测地卫星—校验 Ⅳ. ①V474.2

中国版本图书馆CIP数据核字(2022)第208963号

DUIDI GUANCE WEIXING JIGUANG JIANJIAO LILUN FANGFA YU SHIJIAN

责任编辑：蔡　莹
责任校对：李　玫
出版发行：地质出版社
社址邮编：北京市海淀区学院路31号，100083
电　　话：(010) 66554649（邮购部）；(010) 66554604（编辑部）
网　　址：https://www.gph.clmpg.com
传　　真：(010) 66554607
印　　刷：北京地大彩印有限公司
开　　本：787mm×1092mm　1/16
印　　张：14.5
字　　数：300千字
版　　次：2022年12月北京第1版
印　　次：2022年12月北京第1次印刷
定　　价：86.00元
书　　号：ISBN 978-7-116-13434-8

序1

激光是原子受激辐射产生的光，具有极高的亮度和极好的方向性、单色性与相干性。自1960年人类成功研制第一台红宝石激光器以来，以激光生成与应用为核心的激光技术得到迅速发展，与原子能、半导体及计算机并称为20世纪“四大”发明，在工业加工、深空探测、信息传输、医疗美容等诸多领域得到广泛应用，并产生了巨大的社会效益和经济效益。

随着激光器、光电探测器件等硬件研制技术的飞速发展，卫星激光作为新兴的卫星遥感技术迅速崛起。激光雷达作为卫星遥感的主载荷之一，早在20世纪70年代的阿波罗飞船上就得到了应用，随后被应用于火星、水星、小行星等行星表面探测。我国的“嫦娥”系列航天器、日本的“月亮女神”探测器、印度的“月球初航-1”探测卫星等都搭载过用于测量月球表面地形的激光雷达。在对地观测方面，美国的ICESat系列卫星、我国资源三号02/03星、高分七号卫星、陆地生态系统碳监测卫星，以及国际空间站等，均搭载了激光雷达。对地观测卫星激光测高产品不仅可以作为地面高程控制点用于提升全球立体测图精度，而且在极地冰川监测、森林树高及碳汇估算、湖泊水位测量、滩涂地形测量等方面也有很大的应用潜力。激光雷达已与可见光、高光谱、SAR等载荷并列，成为我国遥感卫星获取高精度“地球3D大片”的重要技术手段之一。

激光产品应用的基础是足印高精度几何定位。由于卫星发射振动或太空环境变化，激光指向和测距等测量值发生系统偏移，严重影响激光足印定位精度特别是测高精度。因此，开展激光在轨几何检校消除系统偏差是保障激光数据高精度处理的前提。本书是作者在卫星激光检校技术方面多年来研究成果的总结和凝练，系统回顾了六十余年来国内外卫星激光雷达的发展历程及检校技术现状，依托作者多年来在激光检校方面的理论积淀及国产激光载荷在轨检校试验的成功经验，对卫星激光测高的几何误差源（包括指向误差、测距误差、大气延迟误差、潮汐误差、卫星姿态误差、轨道误差等方面）进行系统分析，构建了适用于阈值和全波形两种体制激光通用的激光测高几何检校模型，实现了资源三号和高分七号等多颗卫星激光在轨业务化检校。同时，书中以高分七号卫星激光载荷为例，阐述了团队开展足印相机几何辐射检校方法研究，并以此为桥梁实现“激光”与“高分线阵光学相机”复合测绘应用情况，为未来我国新型基础测绘、实景三维中国建设、自然资源调查监测等应用提供了坚实的技术支撑。

党的十八大以来，我国通过高分专项、空基规划等支持，目前发射在轨的各类遥感卫星已达几十颗，跻身卫星大国行列，后续需要加快科研技术成果落地，提升国产卫星遥感应用水平。从2016年发射我国首台激光试验载荷——资源三号02星激光测高仪至今，作者及团队夜以继日地奋战在一线，开展理论研究与实践探索，构建了一套完整的国产卫星激光几何检校理论体系，并在资源三号02/03和高分七号等卫星上得到了工程化应用。其中，高分七号卫星激光经过检校后，在检校平坦区域的测高精度达到0.1 m，达到美国同类激光载荷GLAS的水平，这是一项可喜的技术创新成果。

自主创新何其难，但更难的是把科研成果转化为现实生产力，使其切实在国民经济和社会发展、生态文明建设中发挥作用。希望他们再接再厉，继续赶超世界先进水平，让国产卫星激光数据产品及应用走向世界。

二〇二二年十月

序2

时光荏苒，岁月如梭。在国家民用航天、高分辨率陆地观测系统重大专项、国家民用空间基础设施规划、“一带一路”空间信息走廊等重大工程和发展规划推动下，中国的卫星遥感事业经过数十年发展，与大数据、云计算、人工智能、虚拟现实等高新技术紧密结合，迎来了空前的发展机遇。近十年来，我国的陆地遥感卫星及其应用体系逐步形成，卫星遥感对地观测载荷从光学载荷为主到高光谱、雷达、激光、热红外等高中低分辨率、多型谱协同探测并行；卫星遥感技术从跟跑到并跑，数据应用也从依赖进口到自力更生，以光学卫星应用为主向多类型、多用途卫星协同应用转变。多种新型传感器的发展为卫星遥感事业发展注入了创新基因，激光测高载荷便是其中的“冉冉新星”。

卫星激光测高是一种能够高频率、大范围地获取亚米级甚至厘米级高程信息的技术，已经成为新型对地观测的重要手段之一。美国从20世纪70年代开始，通过持续投入和发展，一直保持着在卫星激光测高领域的领先地位；近年来我国也在激光测高载荷研制和技术创新方面持续发力。如何提高立体测绘卫星无地面控制高程测量精度一直是我国卫星测绘领域面临的重大难题，为此，我带领作者团队与航天部门多次进行激光光学复合测绘的可行性论证。在大家的不懈努力下，2016年，我们在资源三号02星上搭载了一台轻小型对地观测激光测高试验性载荷，开启了国内利用激光辅助光学开展立体测图的先河。作为我国首台重频只有2 Hz的对地观测激光试验载荷，经过团队艰辛的技术攻关与地面检校试验后，实现测高精度迈入1 m大关。资源三号02星激光辅助光学立体影像实现了全地形1：5万立体测图。这一成功极大地促进了激光测高仪作为主载荷在后续高分七号卫星、资源三号03星上搭载及业务化应用。我国由资源三号卫星实现的1：5万比例尺立体测图到跨入高分七号1：1万比例尺航天测绘的新时代，卫星激光测高技术功不可没。除了用于新型基础测绘、全球地理信息资源建设等领域的高程控制，卫星激光测高产品在青藏高原冰川高程变化监测、南极立体测图、青海湖水位测量等方面也得到拓展应用。

卫星遥感数据的高精度处理技术，是制约其应用的最大瓶颈。卫星激光测高包括高精度距离测量、卫星轨道测量、卫星姿态及激光指向测量、高精度时间测量几个核心部分。卫星发射时的振动及入轨后空间环境变化等，会引起卫星载荷和技术参数发生变化，严重影响激光测高精度，必须开展激光测高仪在轨几何检校，以获得高精度的激光测高数据。

筚路蓝缕，玉汝于成。在资源三号02星之前，对地观测的卫星激光测高数据处理及应用研究在国内基本处于空白或刚起步的阶段。十多年来，我和本书作者一起，从激光测高载荷相关指标的预研设计开始，不断探索卫星激光检校的理论和方法，建立了高精度的几何检校场。在国家国防科技工业局的指导下，由自然资源部国土卫星遥感应用中心牵头，与中国空间技术研究院、中国科学院上海技术物理研究所、中国科学院合肥物质科学研究院、武汉大学、中国资源卫星应用中心、陕西测绘地理信息局自然资源部第一大地测量队、自然资源部第四地形测量队等多家单位通力协作，开展了数十次在轨几何检校与精度验证工作，积累了宝贵经验。通过几年的努力，我们终于厘清了卫星激光测高的误差来源，突破了严密几何模型构建、高精度在轨几何检校的多项关键技术，成功实现了资源三号02/03星、高分七号激光测高数据的业务化处理，形成了激光测高标准产品和增值产品。《对地观测卫星激光检校理论方法与实践》一书正是团队多年在卫星激光检校方面的技术、方法与实践的总结和凝练。

栉风沐雨，不忘初心。十年间，我国激光测高技术发展实现了一系列突破，成绩斐然，然而，新时代卫星遥感技术和应用还要直面许多问题。党的十八大以来，创新驱动被摆在国家发展全局的首要位置，如何坚持以科技创新为核心的卫星遥感服务，是当前摆在卫星遥感人面前的重要任务。希望他们继续发扬“敢为人先拓荒路”的精神，让我国的卫星产品从“有”到“好”，为全球提供服务，让世界人民享受中国的卫星遥感数据带来的便利和美好生活。

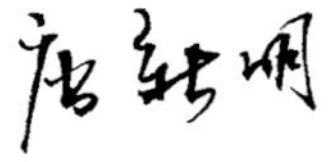

二〇二二年十月

前言

卫星激光测高是一种能够大范围、高精度获取地表三维空间信息的主动遥感技术，已经成为新型对地观测的重要手段之一，可为全球高精度控制获取、三维地形测量、湖泊水位测量及变化监测、浅海水下地形测绘、极地冰川监测以及森林碳汇估算等应用提供基础数据支撑，服务全球地理信息资源建设、全球气候变化、青藏高原生态安全、碳达峰碳中和等国家战略及领域应用需求。

近年来，世界航天强国争先发展卫星激光测高技术。2003年，美国发射的ICESat-1（Ice, Cloud and Land Elevation Satellite-1）卫星首次搭载了对地观测激光测高系统（Geoscience Laser Altimeter System, GLAS）。美国新一代激光测高卫星——ICESat-2（Ice, Cloud and Land Elevation Satellite-2）搭载多波束单光子载荷（Advanced Topographic Laser Altimeter System, ATLAS）于2018年成功发射，形成6条沿轨向高密度光子云数据，在极地海冰及冰盖厚度、林业树高、湖泊水位、海面高、浅海地形等测量中发挥了重要作用。全球生态系统动态调查激光雷达（Global Ecosystem Dynamics Investigation, GEDI）也于2018年成功送入国际空间站对地观测平台，GEDI为全球首台用于高分辨率森林垂直结构测量的多波束高重频的线性体制的激光测高仪，主要用于全球植被生物量测量。美国千波束的高精度三维地形测量激光系统LIST（Lidar Surface Topography）正在预研中，预期在轨后将直接快速获取全球5 m格网大小和10 cm高程精度的地形信息，其效率与精度将成为全球新的技术高地。

我国对地观测激光雷达经过多年发展，于2016年、2019年和2020年分别发射的资源三号02星、高分七号卫星、资源三号03星上装备了线性体制对地观测激光载荷，主要用于获取大量的全球高精度高程控制点，辅助光学影像实现卫星1：5万及1：1万无控立体测图，极大地提高了国产测绘遥感卫星的全球测图能力；高分七号卫星搭载了我国首台双波束全波形激光测高仪，实现了从阈值探测到全波形探测的重要跨越，并开创性地配备了可同步对地成像的激光足印相机。2022年8月发射的陆地生态系统碳监测卫星也采用5波束的线性全波形激光探测，波束数和激光点密度进一步提高。国产新一代星载单光子激光测高仪预研工作也接近尾声。总体上，与国外最先进激光测高载荷研制水平相比，我国正在逐步缩小差距。

几何精度是衡量对地观测卫星激光测高载荷性能的重要指标。经地面实验室标定后，激光测高仪具有很高的指向和测距精度。由于卫星发射时的振动及入轨后空间环境变化，激光测高仪光轴指向与平台相对安装发生系统偏移。同时也会引入硬件时统延迟、大气等测距误差，这些都将影响激光测高仪在轨工作后的几何定位精度，特别是高程测量精度。因此，迫切需要系统地开展对地观测卫星激光检校理论与方法研究，构建国产卫星激光检校技术体系，支撑我国国产在轨激光测高数据处理与应用。

针对这一需求，早在2016年资源三号02星搭载我国首台激光测高仪发射前，在自然资源部国土卫星遥感应用中心唐新明总工程师的带领和指导下，作者和团队日复一日，全身心投入我国激光检校技术攻关中。经过数年积累，目前针对资源三号和高分七号激光载荷，构建了阈值和波形两种体制激光在轨几何检校技术，自主研制了首套国产卫星激光几何检校处理与验证软件，建设了我国首个激光地面几何检校场——内蒙古苏尼特右旗激光检校场，并开展了资源三号02/03星和高分七号三颗卫星激光在轨测试及20余次年度业务化检校试验。资源三号02星激光载荷经检校后，在平坦地形测高精度优于1 m，使我国轻小型激光载荷迈上了一个新的台阶。资源三号03星和高分七号卫星经过检校后，平坦地形测高精度分别优于0.3 m和0.1 m，特别是高分七号激光测高仪测高精度达到美国同类卫星ICESat-1的0.15 m的最高水平，有力保障了国产激光测高产品精度，实现了国产卫星激光测高从试验到业务化运行的转变，为对地观测星载激光检校成套理论构建与方法研究积累了丰富的技术理论和工程实践经验。

本书围绕国产卫星激光测高技术的关键痛点，以全球地理信息资源建设、自然资源调查监测等应用需求为牵引，系统梳理了国内外星载激光测高技术的发展，依托作者多年来在星载激光检校方面的理论研究成果与工程实践，重点突破制约我国卫星激光测高精度提升的“卡脖子”难题，构建了国产多波束激光在轨几何检校模型，提出了地形匹配/波形匹配等指向角预估方法，设计了基于有源探测器的几何精检校方案，建立了一套面向阈值、全波形等多体制激光的几何检校理论体系，自主研发了星载多体制激光检校与处理系统，推动国产卫星激光测高从试验型到业务化应用的转型升级，充分发挥了卫星应用效能，更好地服务于国家生态文明建设以及国家治理体系和治理能力现代化。

全书共6章，主要由谢俊峰负责总体框架编写，刘力荣负责统稿和校对。第1章概述，由刘仁、赵利平执笔；第2章时空基准，由莫凡、窦显辉执笔；第3章卫星激光几何误差分析与检校模型构建，由谢俊峰、莫凡、朱广彬执笔；第4章卫星激光在轨几何粗检校，由谢俊峰、刘仁执笔；第5章卫星激光在轨几何精检校，由谢俊峰、莫凡、杨晓梦执笔；第6章足印影像与激光几何关联及复合测绘应用，由刘力荣、周平、唐洪钊执笔。此外，李响博士、曾俊泽硕士等也参与了本书的文字校对工作。

本书是作者团队在各级领导和同行专家的大力支持和帮助下，集成的众多科研项目成果的结晶。

感谢龚健雅院士、刘先林院士对国产卫星激光检校工作长期的关心和支持，他们高屋建瓴的指点和对团队的殷切期望是我们前进的动力。感谢唐新明总工程师对本书工作的全面指导和总体把关，他带领团队埋头苦干、突破成规、开拓创新，为我国自主掌握对地观测卫星激光测高技术倾注了大量的精力。

感谢内蒙古自治区自然资源厅、武汉大学、中国科学院合肥物质科学研究院、中国空间技术研究院、中国资源卫星应用中心、自然资源部第一大地测量队、自然资源部第四地形测量队、解放军信息工程大学、湖南科技大学、江苏省测绘工程院、苏尼特右旗自然资源局等单位为国产卫星激光检校提供了全力支持。李松教授团队、张过教授团队、郑小兵研究员团队研制了多种激光地面探测器，保障了检校试验的顺利开展并取得圆满成功；内蒙古自治区自然资源厅孙海萍处长，自然资源部第一大地测量队李国鹏院长、商永杰科长，自然资源部第四地形测量队张亚峰院长、魏宝安副院长，苏尼特右旗自然资源局宋东局长、班巴尔主任对卫星激光检校外业工作给予了悉心的指导，外业检校队伍多年来不辞劳苦、通力协作，为激光检校获取了大量宝贵的试验数据；中国空间技术研究院张新伟总工程师、赵晨光主任设计师、国爱燕副主任设计师为试验期间上星指令编排、激光载荷在轨状态调整提供了技术支持；中国资源卫星应用中心黄树松高工、庄超然高工为试验期间的数据推送和指令上注提供了全方位支持；上海技术物理研究所黄庚华研究员，中国航天科技集团公司第五研究院508所杨居奎总师、王春辉主任设计师、岳春宇主任设计师、刘付强主任设计师，解放军信息工程大学范大昭教授，长安大学任超峰副教授，湖南科技大学李少宁副教授，武汉大学马跃副教授、周辉教授，江苏省测绘工程院卢刚主任、王宗伟副主任等全面参与了卫星激光检校工作，本书理论成果的形成离不开他们无私的帮助。

感谢高小明、李国元、欧阳斯达、张悦、陈继益、刘诏等同事为卫星激光检校预报作出的重要贡献。参与国产卫星激光测高检校工作的人员众多，在此对所有提供指导、支持和帮助的同仁们表示衷心感谢！

本书得到了自然资源部高层次科技创新人才工程杰出青年人才资助项目（12110600000018003930）、国家自然科学基金面上项目（41771360，41971426）、国家国防科技工业局科学预先研究项目（D040105，D040106）、科技部重点研发计划国际合作项目（2020YFE0200800）的共同资助。

国内外对地观测激光测高卫星技术发展迅速，本书内容时间跨度较长，受认知与时间所限，书中难免有疏漏之处，恳请有关专家和读者批评指正。

二〇二二年十一月

目录

CONTENTS

第1章 概述

第2章 时空基准

第4章 卫星激光在轨几何粗检校

第5章 卫星激光在轨几何精检校

第6章 足印影像与激光几何关联及复合测绘应用

第1章

概述

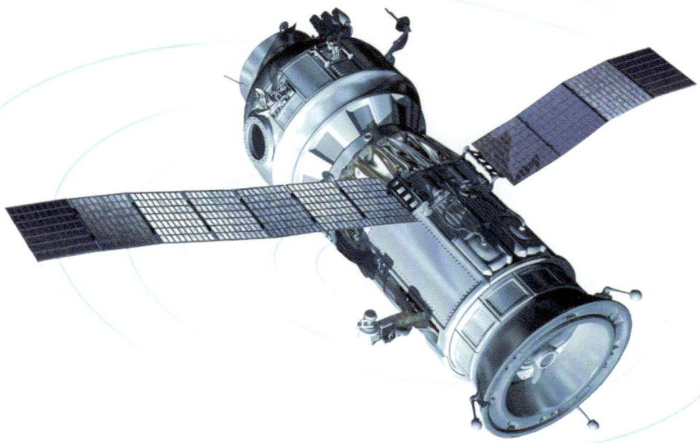

激光是20世纪以来，继原子能、计算机、半导体之后，人类的又一重大发明，其凭借着稳定性好、功耗低、测量精度高等优点被广泛应用于太空星体测量、地球极地冰盖监测、森林碳储量估算、陆地表面高程测量等。随着激光测距精度的不断提升，激光雷达已经广泛搭载在卫星平台上，用于空间星体的地形测量。本章主要介绍国内外卫星激光雷达发展现状，梳理面向不同星体观测的卫星激光雷达的特性；针对对地观测卫星激光雷达的应用需求，总结现有国内外卫星激光雷达的在轨检校方法，对比分析不同检校方式的优缺点，为系统地开展国产对地观测卫星激光检校理论研究与实践提供支撑。

1.1 卫星激光雷达发展现状

卫星激光雷达概念最早提出于20世纪60年代（毕进子 等, 2008；朱孟真 等, 2012），20世纪70年代初美国发射的阿波罗（Apollo）号飞船，首次将激光雷达送入太空进行月球地表观测，人类从此开启了利用激光雷达进行太空星体测量的历程。随后，对月球、火星、小行星等星体表面测量的卫星激光雷达不断涌现。近十几年来，随着激光雷达测距精度进一步提升，高精度的对地观测卫星激光雷达也逐渐出现。

根据激光雷达不同的观测对象，下面按照对月观测激光雷达、对地观测激光雷达以及对其他星体观测激光雷达分别进行简单介绍。

1.1.1 对月观测卫星激光雷达

激光雷达最早应用于太空测量的星体是月球，凭借其在无地面控制的条件下仍能准确获取地面信息的特点，中国、美国等世界多数卫星强国已经实现了月表大比例尺的测图。基于这些对月观测卫星激光雷达，还实现了月球探测器着陆月球、登月等伟大的人类工程。

1.1.1.1 Apollo号宇宙飞船激光雷达

美国在1971—1972年间先后发射的Apollo 15号、16号和17号宇宙飞船，均搭载了激光雷达（Kaula et al., 1974；Nikonov, 1985），旨在辅助绘制月球表面地形图，为后续月球登陆提供可靠位置信息，Apollo 15号宇宙飞船以及其载荷如图1.1所示。

该时期为激光雷达起步时期，受科学技术限制，Apollo号飞船搭载的激光器采用的是氙灯泵浦的机械调Q红宝石激光器，使用寿命短。据记录，Apollo号宇宙飞船上搭载的激光高度计的寿命仅为10^4次（朱孟真 等, 2012）。激光雷达作为Apollo号宇宙飞船的一个辅助载荷，为简化其光学系统，激光发射机与接收机望远镜采用相同的101.6 mm孔径，激光器采用波长为1064 nm的激光，正常工作高度为111 km。月球表面沿轨方向相邻两激光点间距约为30 km，距离分辨率为10 m。

（a）Apollo号宇宙飞船

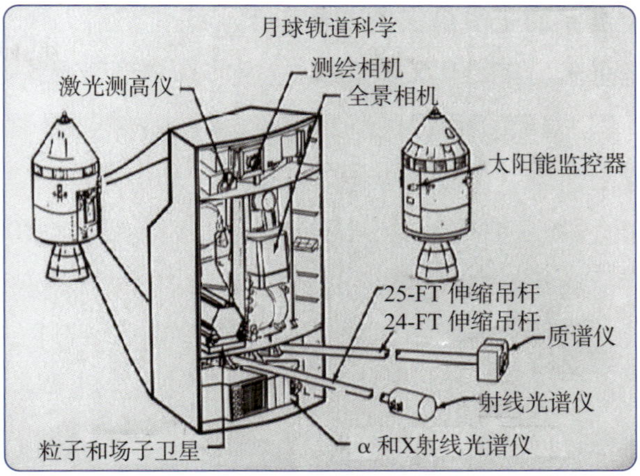

（b）激光雷达

图 1.1 Apollo 15 号宇宙飞船及其激光雷达

1.1.1.2 Clementine探月卫星激光雷达

Clementine探月卫星（图1.2）是美国自1973年6月发射探索者49号20余年后，再次发射到月球上的航天器。该卫星由美国国防部和美国航空航天局联合研制，于1994年1月25日在范登堡空军基地发射升空（Nozette et al., 1994），搭载了一套激光雷达系统。

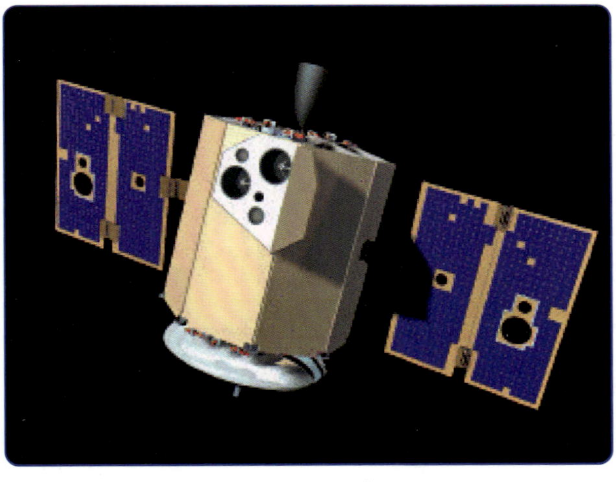

图 1.2 Clementine 探月卫星

Clementine探月卫星搭载的激光雷达系统的月球轨道高度约为640 km，激光在月球表面可形成一个约200 m直径的光斑，可观测覆盖月球两极60°之间的月表范围，激光器在轨工作时运行45 min后可以稳定在1 Hz的脉冲重复频率。基于该探月卫星激光雷达，人类第一次完整制作了月球表面高程图。在后期观测中，发现了月球南极一个永久阴影陨石坑（矿床），且底部有冰。据科学家估计，该矿床的体积约为$6\times10^4\sim12\times10^4$ m^3，表面积相当于4个足球场，深约5 m（Smith et al., 1997）。

1.1.1.3 SELENE探月卫星激光雷达

2007年9月14日，日本发射了“月亮女神”（Selenological and Engineering Explorer, SELENE）号探月卫星。该卫星搭载了14种精密仪器，其中包含一台激光雷达（Laser Altimeter, LALT）（Kase et al., 2003; 毕进子 等, 2008；唐新明 等, 2017a），如图1.3所示。LALT激光雷达采用1064 nm波长激光，在距离月球约100 km高度进行对月观测，其在轨期间获取了比Clementine卫星激光更精细的包含月球两极的全月地形图，在轨第一年共获取超3000万个月球表面激光点。

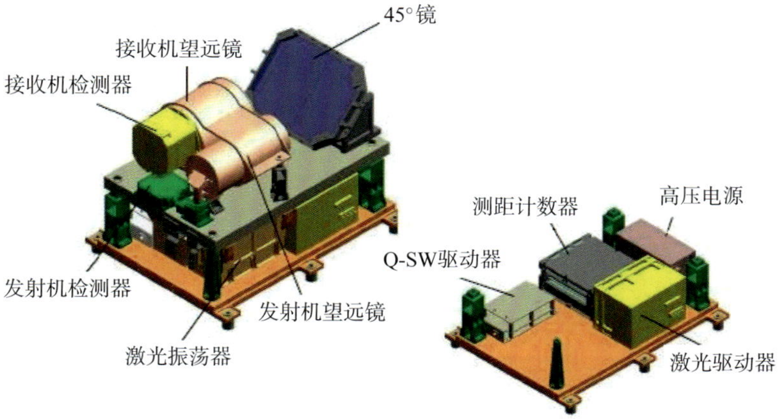

图 1.3 SELENE 探月卫星搭载的激光雷达

1.1.1.4 Chang'E-1卫星激光雷达

我国于2007年10月24日首次发射月球探测卫星——嫦娥一号（Chang'E-1），该卫星搭载了一台高精度激光测高仪（图1.4），用于获取月球表面地形。该卫星轨道高度约为200 km，轨道倾角为88.2°，测距精度为1 ± 5 m，激光在月球表面的光斑直径小于200 m，沿轨方向两光斑间距约为1.4 km。

图 1.4 Chang'E-1 卫星搭载的激光高度计探头和电路箱

截至2008年12月4日，Chang'E-1在轨运行不足两年的时间，共获取912万个覆盖了全月球表面的激光地面点。基于这些激光点制作了3 km格网的全月球数字高程模型（Digital Elevation Model, DEM），如图1.5所示。该DEM平面定位精度为445 m，高程精度为60 m，并发现了比SELENE探月卫星探测到的更低的月球表面最低点（李春来 等, 2010；王建宇 等, 2010）。

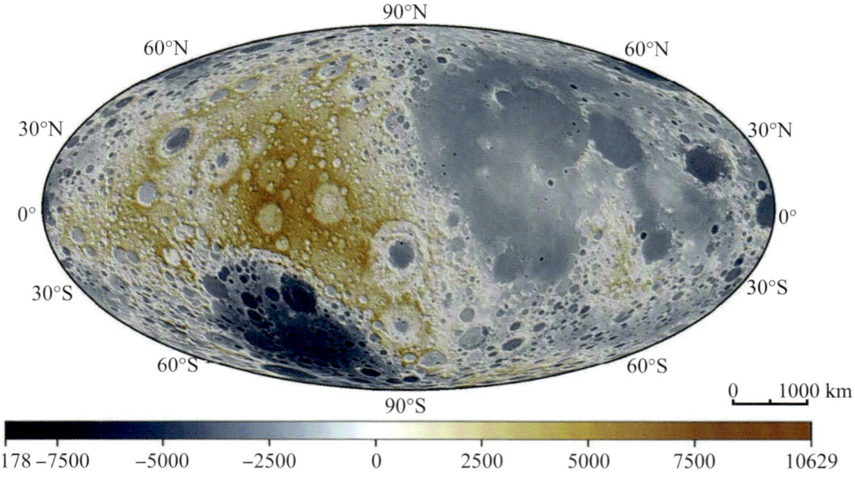

图 1.5 Chang'E -1 卫星搭载的激光雷达数据生成的全月球 DEM

1.1.1.5 Chandrayaan-1卫星激光雷达

印度于2008年10月22日发射了该国首颗月球观测卫星——月球初航一号（Chandrayaan-1）卫星，并携带了一台发射波长为1064 nm的激光雷达——月球激光测距仪（Lunar Laser Ranging Instrument, LLRI），该激光雷达于同年11月16日顺利开机（图1.6）。LLRI初始轨道高度为100 km，2009年调整为200 km，调整后激光足印在月球表面大小约为30 m。LLRI根据激光在月球表面与载体间渡越时间获取激光测距，结合航天器的轨道/姿态等数据，生成了月球表面地形图（Kamalakar et al., 2009）。

图 1.6 LLRI 月球激光测距仪

1.1.1.6 LRO月球卫星激光雷达

为重返月球进行新的探索，美国于2009年7月18日在佛罗里达州肯尼迪航天中心发射了LRO（NASA’s Lunar Reconnaissance Orbiter）卫星，其主载荷之一为LOLA（The Lunar Orbiter Laser Altimeter）激光雷达，如图1.7（a）所示。

LOLA利用单个激光通过衍射光学元件产生5束激光同时进行月球测量，采用5点测量模式实现对月球表面的坡度和粗糙度的测量。卫星飞行方向连续两个5束光斑分布如图1.7（b）所示。LOLA工作波长为1064.3 nm，卫星轨道高度约为50 km，每束激光在地面上形成的足印大小约为5 m（直径）。在轨工作期间，LOLA共获取10亿多个地面激光点，基于这些激光点，形成了沿轨空间分辨率20 m的和地面轨道间距0.1°（赤道处的轨道间距为4.5 km，极点处的轨道间距小于200 m）的月球表面地形图（Riris et al., 2009）。

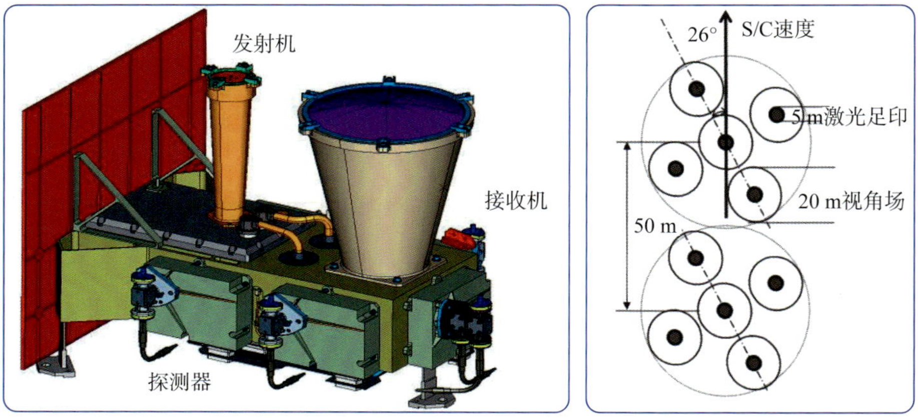

（a）LOLA激光器　　（b）LOLA 五点测量激光分布

图 1.7　LOLA 激光器及其光斑地面分布图（Riris et al., 2009）

1.1.1.7 Chang’E-2卫星激光雷达

中国探月二期工程嫦娥二号（Chang’E-2）卫星搭载了全固态激光器，于2010年10月1日在西昌卫星发射中心成功发射，卫星轨道高度由嫦娥一号的200 km降低为100 km，激光雷达如图1.8所示。

图 1.8　Chang’E-2 卫星搭载的激光雷达

Chang'E-2卫星搭载的激光雷达采用了"窄带背景光抑制"技术，可对信号进行修正，精度更加可靠。激光雷达发射脉冲频率为5 Hz，测距精度仍保持为5 m，通过一个个激光点与光学图像融合，可辅助高分辨率CCD立体相机进行全月球表面制图，获得了空间分辨率7 m的全月球影像（欧阳自远, 2010；叶培建 等, 2013）。

总的来说，从Apollo号宇宙飞船搭载的激光雷达到Chang'E-2搭载的激光雷达，对月观测激光雷达起步早、发展快，目前几个主要的对月观测激光雷达基本参数如表1.1所示。经过半个世纪的发展，测距精度达到0.1 m，已获得了全月球的高程信息，为人类探索月球提供了重要的基础信息数据。

表1.1 对月观测卫星激光雷达基本参数表

卫星（激光器）	轨道高度/km	测距精度/m	能量/mJ	波长/nm	发散角/mrad	脉宽/ns	频率/Hz	接收口径/mm
Apollo	111	2	300	1064	210	13	—	101.6
Clementine	640	—	171/9	1064/532	500/4	<10	1/8	38
SELENE（LALT）	50 ~ 150	5	100	1064	0.3	17	1	110
Chang'E-1	200	1 ± 5	150	1064	0.6	<7	1	120
Chandrayaan-1（LLRI）	100/200	5	10	1064	0.32	2	10	200
LRO（LOLA）	50	0.1	2.7	1064.3	0.1	6	28	140
Chang'E-2	100	5	150	1064	0.4	<7	5	110

1.1.2 对地观测卫星激光雷达

人类最早利用卫星激光雷达进行观测的星体为月球，随着激光雷达测量精度的提高，对地观测卫星激光雷达也逐渐登上历史舞台。对地观测卫星激光雷达按照工作模式可分为线性体制卫星激光雷达和单光子体制卫星激光雷达。美国于2003年在范登堡太空基地发射了搭载线性体制激光雷达GLAS（Geoscience Laser Altimeter System）的ICESat-1（Ice, Cloud and land Elevation Satellite-1）卫星；中国于2016年发射了资源三号02星，上面搭载了一台对地观测卫星激光雷达试验载荷，成为继美国之后全球第二个拥有对地观测卫星激光雷达的国家。2018年，美国又成功发射了装载新一代单光子体制激光测高系统ATLAS（Advanced Topographic Laser Altimeter System），其搭载于ICESat-2（Ice, Cloud and land Elevation Satellite-2）对地观测卫星。

目前，全球对地观测卫星激光雷达（不含大气激光雷达）主要采用线性体制，已发射的有GLAS激光测高系统、GEDI（Global Ecosystem Dynamics Investigation）激光测高仪、资源三号02（ZY3-02）星激光测高仪、高分七号卫星激光测高仪、资源三号03（ZY3-03）星激光测高仪、陆地生态系统碳监测卫星激光测高仪等。

1.1.2.1 GLAS激光测高系统

2003年，美国航空航天局（National Aeronautics and Space Administration, NASA）在加利福尼亚州范登堡空军基地发射了ICESat-1卫星，该卫星搭载了全球第一台激光对地观测激光测高系统GLAS（图1.9），主要用于对云层/气溶胶的探测，对两极冰盖的监测以及对地球表面的观测（Abshire et al., 2003）。ICESat-1卫星采用极地冻结轨道，轨道高度约为600 km，回归周期为91天，重访周期为8天。GLAS激光测高系统在轨工作时间为2003—2009年，激光发射频率为40 Hz，地面光斑大小约为70 m，沿轨方向相邻光斑间距约为175 m，其观测激光数据覆盖地球范围为86°N ~ 86°S（Zwally et al., 2002）。

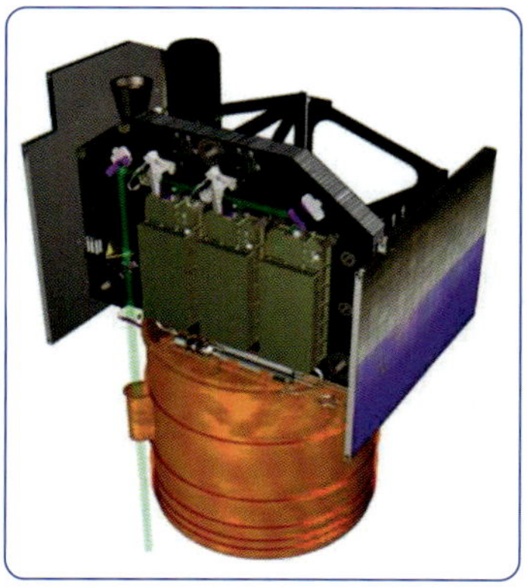
（a）激光测高系统

（b）激光望远镜

图 1.9　GLAS 激光测高系统

在ICESat-1卫星发射初期，GLAS激光测高系统其中一台激光器1发生了故障，后续通过更换在轨测量策略，保证了后续7年的间歇性对地观测，并获取了海量的地面激光点。经长期的数据分析验证，在南极地区平坦地形，GLAS激光高程精度可达到0.15 m，为全球陆地测量（Nie et al., 2015）、两极海冰监测（李斐 等, 2016）等提供了重要的数据基础。由于具备回波记录能力，其在植被高度估算（Pang et al., 2008）、森林蓄积量反演（Næsset et al., 2008）等方面均取得了应用成效。

1.1.2.2 GEDI激光测高仪

GEDI于2018年12月5日搭载在SpaceX-16上从美国佛罗里达州卡纳维拉尔角发射。然后被国际空间站（International Space Station, ISS）的机械臂从“龙”号太空舱中取出，并沿着国际空间站传递到日本实验舱（Japanese Experiment Module, JME）。GEDI激光对地观测范围在51.6°N ~ 51.6°S之间。激光载荷包含3个掺钕钇铝石榴石（Nd:YAG）激光器，以242 Hz的脉冲重频率、10 mJ的能量发射1064 nm近红外的激光波长，以56 mrad的光束发散角向地球表面发射脉冲小于14 ns的短光脉冲，在地面产生直径约为25 m的光斑（谢栋平等，2018）。GEDI激光系统共3台激光器，其中1台激光器分束为2个波束，另外两台激光器各1个波束，共在地面产生4个波束。激光波束偏转单元（BDUs）通过将出射激光束的偏转快速改变1.5 mrad，实现激光光斑在地面上600 m的快速摆动，从而使得4个波束产生8个垂轨间距为600 m的地面轨迹。GEDI激光测高仪的剖面如图1.10所示。

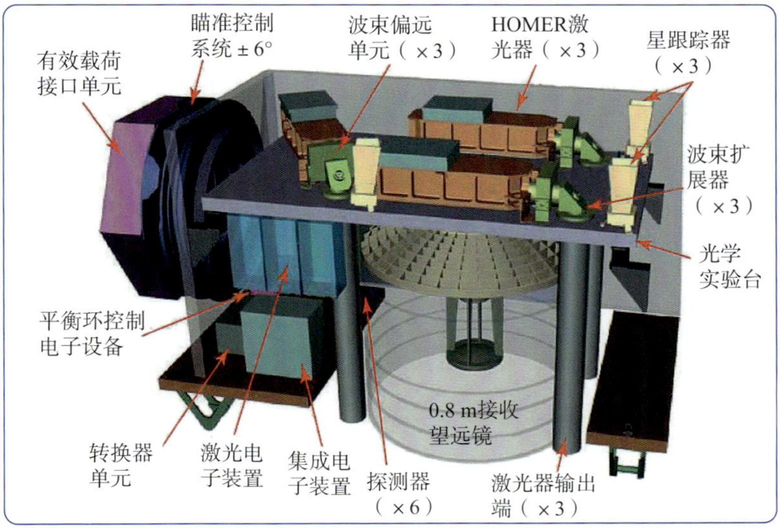

图 1.10 GEDI 激光测高仪的剖面示意图

GEDI是全球首台用于高分辨率森林垂直结构测量的多波束线性体制的激光测高仪，可对地球多样化的森林生物群落进行详细和系统的生态系统结构测量，主要任务目标为：①提供全球一致的温带和热带生态系统植被冠层垂直结构测量数据；②确定受威胁和濒危物种种群森林结构；③提供含有在密集的树冠之下的地形测高数据；④提供地球表面、沿海水域以及温带冰川测量数据；⑤详细描述3D冠层结构和地面高程，改进天气预报和气候建模（Dubayah, 2019）。

1.1.2.3 ATLAS单光子激光雷达

随着卫星激光雷达技术的不断突破，为了获取更加密集的地表数据，ATLAS作为全球首台单光子卫星激光雷达，由ICESat-2卫星搭载，于2018年9月15日在加利福尼亚州的范登堡空军基地发射。ICESat-2卫星轨道高度约500 km，倾角92°，平均每91天飞行1387条独特的轨道，每季度监测一次极地冰盖。

ATLAS每秒可发射10000个脉冲，保证了沿轨向一个近似连续的采样间隔（沿轨0.7 m），激光地面足印约为17 m，激光波长为532 nm，呈亮绿色。每束激光脉冲发射的300万亿光子中，铍望远镜接收约12个光子，并将这些光子发送到探测器，耗时在800 ps以内。ATLAS使用3对激光进行对地观测，同一对波束分为强弱2波束，强弱波束间隔约90 m，每对波束间隔约3.3 km，强波束是弱波束能量的4倍，前者对低反射率目标具有更好的性能（图1.11）。ICESat-2/ATLAS在全球范围开展高精度测量，可完成以下基本任务：①量化极地冰盖和近期海平面变化，探索冰盖与气候环境间的联系；②量化冰盖变化的区域模式，评估推动这些变化的因素，并改进预测冰盖模型；③估算海冰厚度，以检查冰、海洋和大气之间的能量、质量和水分交换；④测量植被冠层高度，用于估计大面积生物量及生物量的变化情况；⑤辅助增强其他对地观测系统的效用。

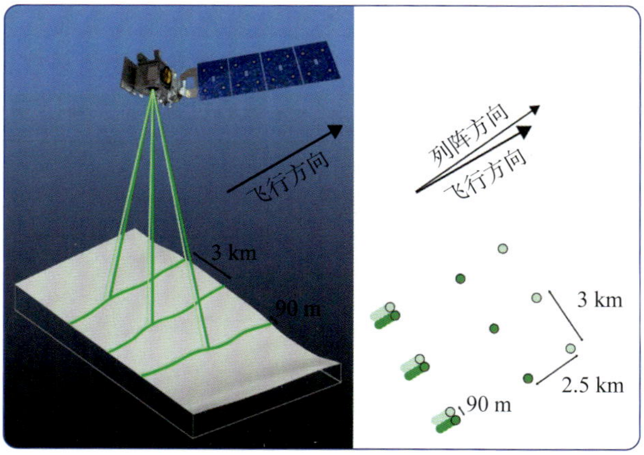

图 1.11　ATLAS 理想化光束与足印分布

1.1.2.4　ZY3-02星激光测高仪

2016年5月30日，我国发射了首颗对地观测卫星激光雷达，其作为实验性载荷搭载在ZY3-02星于太原卫星发射中心发射升空，是继美国GLAS测高系统后，世界第二台对地观测激光测高仪，该激光器样机如图1.12所示。

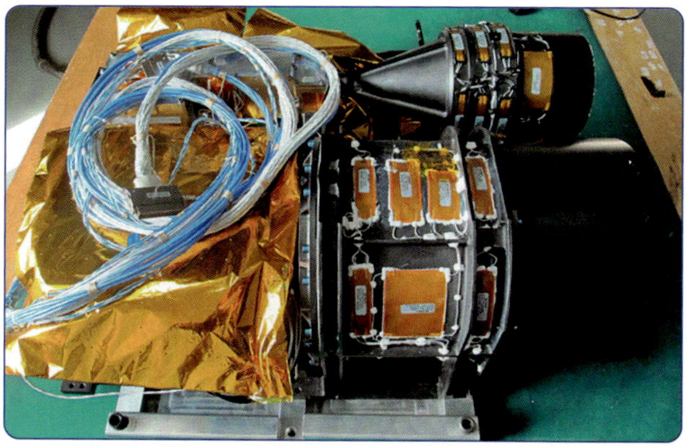

图 1.12　ZY3-02 星激光测高仪

ZY3-02星激光器为试验性载荷，采用2 Hz频率，单波束激光测量模式，下传激光数据主要为星地测距时间，并未记录和下传波形数据。ZY3-02星激光研究团队于2016年8月在内蒙古苏尼特右旗先后开展了多次激光检校试验，检校后卫星激光测高精度在平地地区优于1 m，可满足我国1：5万大比例尺全球无控测图的需求（唐新明 等, 2017a；唐新明 等, 2017b）。

1.1.2.5 ZY3-03星激光测高仪

ZY3-03星于2020年7月25日在中国太原卫星发射中心发射升空，其搭载的激光测高仪为ZY3-02星的下一代业务性载荷。卫星运行轨道高度为505 km左右，在地面形成一个约40 m（直径）的激光光斑。卫星搭载了2台相同的激光器，仅一台激光器开机工作，另一台作为备份激光器，确保激光测高仪能够更长久地在轨持续运行。ZY3-03星激光测高仪如图1.13所示。

图 1.13 ZY3-03 星激光测高仪

相较ZY3-02星激光测高的单阈值模式，ZY3-03星激光测高仪采用多阈值探测模式，可通过多次识别回波信号强度，多次匹配回波前后沿，从而更加准确地计算出激光测距，在地表坡度小于15°时，激光设计的测距精度优于1 m，检校后ZY3-03星激光测高精度在平地地区优于0.3 m。

1.1.2.6 GF7-01星激光测高系统

高分七号（GF7-01）卫星是我国首颗亚米级高分辨率对地观测遥感卫星，于2019年11月3日在太原卫星发射中心成功发射升空，采用505 km左右的轨道高度进行对地观测，卫星轨道采用标称轨道，卫星轨道回归周期为59天，轨道倾角为97.4°（图1.14）。卫星姿态稳定度优于0.0002°/s（3σ），三轴指向精度优于0.02°（3σ），最大测摆角度可达32°。GF7-01卫星除搭载了双线阵立体相机外，还搭载了一套全新的卫星激光测高系统，系统由4台激光器（其中2台为备份激光器）、2台足印相机、1台光轴监视相机组成，用于进行对地同步观测（Tang et al., 2019）。GF7-01卫星激光测高系统在轨工作情况如图1.15所示。

GF7-01卫星激光测高系统采用双波束3 Hz（检校模式下可调为6 Hz）重频，在垂轨方向与正视偏离±0.7°对地观测，每台激光器可发射脉冲不少于1×10^8次，每个波束主备份激光器共可发射2×10^8束激光，卫星在轨期间采用间歇性开机策略，设计工作寿命为8年。2台面阵足印相机分别捕获对应激光测高仪发射瞬间的地面光斑及周围地物，用于初步确定激光光斑在地面的“可见”位置，并作为“桥梁”连接和构建激光光束与高分辨率线阵立体测绘相机的几何关系。此外，激光光轴监视相机可获取激光光束在成像光路中对其分光成像，用于分析光束指向稳定性（Xie et al., 2020）。

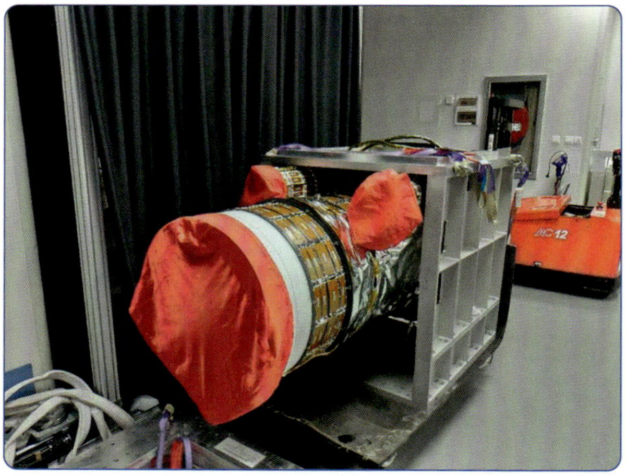

图 1.14　GF7-01 星激光测高仪

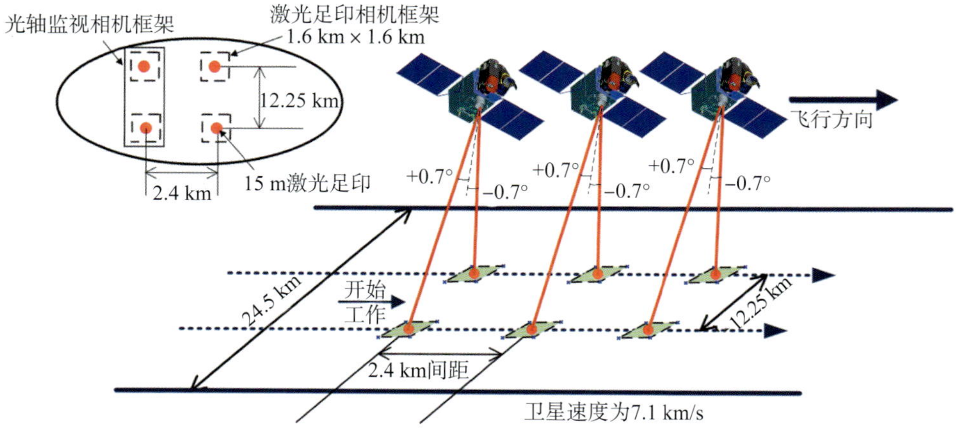

图 1.15　GF7-01 星激光测高仪在轨工作示意图

1.1.2.7　CM-1激光测高系统

陆地生态碳卫星（CM-1）于2022年8月4日在太原卫星发射中心发射在轨，该星采用太阳同步回归轨道，高度为506 km，装载了5波束激光雷达、3台多角度多光谱相机、1台超光谱探测仪、1台多角度偏振成像仪。多波束激光雷达（图1.16）包括5波束植被测距激光（3主2备，可同时工作）、2波束大气探测激光（1主1备，不同时工作）、光轴监视相机（面阵CMOS探测器）及零度相机（线阵CCD探测器）。

CM-1卫星通过主被动相结合的测量方式探测陆地生态系统植被生物量，解决陆地生态系统碳监测、陆地生态和资源调查监测、生态工程监测评价等问题。CM-1卫星在植被探测、气溶胶探测的同时，还兼顾高程控制点获取、灾害监测评估、农情遥感监测及陆地生态系统生产力评估等任务。

图 1.16　多波束激光雷达模型示意图

近些年，对地观测激光雷达发展迅速，很多对地观测卫星装载了激光测高仪，激光载荷的测高精度和激光波束数都有了较大提升，相关参数如表1.2所示。这些载荷通过主动测量的方式获取地球表面的高程等有效信息，大大提升了对地观测效率。特别是单光子激光的出现，进一步加快了对地观测激光雷达技术的发展。

表1.2　对地观测卫星激光雷达基本参数表

参数	GLAS	GEDI	ZY3-02	GF7-01	ZY3-03	ATLAS	CM-1
发射年份	2003	2018	2016	2019	2020	2018	2022
波束个数	1	4	1	2	1	6	5
波长/nm	1064/532	1064	1064	1064	1064	532	1064/532
能量/mJ	75/35	10	200	100 ~ 180	180	0.2 ~ 1.2	70/120
发散角/mrad	0.11	56	0.1	0.03 ~ 0.04	0.1	0.034	0.2
脉宽/ns	<6	<14	<7	4 ~ 8	4	<1.5	8
接收口径/ m	1.0	0.8	0.21	0.6	0.285	0.8	1.05
频率/Hz	40	242	2	3	2	10k	20/35
轨道高度/km	600	—	505	505	505	500	506
测高精度/m	0.15	—	<1	0.1	0.3	0.5 ~ 1.0	0.3
寿命/年（次）	7	>2	1（1×10^4）	8（1×10^8）	8（1×10^8）	3	8（1×10^9）

1.1.3　对其他星体观测卫星激光雷达

1.1.3.1　对火星观测卫星激光雷达

美国是全球最早开始进行火星探测的国家。1996年11月7日，美国发射了全球探测者号火星探测器（Mars Global Surveyor, MGS），并在太空中飞行了309天，于1997年9月2日抵达火星。卫星轨道为400 km圆轨道，其搭载了一台激光雷达MOLA（Mars Orbiter Laser Altimeter），于1998年3月开始对火星进行探测，主要任务为：①确定火星球体的地貌，为星体地质科学和物理学研究提供更多的资料；②研究火星表面反射率特征、分析球体表面矿物学分布以及反射率的季节变化，为大气循环方面研究提供必要支持；③为将来火星探测者的着陆地点选择提供测地学和地形学上的评估（Afzal, 1994；Abshire et al., 2000；Neumann et al., 2003）。MOLA激光雷达如图1.17所示。

图 1.17　MOLA 激光雷达

MOLA采用LD泵浦的Cr:Nd:YAG板条激光器，利用正交波罗棱镜主动调Q结构，发射波长1064 nm，脉冲能量42 mJ，激光脉冲脉宽8 ns，详细参数如表1.3所示。MOLA的性能和寿命均超过了设计目标，自1996年11月随MGS卫星发射直到2001年失去控制，总计发射了6.7亿次激光脉冲，其中有6.4亿个激光点被火星表面和大气反射回来并接收（李松, 2004；朱孟真 等, 2012）。

1.1.3.2　对水星观测卫星激光雷达

1）MLA激光雷达

2004年8月3日，美国“信使号”水星探测器成功发射，历经7年时间，于2011年3月17日抵达水星轨道。轨道的近地点为200 km，远地点约为15200 km，运行周期约为12 h，最佳测距时间是在卫星接近水星近地点的0.5 h内。“信使号”水星探测器搭载的激光器MLA（Messenger Laser Altimeter）在水星表面测距分辨率优于40 cm，激光器发射能量为20 mJ、光束质量近衍射极限、脉宽约为6 ns、重复频率8 Hz（朱孟真 等, 2012）。MLA在轨运行期间对水星探测区域发射了超过1000万束脉冲激光，据此绘制了详细的极区地形图，并发现在水星极区最寒冷地带存在水冰物质。MLA系统如图1.18所示。

2）BELA激光雷达

2018年10月20日，欧洲航天局（ESA）与日本宇宙航空研究开发机构（JAXA）联合研发的水星行星轨道器（ESA’s Mercury Planetary Orbiter, MPO）成功发射，预计2025年抵达水星（Weidlich et al., 2011）。该卫星上共搭载了11个有效载荷，其中之一为

BELA（BepiColombo Laser Altimeter）激光雷达，该激光雷达采用一种主动调Q的二极管Nd:YAG固体激光器，随着MPO卫星在水星500 ~ 1500 km的轨道上运行，激光器每次发射1束50 mJ脉冲能量的激光到水星表面进行星表测量，目标是实现对整个水星表面的观测，MPO内部系统结构如图1.19所示。

图 1.18　“信使号”水星探测器搭载的 MLA 系统

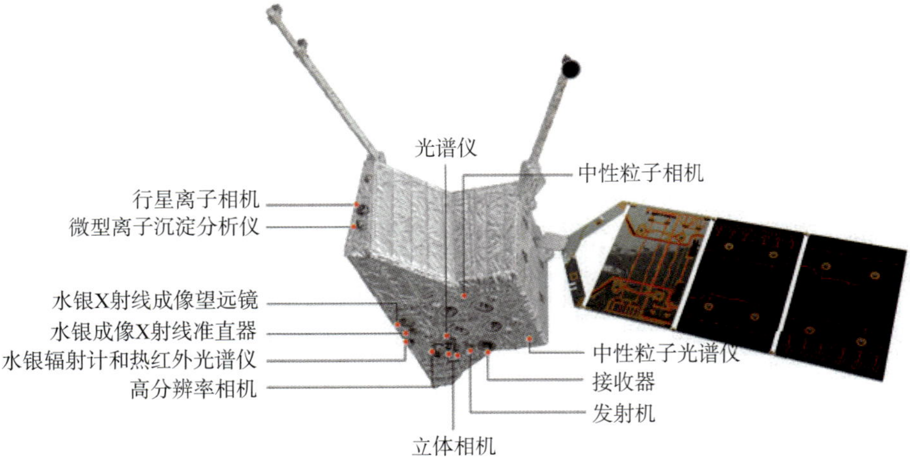

图 1.19　水星探测器 MPO 系统

1.1.3.3　近地小行星观测激光雷达

1996年2月17日美国发射了首台小行星探测器NEAR（Near Earth Asteroid Rendezvous），并于2000年2月14日成功进入小行星厄洛斯（Eros）的运行轨道，开始了为期一年的近距离小行星观测任务（Cheng, 1997）。Eros小行星距地球约为2.6×10^8 km，其轨道介于火星与木星之间，是近800颗对地球存在潜在威胁的近地小行星之一（李然 等,

2007）。由于该行星表面可能存在太阳系的原始信息，具有极高的科学研究价值。NEAR进入Eros小行星第二轨道后，与小行星Eros之间的距离约为50 ~ 490 km。

NEAR卫星搭载的激光雷达NLR（NEAR Laser Rangefinder），其时间分辨率为2.08 ns，距离分辨率为32 cm，在Eros上形成直径约为12 m的光斑。探测器在轨运行后，使用红外激光脉冲在距离Eros小行星表面327 km的高度上连续工作了1年，获取了大量精确的星体表面高程数据（图1.20）。NLR为天体物理学家提供了精确的测高数据，这些数据精确地映射Eros小行星的拓扑结构，识别和表征小尺度表面特征，在与导航数据结合后，可精确地确定Eros小行星的总体体积和质量（Cole, 1998）。

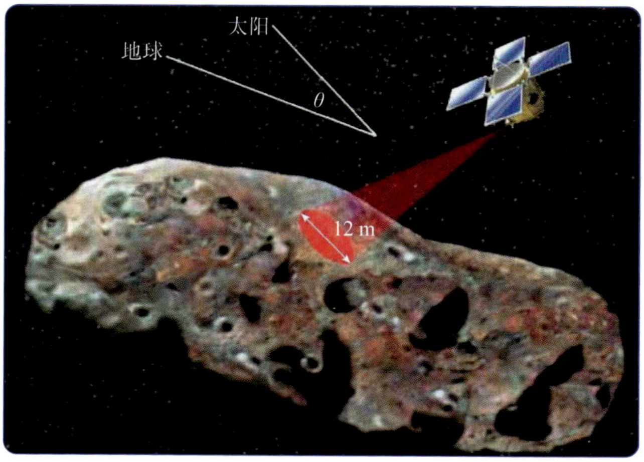

图 1.20　NEAR 搭载的激光雷达对 Eros 小行星进行测量

火星观测激光雷达MOLA、水星观测激光雷达MLA/BELA和近地小行星观测激光雷达NLR等载荷基本参数，如表1.3所示。这些对行星观测的卫星激光雷达在轨期间，为行星表面探测等科学研究提供了丰富的数据。

表1.3　对其他星体观测卫星激光雷达基本参数表

参数	MOLA	MLA	BELA	NLR
发射年份	1996	2004	2018	1996
波束数量	1	1	1	1
波长/nm	1064	1064	1064.20 ± 0.25	1063
能量/mJ	42	20	40 ~ 50	15.3
发散角/mrad	0.375	0.05	0.04 ~ 0.06	0.4
脉宽/ns	8	6	2.5 ~ 8	1 ~ 20
接收口径/ m	0.5	—	—	0.762
频率/Hz	10	8	1 ~ 10	1/8，1，2，8

续表

参数	MOLA	MLA	BELA	NLR
轨道高度/km	400	300 ~ 1500	400 ~ 1500	327
测距精度/m	0.37	—	—	≤6
寿命/年（次）	3	1	3 （1×10^8）	4

1.1.4　对地观测卫星激光雷达发展趋势

近年来，对地卫星激光雷达在对地球表面特征研究、陆地表面冰川海平面高度变化和植被分布状况研究、云层和气溶胶的垂直分布、光学密度研究以及特殊气候现象监测等方面发挥了重要作用。按照国内外对地观测卫星激光雷达整体发展技术水平可分为四代：第一代为阈值模式线性体制卫星激光雷达；第二代为全波形线性体制卫星激光雷达；第三代为高重频单光子体制卫星激光雷达；第四代为千波束、高重频非扫描扫帚式单光子卫星激光雷达。

1.1.4.1　第一代：阈值模式线性体制卫星激光雷达

如图1.21所示，阈值模式线性体制卫星激光雷达主要是通过高低阈值鉴别出波形噪声，从而识别波形中的信号。利用识别的发射与回波波形中的信号阈值时刻，估算激光的发射与回波脉冲时刻，从而解算卫星激光测距值。在该模式下，卫星激光输出激光发射和回波波形的多个时刻与信号值，下传数据量较小。但由于波形信息不全，导致测距精度较低，尤其是在地形坡度较大的情况下。目前，该模式对地观测卫星激光雷达仅在我国的资源三号02/03星上使用，用于全球平地地形的地面控制点测量。

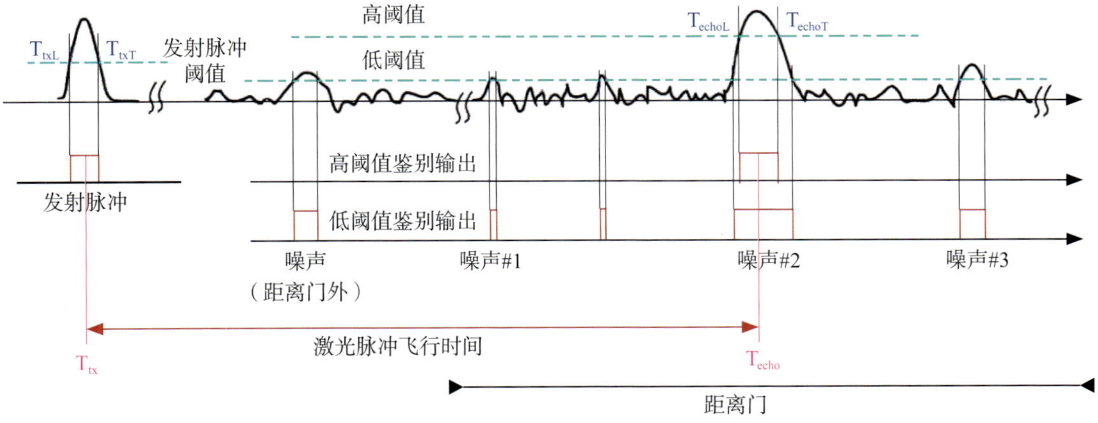

图 1.21　阈值模式线性体制卫星激光雷达测距原理图

1.1.4.2　第二代：全波形线性体制卫星激光雷达

全波形线性体制卫星激光雷达记录激光发射脉冲波形、地表回波波形，通过波形分析、波峰拟合等技术方法可精确地获取激光发射与回波时刻，从而实现卫星激光精确测距。全波形线性体制卫星激光雷达相对第一代的阈值模式线性体制激光雷达，测量精度更高，同时回波波形可在森林植被高度反演、海冰舷高测量等方面发挥重要作用。美国ICESat-1卫星搭载的GLAS激光测高系统，为全球首台全波形线性体制卫星激光，我国已发射的高分七号01星搭载的激光雷达为国内首台全波形线性体制卫星激光雷达，凭借其优良的测距性能，已实现平地地形0.1 m的测高精度（唐新明 等, 2021）。

1.1.4.3 第三代：高重频单光子体制卫星激光雷达

单光子体制卫星激光雷达采用与全波形线性体制激光雷达相同的发射系统，但发射能量更弱，从而提升了其发射脉冲频率。相对于传统线性体制激光雷达，单光子体制激光雷达采用盖革模式（Geiger Mode）光电倍增管（PMT），在接收端实现单光子的探测。利用发射脉冲时刻与光子到达探测器时刻，实现卫星激光地表测量。美国ICESat-2卫星搭载的ATLAS激光雷达是目前全球首台也是唯一一台卫星高重频单光子体制卫星激光雷达。

1.1.4.4 第四代：千波束、高重频非扫描扫帚式单光子卫星激光雷达

千波束、高重频非扫描扫帚式单光子卫星激光雷达与第三代高重频单光子体制卫星激光雷达测量方式一致，均是通过探测单个回波光子实现对地观测，但其将在第三代卫星激光雷达的基础上实现激光波束的突破式增长。如美国在2008年提出了IIP计划（Instrument Incubator Program），其主要开展LIST（Lidar Surface Topography）卫星激光雷达研发。LIST激光雷达计划在卫星上安装10台二极管泵浦固体激光器，并将每台激光器所发出的1束激光分成100束激光束照射地面，从而在地面垂轨方向形成1000波束激光，其探测器采用1000像元的线列雪崩二极管，探测器的每个像素对应接收地面 1 个光斑的回波，该激光器设计概念图如图1.22所示（Yu et al., 2011）。

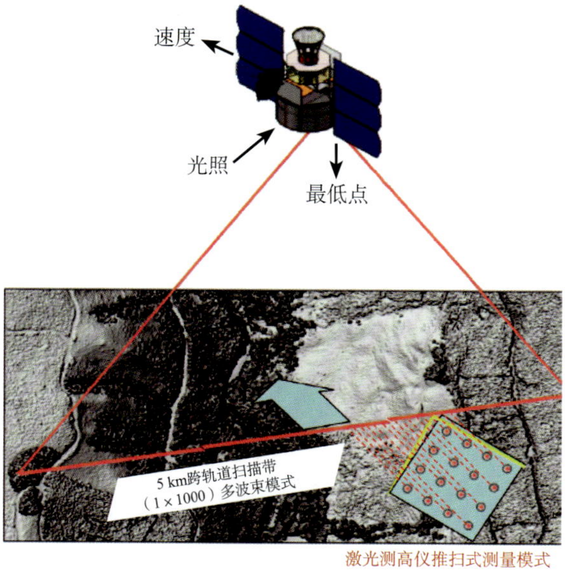

图 1.22 LIST 卫星激光雷达对地观测概念图

LIST将采用1000束非扫描推扫式、微脉冲激光束以及线性排布光子探测器阵列的新型激光雷达探测体制。每1束激光将在地表产生直径约5 m的足印，1000束激光垂轨线性排列产生长5 km的光带，相邻的两波束采用交叉排列，减小线性阵列相邻光斑之间的干扰。激光器单脉冲能量仅为0.1 mJ，重复频率为10 kHz，500 km轨道高度沿轨向激光光斑之间有0.7 m 的空间距离。LIST研制目标是实现全球地表5 m空间分辨率和10 cm垂直精度的地形测量，以及地表的植被、水、雪和冰的高程测量。

综上所述，对地观测卫星激光雷达的发展呈现了由线性体制到单光子体制、由低重频到高重频、由单波束到千波束的趋势。目前国际上发展对地观测卫星激光雷达的国家主要为美国，已经发展至第三代单光子体制卫星激光雷达，且计划于2025年发射第四代对地观测卫星激光雷达。现阶段我国对地观测卫星激光雷达发展至第二代，多波束线性体制卫星激光雷达已较为成熟，接下来将重点开展多波束、高频率的单光子体制激光雷达研究，并计划部署在后续的高分七号系列卫星上，以实现对地球全方位、快速高效、高精度的立体测量，同时中国科学院上海技术物理研究所、中国航天科技集团公司第五研究院508所也在开展百波束单光子激光载荷研制。

1.2 对地观测卫星激光测高几何检校技术现状

由于激光测高仪在卫星发射过程中会产生测距、指向角、质心偏移、系统时钟同步等多项系统误差，影响激光测高精度。本节通过分析国内外卫星激光测高仪几何检校的成功经验，对当前主要卫星激光测高仪几何检校方法进行分析总结。由于参考源获取方式的不同，将目前主要在轨几何检校方法归纳为基于人工地面标志检校和基于自然地物检校两大类。其中，基于人工地面标志检校方法有地面红外探测器检校法、机载红外相机成像检校法、角反射器（Corner Cube Retroreflectors, CCR）检校法等；基于自然地物检校方法有卫星姿态机动检校法、倾斜地形检校法、地形匹配检校法等。

1.2.1 基于人工地面标志检校

1.2.1.1 地面红外探测器检校法

该方法在检校场内按一定规则布设一系列可捕获卫星过顶时激光光斑红外信号的探测器，探测器最小可探测的能量阈值可根据激光器等效地面能量强度进行设定，能量响应阈值至少为1 nJ/cm^2。当卫星过顶时，探测到激光信号超过阈值则处于“开”的状态，否则状态为“关”。由被触发的探测器位置利用激光足印坐标定位算法可以计算激光光斑质心的坐标，从而对激光测高仪误差进行检校。该方法目前已广泛应用于GLAS激光测高系统（Magruder et al., 2001；Magruder et al., 2003a；Magruder et al., 2003b）、ZY3-02/03星激光测高仪（Hong et al., 2017；李国元 等, 2017；唐新明 等, 2017；张过 等, 2017；Xie et al., 2018）、GF7-01卫星激光测高仪（唐新明 等, 2021）等在轨激光的检校。基于地面红外探测器检校法布设如图1.23所示。

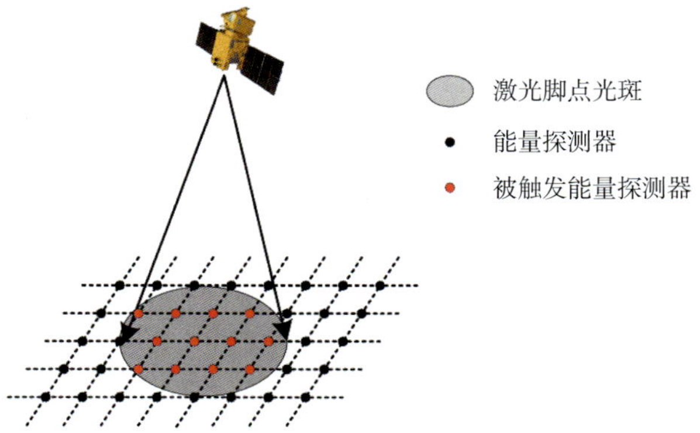

图 1.23　地面红外探测器检校法布设示意图

1.2.1.2　机载红外相机成像检校法

机载红外相机成像检校法如图1.24所示，在检校场内按一定规则布设一系列红外发光二极管（IRLED）作为控制点，这些控制点阵列中心线平行于测高仪足印轨迹线，当夜间卫星飞过检校场时，由飞机搭载红外成像CCD相机进行同步飞行，通过航空摄影的方式对激光足印进行成像以捕获若干个激光光斑，相机进行曝光成像时，由于飞机的运动，控制点在影像中呈条纹状。根据获取的航空红外影像进行数据处理来获取激光光斑与控制点的位置关系，并利用控制点地面坐标即可精确计算激光光斑质心的真实坐标，从而对系统误差进行标定（Schutz, 2001；Magruder et al., 2010）。

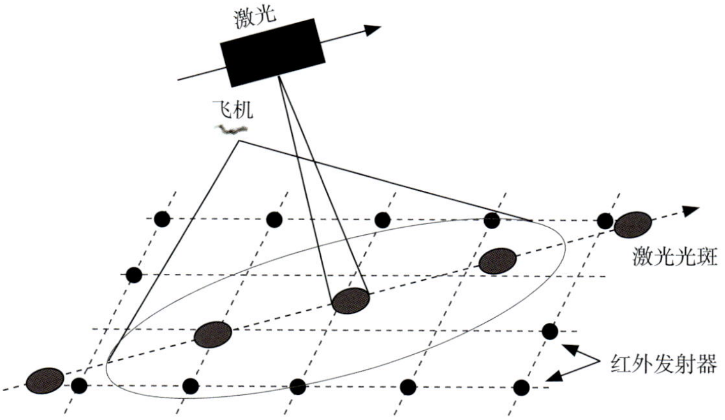

图 1.24　机载红外相机在轨检校方法示意图

1.2.1.3　角反射器检校法

在布设地面探测器的基础上，Magruder 等（2001，2005，2006）又研究使用了角反射器。CCR被放置在不同高度的杆子顶端，不同高度类似地形起伏，会在回波中产生时间差，利用在数字波形中的时间信息和CCR回波强度信息，通过CCR信号分析来计算光斑质心位置。CCR返回信号相对于地面返回信号的强度信息取决于CCR在光斑内的位置。

以GLAS为例，为使CCR和地面的信号强度相似，CCR直径设定为1.2 cm，以便于波形比较。CCR回波和地面回波到达测高仪的时间差可在GLA01数字波形中被发现，如CCR放置在高度为1.5 m的杆子上时，地面回波到达时间会比CCR回波到达时间晚10 ns。如图1.25所示，两个峰值之间的时间差为10 ns，反射信号用实线表示，发射脉冲信号用虚线表示。

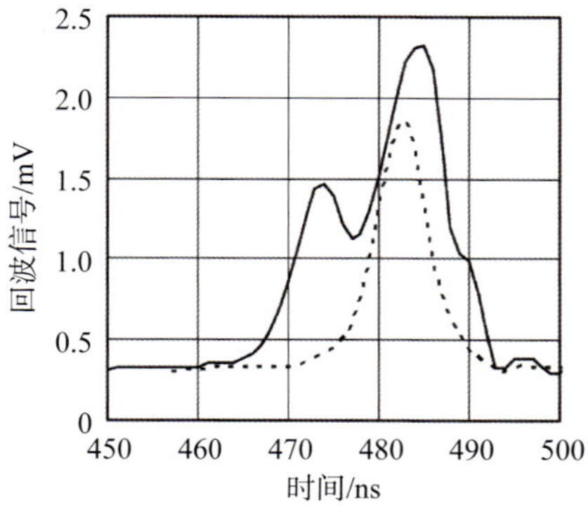

图 1.25　CCR 信号示意图

对基于人工地面标志的检校方法流程进行归纳，如图1.26所示：

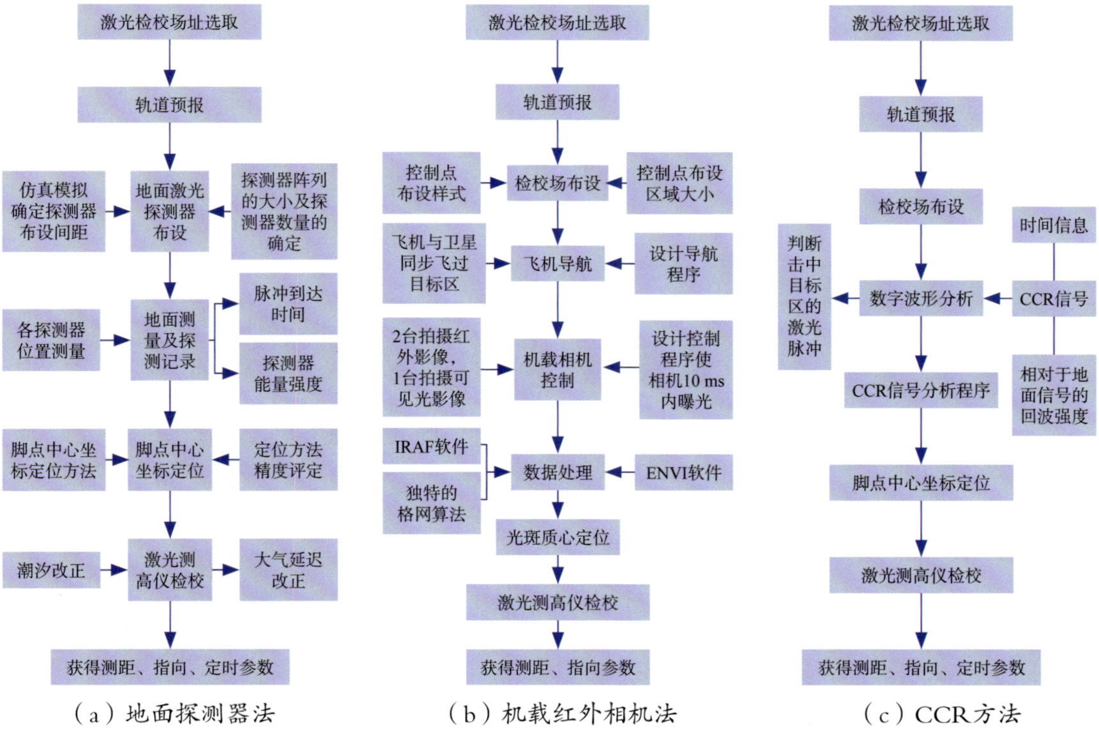

图 1.26　基于人工地面标志的检校方法流程

以上基于人工地面标志的检校方法有诸多相似之处：对于检校场的选择，三种方法均要求地势平坦、开阔且地表植被单一；在布设间距方面，红外探测器要求较密，CCR要求较疏散，为击中地面探测器，均要求卫星飞过目标区为天底指向；三种方法均需要利用差分GNSS（±1 m）测定探测器位置作为已知条件，并通过确定的激光光斑质心与激光测高仪发射前构建的模型解算的光斑质心作比较，利用最小二乘来对系统误差进行检校。地面探测器法是在机载红外相机成像法基础上的改进，地面探测器“模仿”CCD相机，能够自动被触发并记录能量强度，绕开了飞机与卫星同步控制、相机极短时间曝光等技术难题；而CCR方法在地面探测器法的基础上，加入了独特的信号信息，通过对波形识别来判断是否击中目标区。

1.2.2 基于自然地物检校

1.2.2.1 卫星姿态机动检校法

卫星姿态机动检校法主要是基于平坦地形，如海平面或平坦陆地来实现指向角检校。首先采用卫星姿态机动方式，利用海洋扫描（Ocean Scans, OS）或对整条轨道采用姿态机动方式（Round-The-World Scans, RTWS）来获取卫星激光测高仪测距观测值，然后利用贝叶斯最小二乘差分纠正来减小高度计测距残差，进而估计激光指向、测距、定时、轨道误差参数（Rowlands et al., 1999；Luthcke et al., 2000；Luthcke et al., 2002；Luthcke et al., 2005）。海平面的高程在检校前通过雷达高度计测量值精确已知。该方法检校流程如图1.27所示。

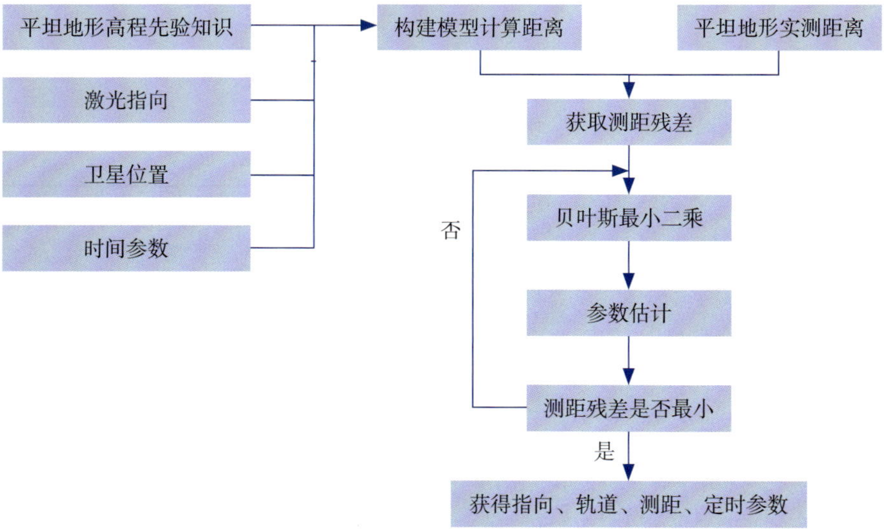

图 1.27 卫星姿态机动检校法流程

1.2.2.2 倾斜地形检校法

倾斜地形检校法通过波形分析来对激光测高系统的指向 (X,Y) 和测距 (R) 偏差进行检校（Martin et al., 2005），该方法检校流程如图1.28所示。在卫星本体坐标系（Optical

Bench，OB）中，激光指向方向为$[\sin Y\cos X,-\sin Y,-\cos Y\cos X]$，为了通过从距离残差估算激光指向误差，需要建立激光测距残差和指向偏差的关系。对于GLAS激光，通过机载激光雷达来获取回波波形仿真所需要的激光足印内高程分布，在一定范围内，激光光斑内高程点密度越大，波形仿真的精度越高。

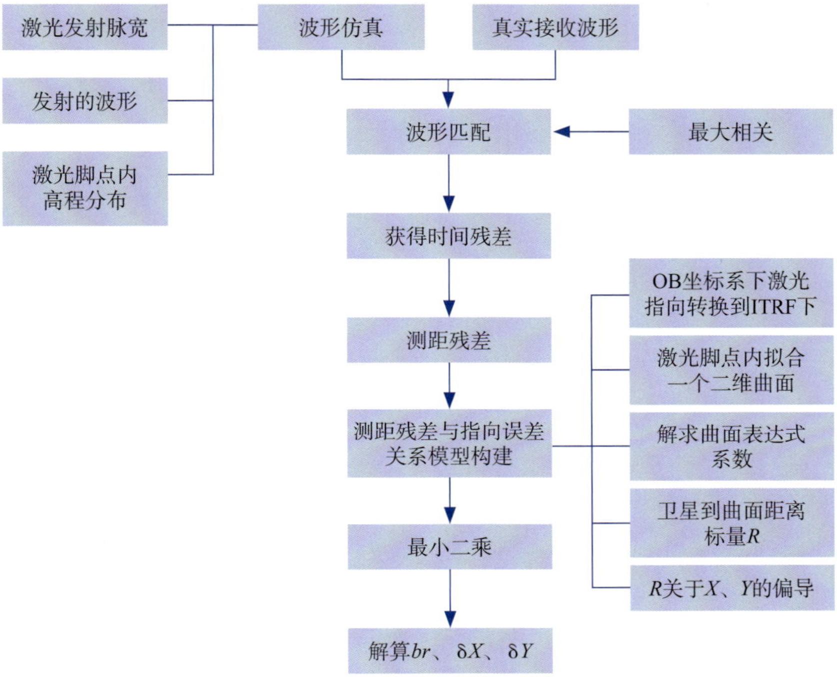

图 1.28　倾斜地形检校法流程

1.2.2.3　地形匹配检校法

由于星地间距离较远，较小的指向偏差会引起较大的平面误差。对于非平地地形，平面误差越大，激光高程测量精度越低。采用不同的指向进行地面高程测量时，同一区域也会得到不同的高程值，因此，只有正确指向角计算出的高程才最接近真实的地形数据。基于这一原则，学者们提出了一种基于地形匹配的卫星激光测高仪在轨几何检校方法（Filin, 2001；Li et al., 2017；Tang et al., 2019；陈林生 等, 2020），该检校方法流程如图1.29所示。首先以激光初始指向为中心，建立等间隔指向格网，然后利用指向格网点的指向进行激光足印三维坐标解算，同时根据高精度DSM内插不同指向下激光点位置的高程，并计算激光点高程与内插的DSM高程差值，最后通过查找高程差值最小的点，确定激光最优指向，完成激光指向角的检校。在传统地形匹配基础上，谢俊峰等人提出了一种新的地形匹配检校方法——基于地表数学模型表达的卫星激光几何检校，同样依据激光与参考地形高程残差最小原则实现对卫星激光的几何检校（Xie et al., 2023）。

上述三种基于自然地物检校方法在检校场选取方面的主要差别如下：

（1）卫星姿态机动检校法更易发现指向误差对测距残差的影响，一般选在海面等平坦区域，航向角不变，俯仰和横滚角方向按照正弦函数缓慢变化，正弦函数振幅为3°或5°，周期约为2070 s（Luthcke et al., 2000），检校过程角度变化不能过快，以最大限度避免引入额外高频姿态噪声。

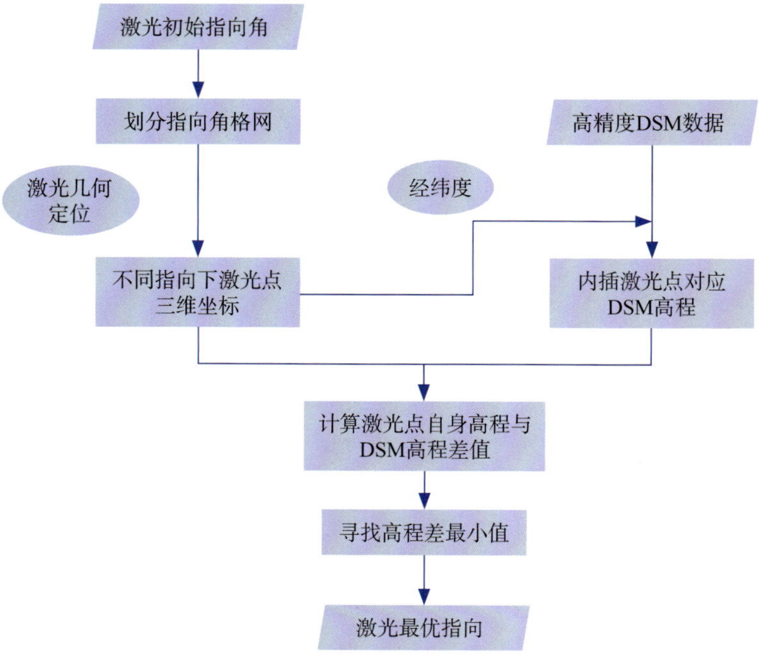

图 1.29　地形匹配检校法流程

（2）对于倾斜地形检校法，指向角检校精度在一定范围内随着坡度的增加而提升（Filin, 2002）。因此，往往选择坡度较大且分布规则的地区作为检校场，使得激光测距对指向偏差较敏感，且激光波形更接近高斯拟合，便于仿真，该方法所需时间较少，一般为10 ~ 20 s。

（3）地形匹配检校法主要依赖后期数据的重复解算，需要选取存在一定坡度地形处的数十个激光数据，并借助长条带高精度DSM数据，计算不同指向下所有预选激光点与高精度DSM数据之间的高程差，从而确定激光指向。

1.2.3　检校方法对比分析

对以上几种主要在轨几何检校方法进行对比分析，各自的优缺点如表1.4和表1.5所示。总体来说，基于人工地面标志检校法精度高，但激光光斑捕获难度大，外业人力成本高；基于自然地物的检校方法无须外业支持，成本较低，精度也相对较低。因此，由作者团队构建的国产卫星激光几何检校理论主要为“由粗到精”两步法，即第一步采用基于自然地物的检校法，粗略获取激光指向等参数；第二步是在第一步基础上，通过足印位置预报，提前布设人工标志捕获激光光斑，再开展精确检校。本书将根据以上思路逐一展开系统阐述。

表1.4　基于人工地面标志检校方法对比

优缺点	地面红外探测器检校法	机载红外相机成像检校法	角反射器检校法
优势	①不受时间限制，白天或夜间都可以进行； ②探测系统具有自动性； ③探测器扩展至时间测量系统，能对时间误差进行检校； ④不需要卫星观测数据（包括测距值），可独立验证； ⑤检校精度高	①能获得激光足印光强分布； ②能为回波波形提供一些参数参考； ③不需要卫星观测数据（包括测距值），可独立验证； ④检校精度比地面探测法略高，两种方法可以互为补充、互相验证	①作为地面红外探测器检校法的辅助手段，且可以对时间误差进行检校； ②通过独特的信号可以判断激光是否击中探测器阵列，以及判定哪一束激光击中探测器阵列
不足	①需要设计探测器并对探测器进行检校测量； ②精度受大气延迟和探测器的敏感度、位置、间距影响，对探测器的一致性要求较高且探测器成本较高； ③需要在检校场布设上千个探测器，人力成本高	①导航及相机曝光控制要求高； ②只能在夜间且月亮处于地平线下时实施； ③激光到达地表时，足印能量密度低造成对足印成像处理困难（该方法最大的难度），成功率较低	①接收端会存在波形失真的现象； ②需架设不同高度的杆子，用于安置探测器，在检校场内布设难度大； ③精度相比其他方法较低

表1.5　基于自然地物检校方法对比

优缺点	卫星姿态机动检校法	倾斜地形检校法	地形匹配检校法
优势	①可以对整条轨道指向偏差进行统计分析且可以使测距误差和指向偏差相分离，单独对指向偏差进行修正； ②可以获取大量观测值，为最小二乘提供观测数据； ③检校精度对坡度、粗糙度不敏感	①无须外业作业支持，无须购置探测器，成本较低； ②可以提高检校频次； ③对卫星性能要求较低	①无须外业作业支持，无须购置探测器，成本较低； ②对时间没有要求，对地区没有要求； ③成功率高、易于实现与工程化
不足	①需要星上数据和地表高程先验知识； ②对卫星的敏捷性要求较高； ③会引入额外的高频姿态噪声； ④需要耗费较长时间，大约为几十分钟； ⑤检校场若选在海平面，会受潮汐和气压影响，且平坦仅是一般意义上，而非严格意义	①波形仿真难度大； ②对波形仿真的精度要求高； ③对检校场的地形要求较高； ④检校精度受坡度、粗糙度、表面反射率等环境因素影响	①仅能对激光指向进行检校，无法检校测距； ②检校精度受地形数据精度影响大，依赖地形数据； ③检校需重复试验，耗费时间长

第2章

时空基准

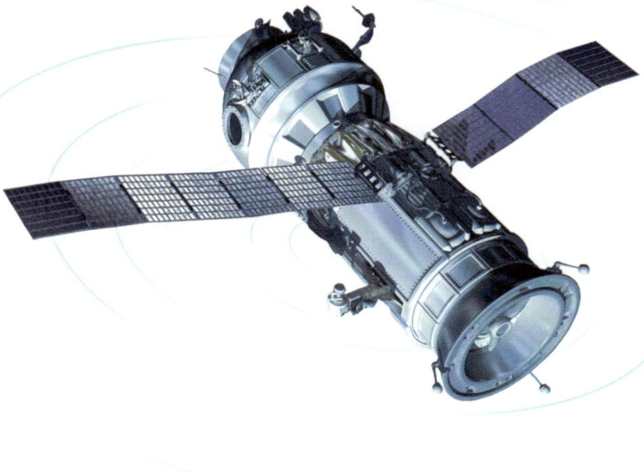

时间基准和空间基准是卫星激光几何检校与处理的基础，同时也是精密定轨、精密定姿、光学几何检校、激光足印几何定位等处理的基础（唐新明 等, 2017）。为便于读者理解，本章介绍卫星激光几何检校与处理涉及的时间基准、空间基准及坐标系之间的转换关系。

2.1 时间基准

时间包含“时刻”和“时间间隔”两个概念。所谓“时刻”，即发生某一现象的瞬间。在天文学和卫星激光几何定位中，与所获数据对应的时刻称为历元。而时间间隔，是指发生某一现象所经历的过程，是这一过程始末的时刻之差。

GNSS测量的本质是量测卫星信号从发射时刻到接收机接收时刻的传播时间，时间是利用GNSS进行定位和定轨的参考基准。在利用GNSS进行定位和定轨时，三类时间系统经常使用，即世界时系统（UT）、原子时系统（AT）和力学时系统（DT）。在轨道计算中，时间是独立变量，但是在计算不同的物理量时却使用不同的时间系统。例如，在计算卫星星下点轨迹时使用世界时，在计算日、月和行星的坐标时使用力学时，输入的各种观测量的采样时间是协调世界时或北京时等。

2.1.1 世界时

世界时（Universal Time，UT）是以地球自转为基准建立的时间系统，由于观察地球自转运动时所选的空间参考点不同，世界时系统又包括恒星时、平太阳时和世界时。

2.1.1.1 恒星时

以春分点为参考点，由春分点的周日视运动所确定的时间，称为恒星时。

恒星时直接与地球旋转发生关系，同一瞬间不同测站的恒星时各异，所以恒星时具有地方性，有时也称为地方恒星时。地方恒星时是春分点相对于地方子午面的时角。对应于平春分点和真春分点，有地方平恒星时和地方真恒星时。格林尼治恒星时为春分点相对于格林尼治子午面的时角，有格林尼治平恒星时（GMST）和格林尼治真恒星时（GAST）。GAST和GMST之间的关系为

$$\mathrm{GAST} = \mathrm{GMST} + \delta\psi\cos\varepsilon \tag{2.1}$$

式中：$\delta\psi$ 为黄经章动；ε 为黄赤交角。

恒星时由于其不均匀性和不规则性，现在已不被当作时间尺度，而是作为地球上一点相对空间固定参考系角位置的度量。

2.1.1.2 平太阳时

由于地球的公转轨道为椭圆，根据天体运动的开普勒定律，太阳的视运动速度是不

均匀的。如果以真太阳作为观察地球自转运动的参考点，则不符合建立时间系统的基本要求。因此，假设一个参考点的视运动速度等于真太阳周年运动的平均速度，且其在天球赤道上做周年视运动。这个假设的参考点在天文学中称为平太阳。平太阳连续两次经过本地子午圈的时间间隔为一个平太阳日，而一个平太阳日包含24个平太阳小时，与恒星时一样，平太阳时也具有地方性。

2.1.1.3　世界时

以平子夜为零时起算的格林尼治平太阳时称为世界时。

由于平太阳是个假想点，是观测不到的。因此，世界时实际上是通过观测恒星的周日运动，以恒星时为媒介得到的。由于地球自转的不均匀性和极移引起的地球子午线的变动，世界时的变化是不均匀的。根据对世界时采用的不同修正，又定义了三种不同的世界时。

（1）UT0：通过测量恒星直接得出的世界时称为UT0。

（2）由于极移的影响，各地的子午线在变化，所以UT0与观测站的位置有关。经过极移修正之后，得到UT1：

$$\mathrm{UT1} = \mathrm{UT0} + \text{极移修正} \tag{2.2}$$

（3）由于地球自转存在长期、周期和不规则变化，所以UT1也呈现上述变化。将周期性季节变化修正之后，就得到UT2：

$$\mathrm{UT2} = \mathrm{UT1} - \text{周期变化项} \tag{2.3}$$

显然，世界时经过极移修正后，仍含有地球自转速度变化的影响，而UT2虽经地球自转季节性变化的修正，但仍含有地球自转速度长期变化和不规则变化的影响，所以世界时UT2仍不是一个严格均匀的时间系统。

在三种世界时中，UT1代表了地球的实际旋转，它定义了格林尼治平均天文子午面相对于平春分点的定向。在卫星定位计算中，UT1主要用来计算格林尼治恒星时，建立地固系与惯性系之间的联系。

2.1.2　原子时

原子时（Atomic Time, AT）系统是以物质内部原子运动的特征为基础建立的时间系统。因为物质内部的原子跃迁，所辐射和吸收的电磁波频率具有很高的稳定性和复现性，所以，由此建立的原子时成为当今最理想的时间系统。

原子时的秒长定义为：位于海平面上的铯原子基态两个超精细能级，在零磁场中跃迁辐射振荡9192631770周所持续的时间，为1原子时秒。该原子时秒作为国际制秒（SI）的时间单位。

该定义严格确定了原子时的尺度，其原点由式（2.4）确定：

$$AT = UT2 - 0.0039\ \mathrm{s} \tag{2.4}$$

原子时出现后，得到迅速发展和广泛应用，许多国家建立了各自的地方原子时系统。但不同的地方原子时之间存在着差异。为此，国际上大约有100座原子钟，通过相互比对，并经数据处理推算出统一的原子时系统，称为国际原子时（International Atomic Time, IAT）。

2.1.3　力学时

由太阳系行星运动确定的时间系统称为力学时（Dynamic Time, DT）。根据运动方程所对应的参考点不同，力学时分为两种：

（1）太阳系质心力学时（TDB），是相对于太阳系质心的运动方程所采用的时间参数，也用作岁差和章动模型的时间因数。

（2）地球质心力学时（TDT），是相对于地球质心的运动方程所采用的时间参数。TDB与TDT之间相差一个周期性相对论效应项。

在GNSS定位与定轨中，地球质心力学时作为一种严格均匀的时间尺度和独立的变量，被用于描述卫星的运动。地球质心力学时的基本单位是国际制秒（SI），与原子时的尺度一致。国际天文学联合会（IAU）决定，1977年1月1日原子时（IAT）0时与地球质心力学时的严格关系，定义如下：

$$TDT = IAT + 32.184\ \mathrm{s} \tag{2.5}$$

若以 ΔT 表示地球质心力学时（TDT）与世界时（UT1）之间的时差，则由式（2.5）可得：

$$\Delta T = TDT - UT1 = IAT - UT1 + 32.184\ \mathrm{s} \tag{2.6}$$

该差值可通过国际原子时与世界时的比对而确定，通常载于天文年历中。

2.1.4　协调世界时

在许多应用部门，如天文大地测量、天文导航和空间飞行器的跟踪定位等部门，当前仍需要以地球自转为基础的世界时。但是，由于世界时UT1有长期变慢的趋势，国际原子时与世界时的差会越来越大。为了避免由此造成的不便，1972年引入了协调世界时（Coordinate Universal Time, UTC）。

UTC的秒长与原子时相同，通过在12月31日或6月30日最后一秒在UTC中引入闰秒（也称跳秒），即对协调世界时做出加一秒或减一秒的调整，使 UT1 – UTC 的绝对值小于0.9 s。闰秒由国际地球自转服务组织（IERS）决定并公布。

协调世界时与国际原子时之间的关系，由下式定义：

$$IAT = UTC + 1\ \mathrm{s} \times n \tag{2.7}$$

式中：s 代表单位秒；n 为闰秒数。

为了让世界时的用户得到精度较高的UT1时刻，时间服务部门在发播协调时号的同时，还给出UT1与UTC的差值，这样用户便可由UTC得到相应的UT1。

目前，几乎所有国家时号的发播，均以UTC为基准。时号发播的同步精度约为 ± 0.2 ms。考虑到电离层折射的影响，在一个台站上接收世界各国的时号，其互差不会超过 ± 1 ms。

2.1.5　GPS时间系统

为了精密导航和测量的需要，全球定位系统（GPS）建立了专用的时间系统，简写为GPST，该系统由GPS主控站的原子时控制。

GPS时属原子时系统，其秒长与原子时相同，但与国际原子时具有不同的原点。所以，GPST与IAT在任一瞬间均有一常量偏差，具体为

$$\mathrm{IAT} - \mathrm{GPST} = 19\ \mathrm{s} \tag{2.8}$$

GPS时与协调时的时刻，规定与1980年1月6日0时一致。其后随着时间的积累，两者之间的差别表现为秒的整倍数。GPS时和协调时之间的关系为

$$\mathrm{GPST} = \mathrm{UTC} + 1\ \mathrm{s} \times n - 19\ \mathrm{s} \tag{2.9}$$

式中：s 代表单位秒；n 为闰秒数。

2.1.6　累积秒

为保障卫星系统时间的内部一致性，记录数据通常采用累积秒（TimeCode, TC），是以某一时刻为基准起算到当前时刻的累积时间。

累积秒采用的时间系统为UTC，计算公式如下：

$$TC = T_0 + t \tag{2.10}$$

式中：T_0 为起算时刻；t 为累积时间，单位均为秒。

2.2　空间基准

在空间科学技术研究中，时间和空间坐标参考系统是描述卫星运动、处理观测数据和解释处理结果的数学和物理基础。空间上构建卫星激光严密几何定位模型，需要建立各种坐标系统及其之间的关系。卫星激光几何检校与处理涉及的坐标系系统主要包括激光坐标系、影像平面坐标系、相机像空间辅助坐标系、相机本体坐标系、卫星本体坐标系、空间固定惯性参考系、卫星轨道坐标系和地球固定地面参考系等。

2.2.1　激光坐标系

激光测高仪坐标系 $O_{\mathrm{lm}}(X_{\mathrm{lm}}Y_{\mathrm{lm}}Z_{\mathrm{lm}})$ 定义如下：

（1）原点 O_{lm}：定义面向测高仪进光方向的基准镜表面为+Z 表面，以基准镜+Z 表面中心为坐标原点；

（2）轴 $O_{lm}Z_{lm}$：过原点指向基准镜+ Z 表面的法线正方向；

（3）轴 $O_{lm}X_{lm}$：定义面向测高仪主体安装面的基准镜表面为+ X 表面，过原点指向+ X 表面法线正方向；

（4）轴 $O_{lm}Y_{lm}$：与 $O_{lm}X_{lm}$ 、 $O_{lm}Z_{lm}$ 满足右手法则。

激光测高仪坐标系如图2.1所示。

2.2.2 影像平面坐标系

影像平面坐标系以影像左上角像元的中心为原点，对于线阵相机，一般 x 轴平行于扫描线方向，y 轴垂直于扫描线方向；对于面阵相机，y 轴一般指向卫星的飞行方向，x 轴垂直于 y 轴，该坐标系以像素为单位（图2.2）。

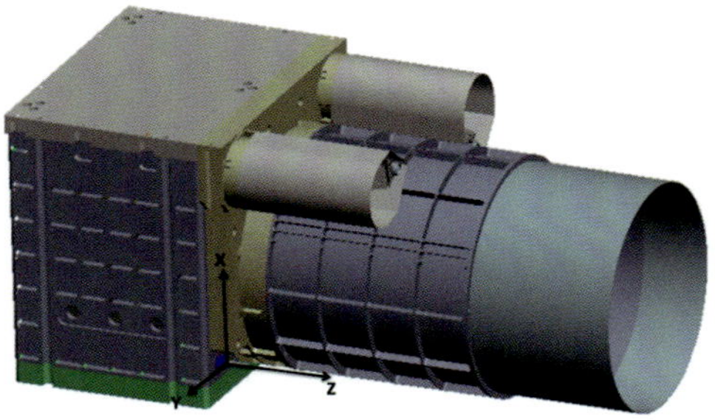

图 2.1　激光测高仪坐标系示意图

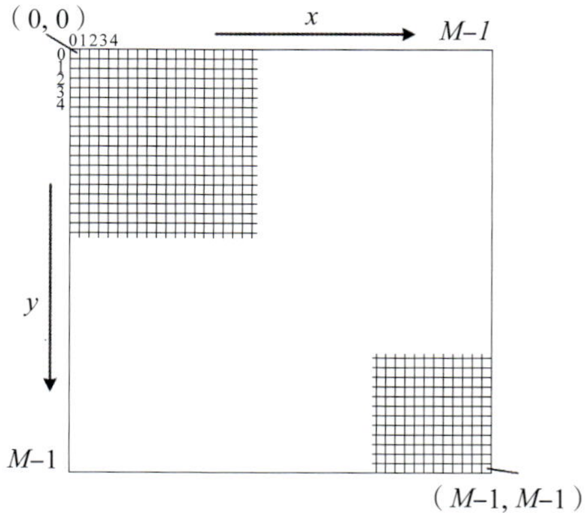

图 2.2　像平面坐标系

2.2.3 相机像空间辅助坐标系

相机像空间辅助坐标系以CCD线阵或面阵足印相机的投影中心为原点，X 轴与影像的行方向平行，Y 轴与影像的列方向平行，Z 轴垂直于影像面（梁泽环, 1990）。该坐标系中，影像上任意一个像点的 Z 坐标均为相机的主距负值 $-f$，该坐标系以米为单位（图2.3）。

2.2.4 相机本体坐标系

线阵相机本体坐标系 $O(XYZ)$ 定义如下：

（1）原点 O：以相机传感器视主点为坐标原点。

（2）轴 OX：过原点，垂直于线阵推扫方向为+ X 向。

（3）轴 OZ：过原点，沿视轴指向相机进光口方向为+ Z 向。

（4）轴 OY：过原点，沿线阵方向，与 OX 、OZ 满足右手法则。

面阵足印相机的本体坐标系，以面阵相机上视主点为坐标原点，以飞行方向为+ X

向，接收系统光轴方向为+ Z 轴，Y 轴与 X 、Z 轴满足右手法则。

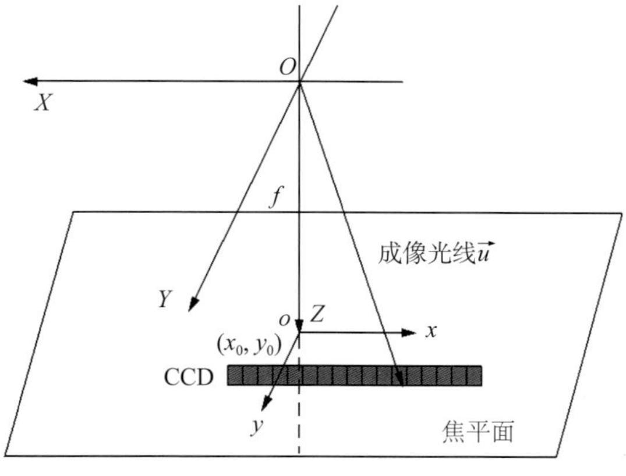

（a）线阵相机

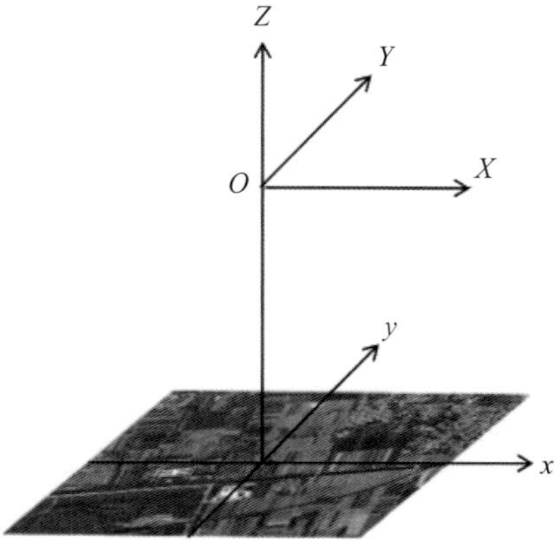

（b）面阵足印相机

图 2.3　相机像空间辅助坐标系

2.2.5　卫星本体坐标系

卫星本体坐标系（Body Coordinate System）以卫星的质心为原点，X 轴、Y 轴、Z 轴分别取卫星的3个主惯量轴。其中，X 轴沿着卫星横轴方向，Y 轴沿着纵轴指向卫星的飞行方向，Z 轴按右手规则确定（Gunter, 1998）。该坐标系以米为单位。

2.2.6　空间固定惯性参考系

空间固定惯性参考系（Conventional Inertial System, CIS）以地球质心为原点，Z 轴指向天球北极，X 轴指向春分点，Y 轴按照右手规则确定（Gunter, 1998），或称协议惯性坐标系。CIS与地球自转无关，便于描述卫星的运动，一般卫星星历的计算都是在该坐标系下完成的，姿态角的测量也是在该坐标系下完成的。

由于地球绕太阳运动，春分点和北极点都在不断变化中，因此，国际大地测量学协会（IAC）和国际天文学联合会（IAU）规定，以2000年1月1日12时的北极点、春分点为基准，建立J2000协议惯性坐标系，简称J2000坐标系。该坐标系以米为单位。

2.2.7　卫星轨道坐标系

卫星轨道坐标系（Orbital Coordinate System）的原点定义于卫星的质心，即当前时刻卫星质心所处的轨道位置，Z 轴位于轨道面内，指向地心方向，X 轴位于轨道面内，且垂直于卫星与地心的连线，和卫星运行速度矢量的夹角小于90°，Y 轴垂直于轨道面，按照右手规则确定（Gunter, 1998）。该坐标系以米为单位（图2.4）。

式（2.11）描述的是轨道坐标系中3个坐标轴之间的矢量关系。

$$\left.\begin{aligned}\vec{Z}_{sat}&=-\frac{\vec{P}}{\|\vec{P}\|}\\ \vec{Y}_{sat}&=\vec{Z}_{sat}\times\frac{\vec{V}}{\|\vec{V}\|}\\ \vec{X}_{sat}&=\vec{Y}_{sat}\times\vec{Z}_{sat}\end{aligned}\right\}\tag{2.11}$$

式中：$\vec{P}$ 为位置矢量；$\vec{V}$ 为速度矢量。

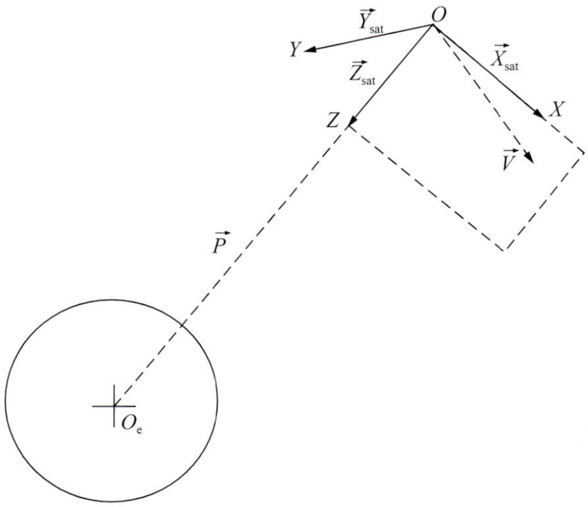

图 2.4　卫星轨道坐标系示意图

2.2.8　地球固定地面参考系

地球固定地面参考系（Conventional Terrestrial System, CTS）用于描述地面点在地球上的位置。由于通常采用WGS84椭球基准，因此，CTS常常又被理解为WGS84地心直角坐标系。该坐标系以地球质心为原点，Z 轴指向国际时间局BIH（1984.0）定义的协议地极（CTP）方向，X 轴指向BIH（1984.0）定义的零度子午面和协议地球赤道的交点，Y 轴指向BIH（1984.0）定义的协议地球东向，且垂直于 X 轴方向，与 Z 轴、X 轴构成右手坐标系（Gunter, 1998）。该坐标系以米为单位。

2000中国大地坐标系（China Geodetic Coordinate System 2000, CGCS2000）是我国当前最新的国家大地坐标系。在定义上，CGCS2000与WGS84是一致的，仅两者使用的参考椭球的扁率有微小差异。

2.3　坐标转换

空间上构建卫星激光、足印相机几何定位模型，需要建立各种坐标系统，在实际使用中，根据坐标系统间的转换参数进行坐标系统的变换，来求出所使用的坐标系统的坐标。

2.3.1 激光测高仪坐标系到卫星本体坐标系转换

由激光坐标系与卫星本体坐标系定义可知，卫星本体坐标系由激光坐标系绕坐标系三个轴各旋转一定角度，并平移至其原点后得到。激光坐标系到卫星本体坐标系转换公式如下：

$$\begin{bmatrix} X \\ Y \\ Z \end{bmatrix}_{\text{body}} = \begin{bmatrix} \Delta X_{\text{ref}} \\ \Delta Y_{\text{ref}} \\ \Delta Z_{\text{ref}} \end{bmatrix} + \rho \begin{bmatrix} \cos p_x \\ \cos p_y \\ \cos p_z \end{bmatrix} \tag{2.12}$$

式中：$\begin{bmatrix} \Delta X_{\text{ref}} & \Delta Y_{\text{ref}} & \Delta Z_{\text{ref}} \end{bmatrix}^{\text{T}}$ 表示激光坐标系原点相对于卫星本体坐标系原点的平移量；ρ 为激光测距值；$\begin{bmatrix} p_x & p_y & p_z \end{bmatrix}^{\text{T}}$ 为卫星激光指向角，其中 p_x 为卫星激光光轴与卫星本体坐标系 X 轴夹角，p_y 为卫星激光光轴与卫星本体坐标系 Y 轴夹角，p_z 为卫星激光光轴与卫星本体坐标系 Z 轴夹角。为简化卫星激光指向角的解算，本书将上述三维指向角 $\begin{bmatrix} p_x & p_y & p_z \end{bmatrix}^{\text{T}}$ 转换为二维指向角 $\begin{bmatrix} \alpha & \beta \end{bmatrix}^{\text{T}}$，转换公式如式（2.13）所示：

$$\begin{cases} \alpha = \arctan(\cos p_y / \cos p_x) \\ \beta = \text{atcsin}(\cos p_z) \end{cases} \tag{2.13}$$

式中：α 表示激光出光轴在卫星本体坐标系 XOY 面投影与 X 轴正方向的夹角；β 表示激光出光轴与其在 XOY 面的投影线的夹角（Tang et al., 2019）。

2.3.2 影像平面坐标系与相机本体坐标系间的转换

对于相机的传感器阵列，可根据辅助数据和线性内插得到各像素 (X,Y) 在相机本体坐标系下的指向角 (ψ_x,ψ_y)，其中，ψ_x 为垂直于轨道方向的指向角，ψ_y 为沿轨道方向的指向角。建立影像坐标系与相机本体坐标系间的关系，可得到影像上像点在足印相机坐标系下的探元坐标为

$$\begin{bmatrix} X \\ Y \\ Z \end{bmatrix}_{\text{cam}} = \begin{pmatrix} \tan\psi_x \\ \tan\psi_y \\ -1 \end{pmatrix} \tag{2.23}$$

2.3.3 相机本体坐标系与卫星本体坐标系间的转换

相机坐标系与卫星本体坐标系的原点定义不同，因此，它们之间的转换除了旋转之外，还要考虑坐标原点的平移和坐标系的缩放，具体表达如下（李德仁, 1992）：

$$\begin{bmatrix} X \\ Y \\ Z \end{bmatrix}_{\text{body}} = m \cdot \boldsymbol{R}_{\text{cam}}^{\text{body}} \begin{bmatrix} X \\ Y \\ Z \end{bmatrix}_{\text{cam}} + \begin{bmatrix} d_x \\ d_{\text{y}} \\ d_{\text{z}} \end{bmatrix} \tag{2.14}$$

式中：$\boldsymbol{R}_{\text{cam}}^{\text{body}}$ 为相机坐标系到卫星本体坐标系的旋转矩阵，一般是由地面测量得到的相机安置矩阵；m 为尺度因子；$\begin{bmatrix} d_x & d_y & d_z \end{bmatrix}^{\text{T}}$ 表示相机坐标系原点相对于卫星本体坐标系原点的平移量。

此外，还需考虑到GPS天线的偏移。附加GPS相位中心偏移量的表达如下：

$$\begin{bmatrix} X \\ Y \\ Z \end{bmatrix}_{\text{body}} = m \cdot \boldsymbol{R}_{\text{cam}}^{\text{body}} \begin{bmatrix} X \\ Y \\ Z \end{bmatrix}_{\text{cam}} + \begin{bmatrix} d_x \\ d_y \\ d_z \end{bmatrix} + \begin{bmatrix} D_x \\ D_y \\ D_z \end{bmatrix} \tag{2.15}$$

式中：$\begin{bmatrix} D_x & D_y & D_z \end{bmatrix}^{\text{T}}$ 表示GPS天线的相位中心在卫星本体坐标系下的3个偏移量。

足印面阵相机坐标系与卫星本体坐标系的旋转矩阵，为正交旋转矩阵，按照摄影测量原理（张剑清 等, 1996）中的 φ，ω，κ 旋转方式，可分解为

$$\boldsymbol{R}_{\text{cam}}^{\text{body}} = \begin{bmatrix} a_1 & a_2 & a_3 \\ b_1 & b_2 & b_3 \\ c_1 & c_2 & c_3 \end{bmatrix} = \begin{bmatrix} \cos\varphi & 0 & -\sin\varphi \\ 0 & 1 & 0 \\ \sin\varphi & 0 & \cos\varphi \end{bmatrix} \begin{bmatrix} 1 & 0 & 0 \\ 0 & \cos\omega & -\sin\omega \\ 0 & \sin\omega & \cos\omega \end{bmatrix} \begin{bmatrix} \cos\kappa & -\sin\kappa & 0 \\ \sin\kappa & \cos\kappa & 0 \\ 0 & 0 & 1 \end{bmatrix} \tag{2.16}$$

2.3.4 卫星本体坐标系与空间固定惯性参考系间的转换

卫星本体坐标系与空间固定惯性参考系间的转换，由星敏和陀螺提供的数据求得。

$$\begin{bmatrix} X \\ Y \\ Z \end{bmatrix}_{\text{CIS}} = \boldsymbol{R}_{\text{body}}^{\text{CIS}} \begin{bmatrix} X \\ Y \\ Z \end{bmatrix}_{\text{body}} \tag{2.17}$$

空间固定惯性参考系（CIS）以常用的J2000坐标系为例，$\boldsymbol{R}_{\text{body}}^{\text{J2000}}$ 表示在某一成像时刻本体坐标系相对于J2000坐标系的转换矩阵，一般通过姿态四元数q_1，q_2，q_3，q_4构成旋转矩阵如下：

$$\boldsymbol{R}_{\text{body}}^{\text{J2000}} = \begin{bmatrix} q_1^2 - q_2^2 - q_3^2 + q_4^2 & 2(q_1q_2 + q_3q_4) & 2(q_1q_3 - q_2q_4) \\ 2(q_1q_2 - q_3q_4) & -q_1^2 + q_2^2 - q_3^2 + q_4^2 & 2(q_2q_3 + q_1q_4) \\ 2(q_1q_3 + q_2q_4) & 2(q_2q_3 - q_1q_4) & -q_1^2 - q_2^2 + q_3^2 + q_4^2 \end{bmatrix} \tag{2.18}$$

2.3.5 卫星本体坐标系与卫星轨道坐标系间的转换

卫星本体坐标系与轨道坐标系的转换，由姿态欧拉角数据求得。

$$\begin{bmatrix} X \\ Y \\ Z \end{bmatrix}_{\text{orbit}} = \boldsymbol{R}_{\text{body}}^{\text{orbit}} \begin{bmatrix} X \\ Y \\ Z \end{bmatrix}_{\text{body}} \tag{2.19}$$

式中：$\boldsymbol{R}_{\text{body}}^{\text{orbit}}=\boldsymbol{R}_1(\omega)\boldsymbol{R}_2(\varphi)\boldsymbol{R}_3(\kappa)$，为本体坐标系到轨道坐标系的旋转矩阵；$\omega$，$\varphi$，$\kappa$ 分别为卫星平台的三个姿态角，按照 $X \to Y \to Z$ 的转序旋转，则

$$
\boldsymbol{R}_{\text{body}}^{\text{orbit}}=\begin{bmatrix}1 & 0 & 0\\ 0 & \cos\omega & \sin\omega\\ 0 & -\sin\omega & \cos\omega\end{bmatrix}\begin{bmatrix}\cos\varphi & 0 & -\sin\varphi\\ 0 & 1 & 0\\ \sin\varphi & 0 & \cos\varphi\end{bmatrix}\begin{bmatrix}\cos\kappa & -\sin\kappa & 0\\ -\sin\kappa & \cos\kappa & 0\\ 0 & 0 & 1\end{bmatrix} \tag{2.20}
$$

2.3.6　轨道坐标系与空间固定惯性参考系间的转换

轨道坐标系与空间固定惯性坐标系间的转换可以通过3个坐标轴的旋转及原点的平移来实现，且该转换建立了地面系统与卫星系统之间的对应关系。

$$
\begin{bmatrix}X-X_{\text{S}}\\ Y-Y_{\text{S}}\\ Z-Z_{\text{S}}\end{bmatrix}_{\text{CIS}}=\boldsymbol{R}_{\text{orbit}}^{\text{CIS}}\begin{bmatrix}X\\ Y\\ Z\end{bmatrix}_{\text{orbit}} \tag{2.21}
$$

式中：$\boldsymbol{R}_{\text{orbit}}^{\text{CIS}}=\begin{bmatrix}(X_2)_X & (Y_2)_X & (Z_2)_X\\ (X_2)_Y & (Y_2)_Y & (Z_2)_Y\\ (X_2)_Z & (Y_2)_Z & (Z_2)_Z\end{bmatrix}_{\text{orbit}}$ 为轨道坐标系到空间固定惯性参考系之间坐标转换的旋转矩阵，且有

$$
\vec{X}_2=\frac{\vec{V}(t)\Lambda\vec{Z}_2}{\left\|\vec{V}(t)\Lambda\vec{Z}_2\right\|}
$$

$$
\vec{Y}_2=\vec{Z}_2\Lambda\vec{X}_2
$$

$$
\vec{Z}_2=\frac{\vec{P}(t)}{\left\|\vec{P}(t)\right\|}
$$

$$
\vec{P}(t)=\begin{bmatrix}X_{\text{S}} & Y_{\text{S}} & Z_{\text{S}}\end{bmatrix}^{\text{T}}
$$

$$
V(t)=\begin{bmatrix}X_{v_{\text{S}}} & Y_{v_{\text{S}}} & Z_{v_{\text{S}}}\end{bmatrix}^{\text{T}}
$$

式中，$(X_{\text{S}},Y_{\text{S}},Z_{\text{S}})$ 和 $(X_{v_{\text{S}}},Y_{v_{\text{S}}},Z_{v_{\text{S}}})$ 分别为卫星质心在空间固定惯性参考系中的位置与速度。

2.3.7　空间固定惯性参考系与地球固定参考系间的转换

空间固定惯性参考系（CIS）与地球固定参考系（CTS）之间的转换关系如下：

$$
\begin{bmatrix}X\\ Y\\ Z\end{bmatrix}_{\text{CIS}}=\boldsymbol{R}_{\text{CTS}}^{\text{CIS}}\begin{bmatrix}X\\ Y\\ Z\end{bmatrix}_{\text{CTS}} \tag{2.22}
$$

式中：$\boldsymbol{R}_{\text{CTS}}^{\text{CIS}}=\boldsymbol{PN}(t)\cdot\boldsymbol{R}(t)\cdot\boldsymbol{W}(t)$，为CTS到CIS的转换矩阵。其中，$\boldsymbol{PN}(t)$ 为岁差和章动矩阵；$\boldsymbol{R}(t)$ 为地球自转矩阵；$\boldsymbol{R}(t)$ 为极移矩阵，具体表达形式和计算方法参考IERS Conventions（2010）（Petit et al., 2010）。

第 3 章

卫星激光几何误差分析与检校模型构建

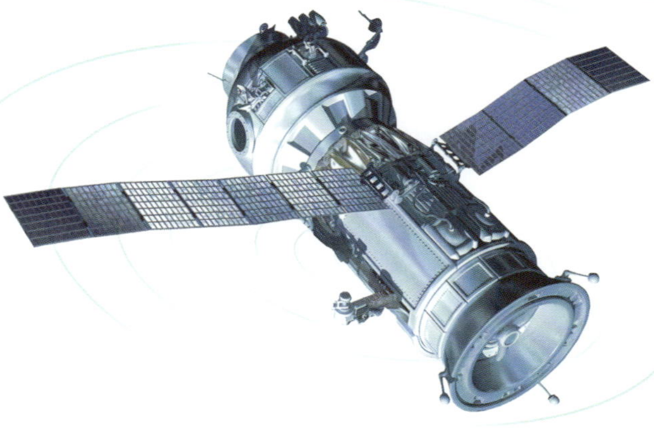

激光被称为是“最准的尺”，其采用主动式测量方式，通过发射特定波长的激光束，并捕获这束激光由目标物体反射回来的信号，实现卫星激光高精度的地表三维测量。由于卫星发射时的振动和在轨前后的环境变化，卫星激光测高仪在轨后的安装参数相比实验室标定值发生变化，严重影响载荷的测量精度，在轨几何检校是获取在轨后卫星参数与实验室标定值之间差异的必要过程，是提升载荷精度的关键技术之一。

本章从卫星激光测高仪的硬件系统出发，介绍了激光测时、激光测距、激光测高原理，详细阐述了卫星激光测高在轨几何检校模型构建、误差分析及改正处理方法，以及激光测高系统检校流程。

3.1 卫星激光测高基本原理

卫星激光测高仪是一种主动式传感器，其工作谱段在红外到紫外波段之间，主要由四部分组成：发射子系统、接收子系统、测量控制子系统和电源（戴永江, 2010）。激光发射子系统由激光发射器、光学转镜、光学扩束望远镜组成；激光接收子系统由接收光学系统、测距和波形电子学系统组成（徐代升 等, 2005）；测量控制子系统由卫星敏感器及陀螺仪组成的定姿系统、GNSS定位设备、数据记录与传输系统组成。卫星激光雷达系统内部结构如图3.1所示。

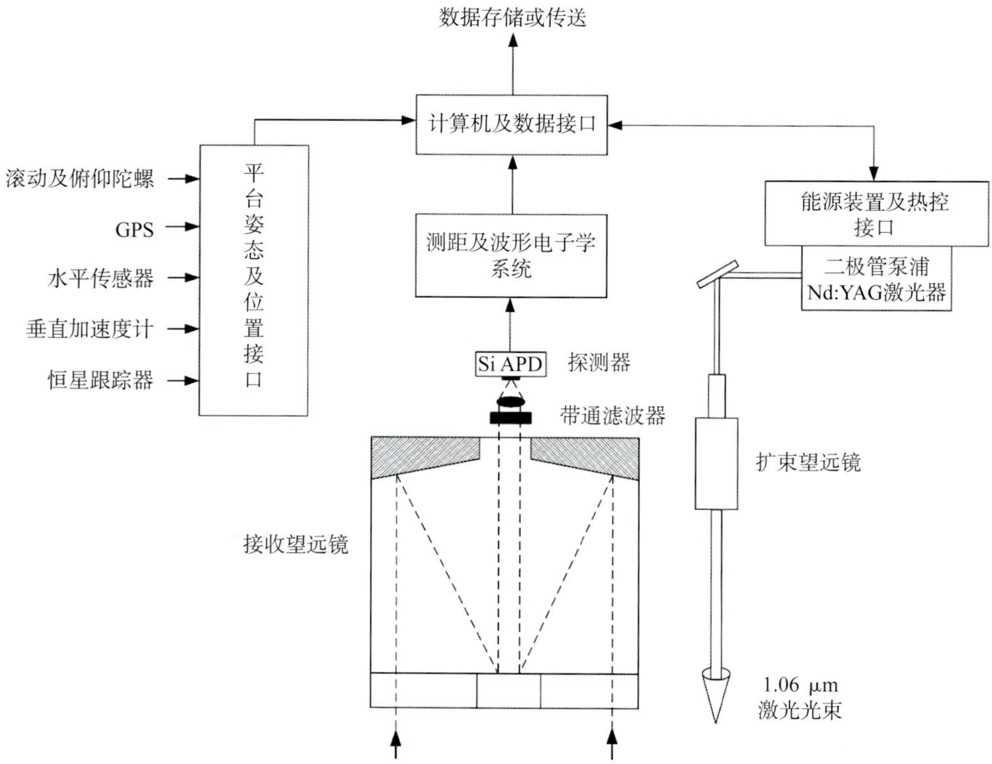

图 3.1 卫星激光雷达内部工作原理图

卫星激光雷达可实现高精度、全天候、短周期、全方位的对地观测，其测量原理与普通机载激光雷达基本一致：卫星激光雷达从太空中向地球表面发射一束激光，穿过大气层后到达地球表面，与地球表面陆地、水体、海洋、植被、冰川等地物发生物理效应，大部分能量被地物吸收，剩余一小部分能量经地物反射后再次穿过大气层被激光接收机接收，转换成回波波形，并由激光系统内部测时设备计算激光往返地球表面的时间，从而完成单次卫星激光雷达对地球表面测量。我国高分七号卫星搭载的激光雷达（Tang et al., 2019）和美国ICESat-1卫星搭载的GLAS激光雷达（Schutz et al., 2005）为当前国际上最具代表的线性体制卫星激光雷达，它们的工作原理如图3.2所示。

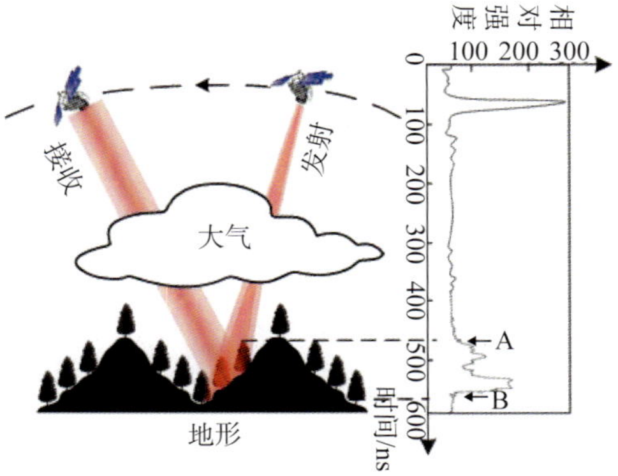

图 3.2　线性体制卫星激光雷达测高原理图

卫星激光测高主要是获取激光地面足印内（通常指足印质心位置）地物高程，激光雷达凭借其高精度的激光测时能力，精确计算出激光出光时刻激光发射器至地面的距离（测距），进而结合卫星姿态、轨道等参数完成地物高程计算。

3.1.1　激光测时原理

激光测时即测量发射脉冲与回波脉冲的时间间隔。通常情况下计数器读出时间整数部分，后由插值的测量单元读出分数部分，整数与分数合并得到激光渡越时间（霍玉晶 等, 2001），其测量原理如图3.3所示。

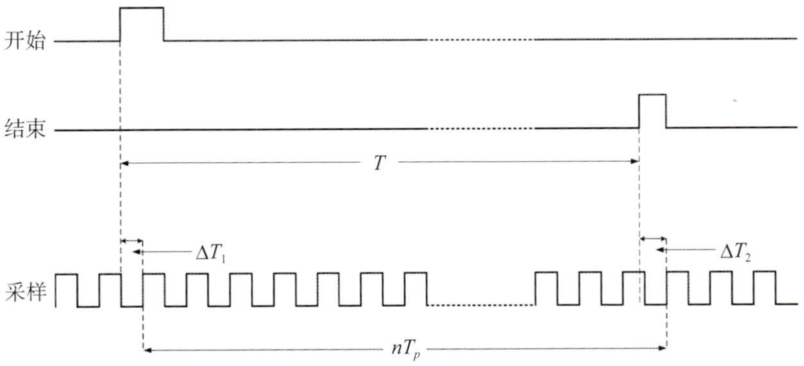

图 3.3　插值法测量时间间隔原理图

激光渡越时间计算公式如下：

$$T = nT_p + \Delta T_1 - \Delta T_2 \tag{3.1}$$

式中：T_p 为参考时钟周期；ΔT_1 为发射脉冲时刻；ΔT_2 为接收脉冲时刻。

激光雷达时间测量的精度直接决定激光测距的精度，其关键在于如何鉴别激光出光以及回波时刻，主要方法有三种：前沿时刻鉴别法、恒比定时鉴别法以及全波形峰值鉴别法。

3.1.1.1 前沿时刻鉴别法

将输入脉冲信号与固定的阈值电压进行对比，利用预设的比较器进行阈值时间的判断，从而简单快速鉴别出激光脉冲出光与回波时刻（纪荣祎 等, 2010）。前沿时刻鉴别法原理如图3.4所示，当脉冲能量超过阈值时记录该时间为激光发射或接收时刻，但脉冲形状与幅值变化会引起一定的时间漂移误差 Δt 。

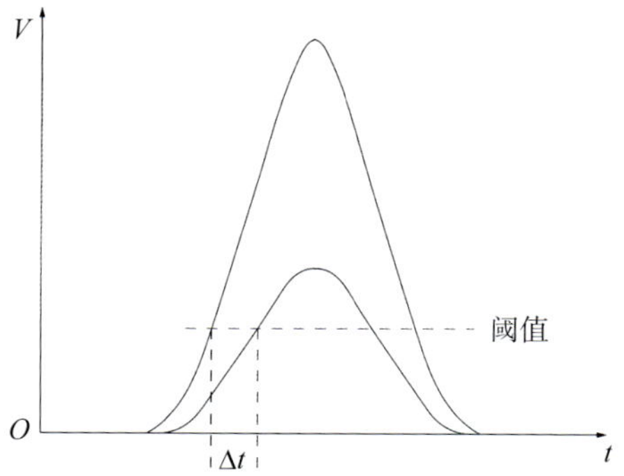

图 3.4　前沿时刻鉴别法原理

3.1.1.2 恒比定时鉴别法

一般情况下，恒定触发比值为50%，即取脉冲上升或下降至峰值半高点的时刻作为起止时刻。若不考虑波形畸变和噪声等其他因素的影响，则由幅度变化引起的误差 $\Delta t = 0$ 。恒比定时时刻鉴别根据信号幅度动态调整阈值电平大小，可避免信号幅度变化引起的时间漂移（许万鹏 等, 2014）。恒比定时鉴别法原理如图3.5所示。

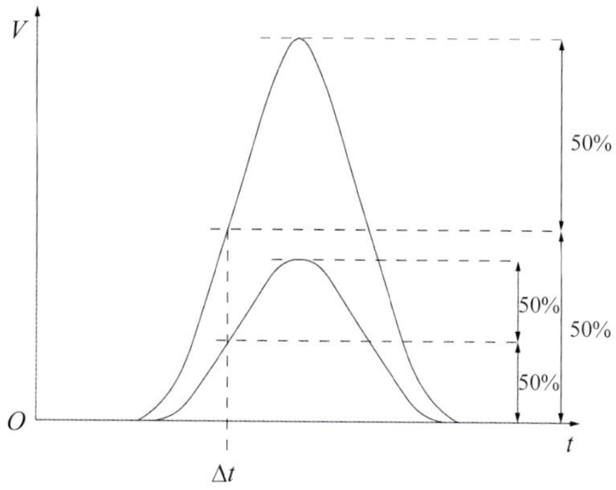

图 3.5　恒比定时鉴别法原理

3.1.1.3　全波形峰值鉴别法

全波形峰值鉴别法通过星上记录激光发射脉冲与回波脉冲波形，并鉴别出激光发射或回波脉冲波形的最大峰值，将其对应的时刻作为激光发射或接收回波的准确时刻（吴钰等，2019），两者间的差值为激光测量时间。全波形峰值鉴别法原理如图3.6所示。

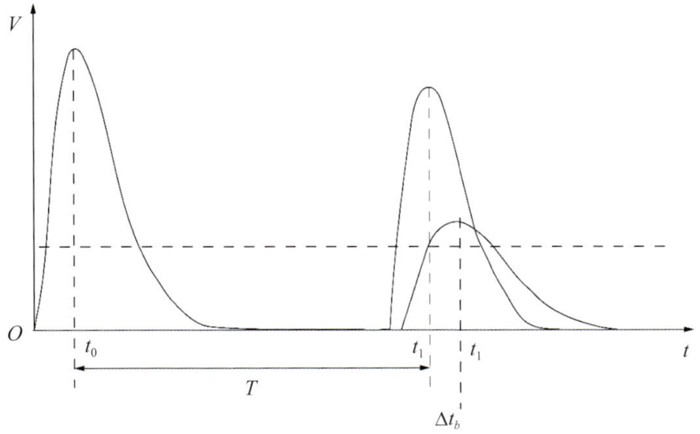

图 3.6　全波形峰值鉴别法原理

3.1.2　激光测距原理

目前，卫星激光雷达测距主要采用激光飞行时间测量法实现超远距离的精确测量。激光触发信号驱动激光器发射激光脉冲，激光脉冲到达地球表面后，经目标物体触发而折返，其中一部分信号能量被激光接收系统中光电探测器接收并转换为电信号，经过放大和时刻鉴别，测量激光发射脉冲与回波之间的激光渡越时间，以此来计算卫星激光雷达到地球表面的距离（王冰洁 等, 2008；吴钰 等, 2019）。卫星激光雷达测距原理如图3.7所示。

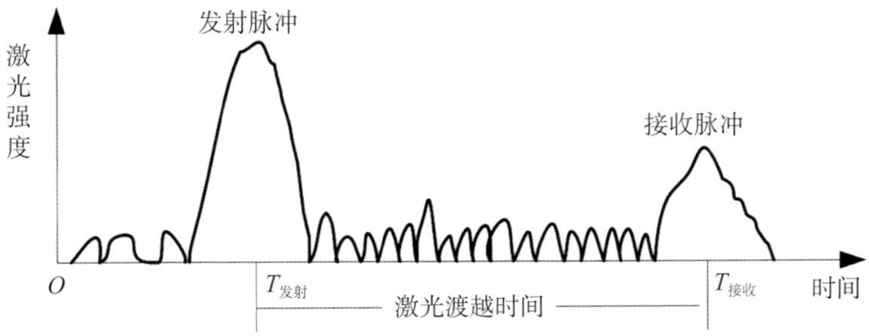

图 3.7　卫星激光雷达测距示意图

根据上述卫星激光雷达测距原理，推导激光至地面距离为（宋博 等，2017；唐新明 等，2017a）

$$\rho = \frac{1}{2} c \times (T_{接受} - T_{发射}) \tag{3.2}$$

式中：ρ 为激光至地面距离；c 为光速；$T_{发射}$，$T_{接受}$分别为激光发射与回波鉴别时刻。

3.1.3 激光测高原理

卫星激光测高系统由多个子系统协同工作，其中星敏感器和陀螺仪测定卫星姿态，星载GNSS接收机测定卫星的轨道，激光测距仪测量卫星到目标地物的距离。卫星激光测高原理如图3.8所示，激光足印的位置为测高仪位置矢量与激光测距矢量之和（唐新明 等, 2017）。其中，$(O\text{-}XYZ)_{\text{BODY}}$ 为卫星本体坐标系，$(O\text{-}XYZ)_{\text{CTS}}$ 为地球固定地面参考坐标系（CTS）。

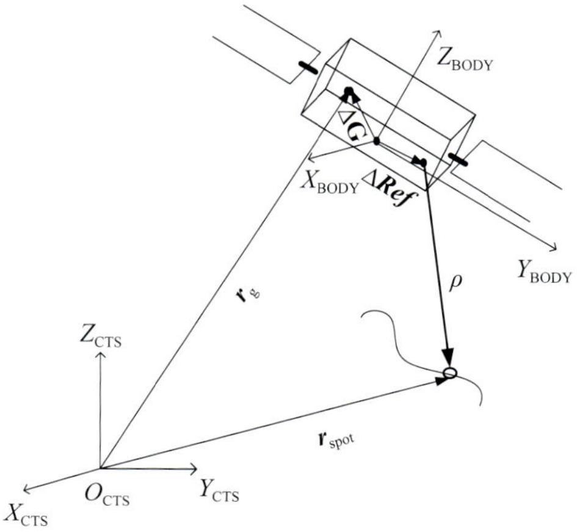

图 3.8 卫星激光雷达测高原理示意图

地面激光足印位置用矢量形式表示为

$$\overrightarrow{r_{\text{spot}}} = \overrightarrow{r_{\text{g}}} + \boldsymbol{R}_{\text{BODY}}^{\text{CTS}} (\overrightarrow{\Delta Ref} + \overrightarrow{\rho} - \overrightarrow{\Delta G}) \tag{3.3}$$

式中：$\overrightarrow{r_{\text{spot}}}$ 为激光足印在地心坐标系下矢量；$\overrightarrow{r_{\text{g}}}$ 为卫星GNSS相位中心在地心坐标系下矢量；$\boldsymbol{R}_{\text{BODY}}^{\text{CTS}}$ 为卫星本体坐标系到地球固定地面参考系的旋转矩阵；$\overrightarrow{\Delta Ref}$ 为激光发射中心到卫星本体中心的偏移量；$\overrightarrow{\rho}$ 为激光测距矢量；ΔG 为卫星激光发射中心到星载GNSS接收机相位中心的偏移量。

3.2 激光测高几何检校模型构建

根据对地观测卫星下传的激光测高数据，综合考虑卫星平台质心、激光器发射位置、星载GNSS接收机天线以及地球椭球面的相对位置偏移和旋转几何关系，构建严密的卫星激光测高几何检校模型，如公式3.4所示：

$$\begin{pmatrix} X_{\text{spot}} \\ Y_{\text{spot}} \\ Z_{\text{spot}} \end{pmatrix}_{\text{WGS84}} = \begin{pmatrix} X_{\text{s}} \\ Y_{\text{s}} \\ Z_{\text{s}} \end{pmatrix}_{\text{WGS84}} + \boldsymbol{R}_{\text{J2000}}^{\text{WGS84}} \boldsymbol{R}_{\text{BODY}}^{\text{J2000}} \begin{bmatrix} \Delta X_{\text{ref}} \\ \Delta Y_{\text{ref}} \\ \Delta Z_{\text{ref}} \end{bmatrix} + (\rho_0 + d\rho_{\text{atm}} + \Delta\rho) \begin{pmatrix} \cos(\beta+\Delta\beta)\cos(\alpha+\Delta\alpha) \\ \cos(\beta+\Delta\beta)\sin(\alpha+\Delta\alpha) \\ \sin(\beta+\Delta\beta) \end{pmatrix} \tag{3.4}$$

式中：$\begin{pmatrix} X_{\text{spot}} \\ Y_{\text{spot}} \\ Z_{\text{spot}} \end{pmatrix}_{\text{WGS84}}$ 为激光地面点在WGS84地心直角坐标系（地球固定地面参考系，CTS）下的坐标，可通过外业布设激光地面探测器等方式获取高精度控制信息；$\begin{pmatrix} X_{\text{s}} \\ Y_{\text{s}} \\ Z_{\text{s}} \end{pmatrix}_{\text{WGS84}}$ 为WGS84坐标系下的坐标；$\boldsymbol{R}_{\text{BODY}}^{\text{J2000}}$ 为卫星本体坐标系BODY向J2000协议惯性坐标系（空间固定惯性参考系，CIS）的转换矩阵；$\boldsymbol{R}_{\text{J2000}}^{\text{WGS84}}$ 为J2000坐标系向WGS84坐标系的转换矩阵；$\begin{pmatrix} \Delta X_{\text{ref}} \\ \Delta Y_{\text{ref}} \\ \Delta Z_{\text{ref}} \end{pmatrix}$ 为激光发射参考点与卫星质心在卫星本体坐标系下的固定偏移量；ρ_0 为激光测距参数，由激光测距单元测得；$d\rho_{\text{atm}}$ 为大气改正值；$\Delta\rho$ 为激光测距检校参数；α，β 为激光指向参数，α 表示激光出光轴在本体坐标系 XOY 面投影与 X 轴正方向的夹角，β 表示激光出光轴与其在 XOY 面投影线的夹角；$\Delta\alpha$、$\Delta\beta$ 为激光指向检校参数。

$$\begin{pmatrix} X_{\text{spot}} \\ Y_{\text{spot}} \\ Z_{\text{spot}} \end{pmatrix}_{\text{ITRF}} = \begin{bmatrix} \left(N + H_{\text{spot}}\right)\cos B_{\text{spot}}\cos L_{\text{spot}} \\ \left(N + H_{\text{spot}}\right)\cos B_{\text{spot}}\sin L_{\text{spot}} \\ \left[N\left(1 - \dfrac{a^2 - b^2}{a^2}\right) + H\right]\sin B_{\text{spot}} \end{bmatrix} \tag{3.5}$$

式中：$\begin{pmatrix} X_{\text{spot}} \\ Y_{\text{spot}} \\ Z_{\text{spot}} \end{pmatrix}_{\text{ITRF}}$ 为激光地面点经纬度坐标；$N = \dfrac{a}{\sqrt{1 - \dfrac{a^2 - b^2}{a^2}\sin^2 B_{\text{spot}}}}$，为卯酉圈曲率半径；$a$ 为地球参考椭球的长半轴；b 为地球参考椭球的短半轴。

结合卫星激光几何检校模型，基于最小二乘原理，可求解得到激光指向与激光测距检校参数。

3.3　激光测高几何误差分析

卫星激光测高是一个涉及测时、测姿及测轨等多载荷协同工作的复杂过程，多载荷集成使得影响激光测高几何精度的误差来源更多样，特性更复杂。卫星激光测高仪在器件研制、整星安装和发射在轨等环节中，由于制造工艺水平和外力作用，测量硬件引入了误差；激光在发射、传输和反射过程中，由于环境变化和反射地形等的影响，也引入测量误差，制约了激光测高的精度。为挖掘激光测高仪的应用潜能，提高高程测量精度，本节以卫星激光测高仪在轨几何检校模型为基础，对卫星激光测高技术流程中的多类误差进行分析，以厘清各类误差与高程误差之间的关系，对激光测高卫星的在轨几何检校和高精度误差改正处理具有重要指导意义。

考虑到卫星激光测高涉及的误差特性，将影响激光测高精度的误差分为指向误差、测距误差、大气延迟误差、潮汐误差、姿态轨道数据误差。

3.3.1 指向误差分析

卫星激光测高仪的指向误差主要源于元器件研制、硬件安装、卫星发射过程中的剧烈震荡和在轨后舱体温度差异等，其中大部分指向误差呈现出较强的系统性。指向误差具有明显的放大效应，引起的高程测量误差与地形具有强相关性，因此本节主要介绍指向误差的放大效应和因地形坡度不同引入的高程测量误差。

激光指向与卫星本体坐标系的角度由于受测距值影响会产生较大的测量误差。如图3.9所示，在摄影测量坐标系中对指向角进行分析，激光指向与卫星本体坐标系 Z 轴夹角 β 和激光在 XOY 平面上的投影与 X 轴正向夹角 α 引起的误差为

$$\frac{\partial\left[X\ Y\ Z\right]^{\mathrm{T}}}{\partial\beta}=\begin{bmatrix}-\rho\sin\beta\cos\alpha\\-\rho\sin\beta\sin\alpha\\\rho\cos\beta\end{bmatrix} \tag{3.6}$$

$$\frac{\partial\left[X\ Y\ Z\right]^{\mathrm{T}}}{\partial\alpha}=\begin{bmatrix}-\rho\sin\beta\sin\alpha\\\rho\sin\beta\cos\alpha\\0\end{bmatrix} \tag{3.7}$$

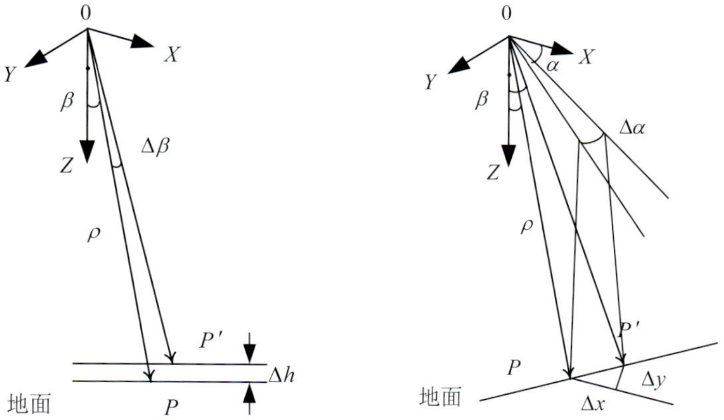

（a）β 引起的定位误差　　（b）α 引起的定位误差

图 3.9　指向角 α，β 误差引起的定位误差

从式（3.6）和式（3.7）可以看出，α 角对激光足印的定位与姿态角的偏航角类似，只影响激光足印定位的平面精度；β 角对激光足印的定位与姿态角的俯仰角和侧滚角类似，对平面和高程均会产生影响，且产生的误差大小相当。

3.3.1.1　指向误差的放大效应

卫星在轨飞行时，指向误差影响激光测高的地面足印平面位置，实际位置与理论位置存在偏差，从而进一步影响高程值测量精度。如图3.10所示，在相对平坦的区域，$\Delta\theta$ 为指向误差，ΔY 为指向误差引起的平面误差，H 为卫星轨道高度。

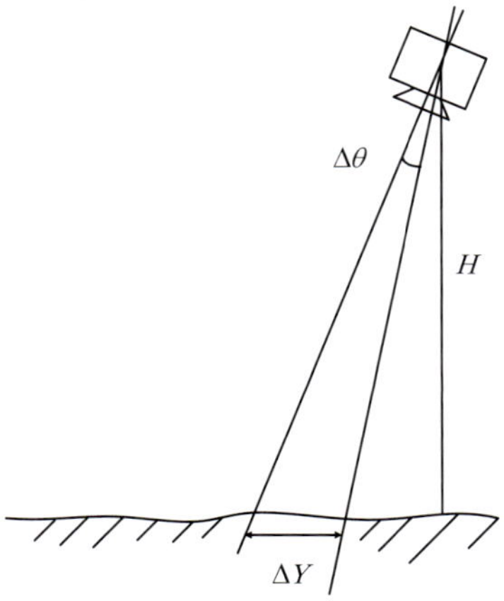

图 3.10　指向误差引起的平面定位误差

由于卫星高度远远大于平面位置偏差引入的高程测量误差，因此可认为真实地面位置与测量地面位置在以卫星质心为圆心的圆上。根据几何关系可知：

$$\Delta Y \approx H \times \Delta\theta \tag{3.8}$$

以高分辨率遥感卫星500 km的轨道高度为例，代入式（3.8），可得，若指向角存在1″ 的误差，在地面会引起约2.4 m的平面误差。不同轨道高度，不同指向角误差，在平面区域引入的定位误差如表3.1所示。

表3.1　平面定位误差统计

轨道高度/km	指向误差/m		
	1″	10″	30″
200	1.0	10.0	30.0
500	2.4	24.2	72.6
800	3.9	39.8	116.4

3.3.1.2　指向角引入的高程测量误差与地形的关系

激光测高仪发射脉冲至有一定坡度的地面，指向误差在引起平面误差的同时，也会严重影响激光测高精度，测高误差与地形坡度呈正相关，地形坡度引起的激光测高误差如图3.11所示。

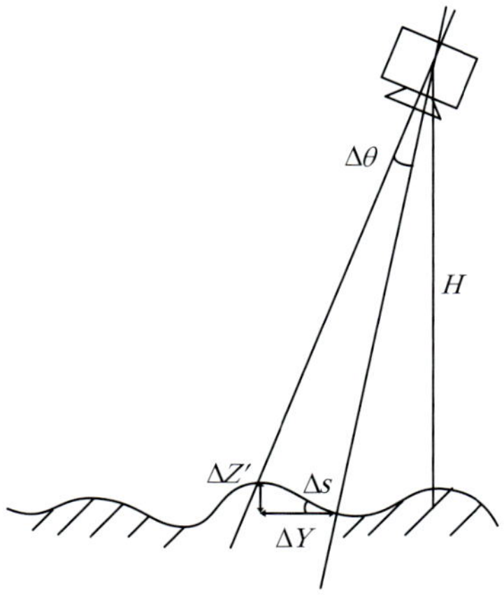

图 3.11　指向误差引起的高程测量误差示意图

结合上述指向误差引入的平面误差，可得到因地形起伏造成的高程误差近似计算公式如下：

$$\Delta Z' = \Delta Y \times \tan\left(\Delta s\right) = H \times \Delta\theta \times \tan\left(\Delta s\right) \tag{3.9}$$

式中：$\Delta\theta$ 为指向误差；Δs 为地形局部坡度；ΔY 为指向误差引起的平面误差，$\Delta Z'$ 为指向误差引起的高程误差；H 为卫星轨道高度。

以高分辨率遥感卫星500 km的轨道高度为例，当地形坡度为10°时，可以得知，若指向角存在1″ 的误差，在地面会引起约0.4 m的高程误差。不同地形坡度，不同指向角误差，引入的高程测量误差如表3.2所示。

表3.2　高程测量误差统计

地形坡度/（°）	指向误差/m		
	1″	10″	30″
10	0.4	4.2	12.8
30	1.3	12.8	42.0
50	2.9	28.9	86.7

3.3.2　测距误差分析

卫星激光测距精度主要受仪器自身的测量误差及大气等外部环境变化、时间不一致性等因素的影响，从而导致卫星激光利用往返渡越时间计算星地间距离时产生一定误差。其中硬件自身的测量误差和时间不一致性误差为激光系统内部测距误差，大气等环境影响为外部测距误差（即系统测距误差）。外部测距误差可通过大气延迟改正方法消除，而内部测距误差需经卫星在轨几何检校进行消除。

卫星激光测高系统测距误差可以分为光电延迟抖动误差、数字边沿抖动误差、时钟相位噪声误差、主波恒比定时鉴别误差、全波形反演误差等。以高分七号卫星激光测高仪为例，在地面实验室进行测量分析时，首先将激光能量衰减到合适的信噪比，通过固定长度的光纤延迟器模拟目标距离，然后将光信号导入激光测高仪系统后进行测试，统计多次进行测距精度分析。实验测试为整机条件下全温度范围、全工作距离内的测距精度，如图3.12所示。

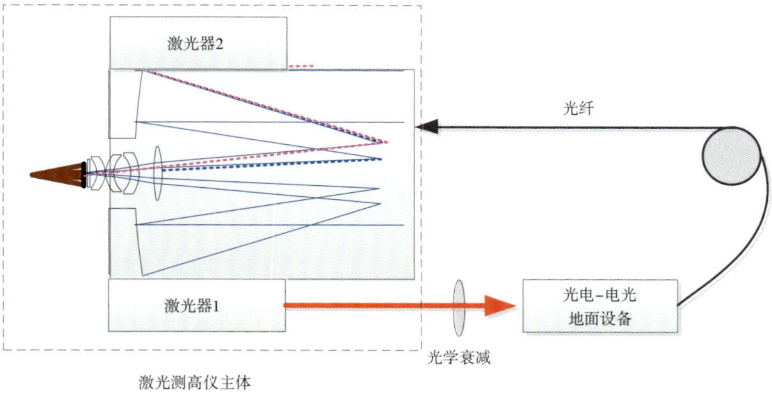

图 3.12　激光测高仪测距精度测试方案

3.3.2.1　固定距离测距精度测试

采用固定光纤延迟法对高分七号卫星激光器与接收机在全主份、全备份、主备份交叉情况下的测距精度进行了测试。高分七号卫星激光波束1、波束2的测距平均值及方差如表3.3和表3.4所示。

表3.3　波束1测距精度测试结果

激光器主备	接收机主备	PIN管主备	波形反演距离/m	波形反演精度/m	激光能量/mJ
主	主	主	10298.829	0.026	100
主	主	主	10298.820	0.027	140
主	主	主	10298.820	0.026	180
主	主	备	10298.841	0.027	100
主	主	备	10298.846	0.028	140
主	主	备	10298.847	0.027	180
备	主	主	10298.805	0.026	100
备	主	主	10298.801	0.023	140
备	主	主	10298.866	0.029	180
备	主	备	10298.811	0.023	100
备	主	备	10298.799	0.026	140

续表

激光器主备	接收机主备	PIN管主备	波形反演距离/m	波形反演精度/m	激光能量/mJ
备	主	备	10298.799	0.033	180
主	备	主	10298.868	0.020	100
主	备	主	10298.865	0.022	140
主	备	主	10298.866	0.023	180
主	备	备	10298.865	0.020	100
主	备	备	10298.863	0.020	140
主	备	备	10298.861	0.022	180
备	备	主	10298.883	0.034	100
备	备	主	10298.863	0.030	140
备	备	主	10298.858	0.027	180
备	备	备	10298.858	0.020	100
备	备	备	10298.850	0.020	140
备	备	备	10298.851	0.025	180

表3.4　波束2测距精度测试结果

激光器主备	接收机主备	PIN管主备	波形反演距离/m	波形反演精度/m	激光能量/mJ
主	主	主	810.113	0.017	100
主	主	主	810.116	0.017	140
主	主	主	810.117	0.020	180
主	主	备	810.116	0.017	100
主	主	备	810.114	0.016	140
主	主	备	810.115	0.017	180
备	主	主	810.129	0.038	100
备	主	主	810.128	0.037	140
备	主	主	810.131	0.045	180
备	主	备	810.127	0.037	100
备	主	备	810.129	0.040	140

续表

激光器主备	接收机主备	PIN管主备	波形反演距离/m	波形反演精度/m	激光能量/mJ
备	主	备	810.133	0.041	180
主	备	主	810.115	0.020	100
主	备	主	810.116	0.020	140
主	备	主	810.115	0.019	180
主	备	备	810.116	0.019	100
主	备	备	810.114	0.020	140
主	备	备	810.114	0.019	180
备	备	主	810.134	0.041	100
备	备	主	810.130	0.045	140
备	备	主	810.130	0.047	180
备	备	备	810.136	0.041	100
备	备	备	810.132	0.047	140
备	备	备	810.128	0.048	180

对以上结果进行分析得出，激光测高仪在不同主备份组合情况下的测距方差（1σ）均优于0.048 m。

3.3.2.2　最大动态范围测距游走精度

选取波束2全主分组合进行最大动态范围精度测试，测试回波信号幅度变化时的测距精度，回波信号幅值最大为900 mV，最小为20 mV，根据实验室统计，如表3.5所示，在回波信号幅值为200 mV处达到，波形反演距离的最大游走0.033 m。

表3.5　回波信号幅度变化时的测距精度测试

回波信号幅值/mV	回波反演距离/m
900	810.174
200	810.180
20	810.147

3.3.2.3　最大测距范围测距精度测试

激光测高分系统采用恒温晶振进行时间间隔测量，对于最大600 km距离，晶振温漂是引起测距精度变化的主要因素。利用恒温晶振的高低温试验数据进行测试，在全温度、最大测距范围内，由晶振温漂因素导致的测距误差不超过4.2 cm。

3.3.2.4 坡度引起的测距精度变化分析

存在坡度的平面目标会引起激光回波脉冲的展宽，对于设计最大存在15°坡度的情况，地面无法进行实际精度测量，沿用高分七号激光原理样机开展不同坡度、回波脉宽情况下的模拟试验，发现随着激光回波脉宽的展宽、信噪比的下降，波形峰值提取精度下降。在回波幅值为50 mV，脉宽为60 ns的典型模拟回波情况下（与15°坡度及低反射率目标对应），全波形测距精度为0.796 ns，对应测距距离为12 cm，如图3.13至图3.18所示。

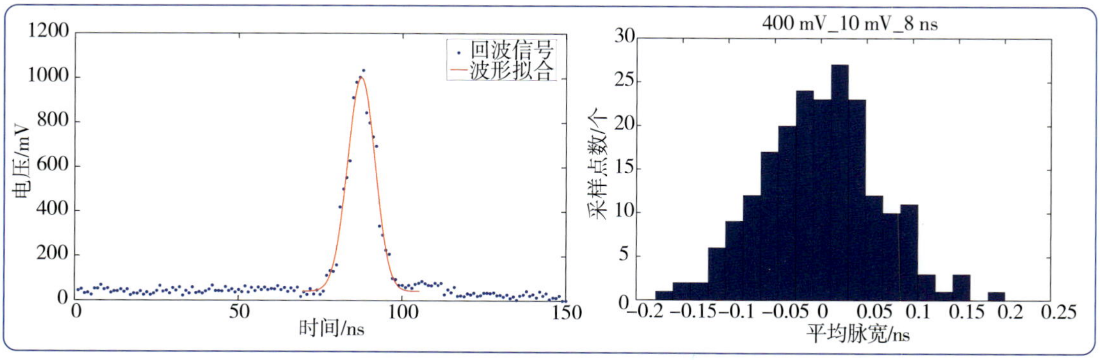

图 3.13　400 mV_10 mV_8 ns，采集原始波形、波形拟合、统计直方图

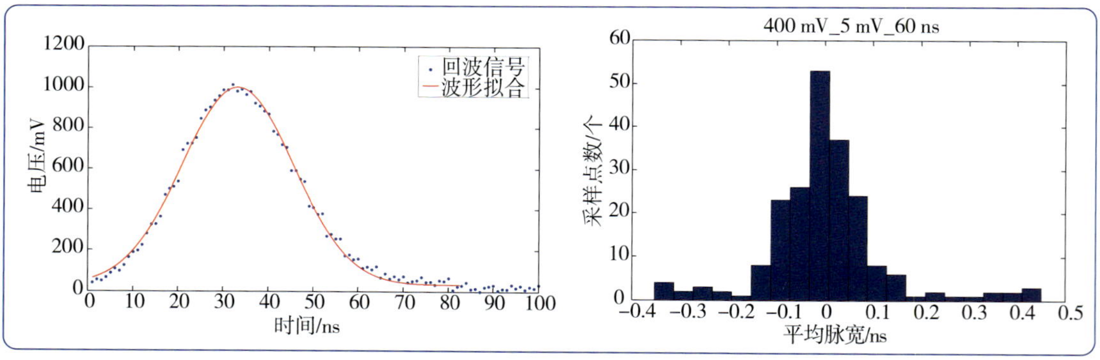

图 3.14　400 mV_5 mV_60 ns，采集原始波形、波形拟合、统计直方图

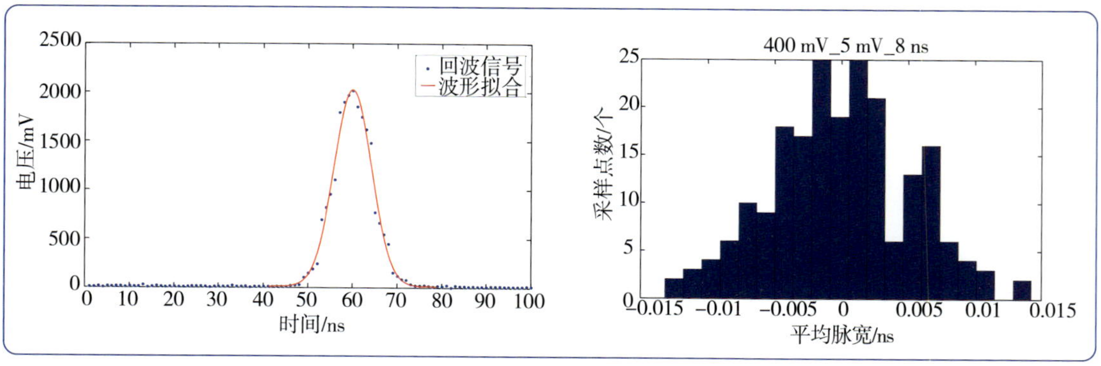

图 3.15　400 mV_5 mV_8 ns，采集原始波形、波形拟合、统计直方图

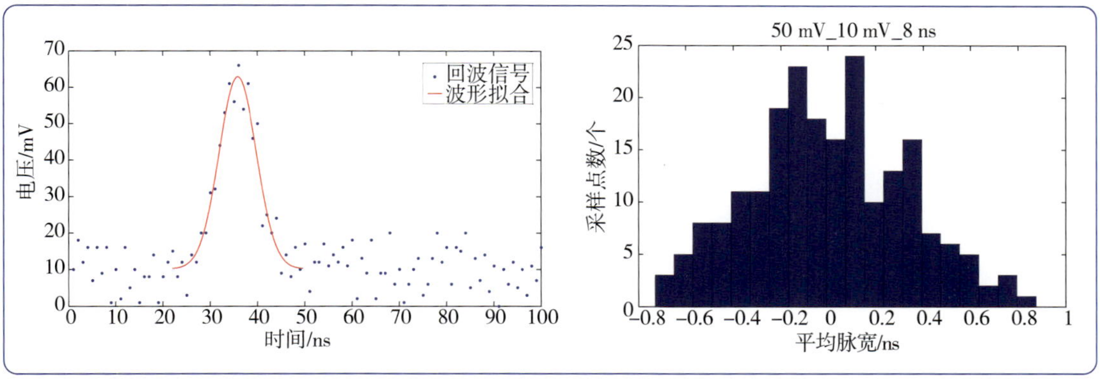

图 3.16　50 mv_10 mv_8 ns，采集原始波形、波形拟合、统计直方图

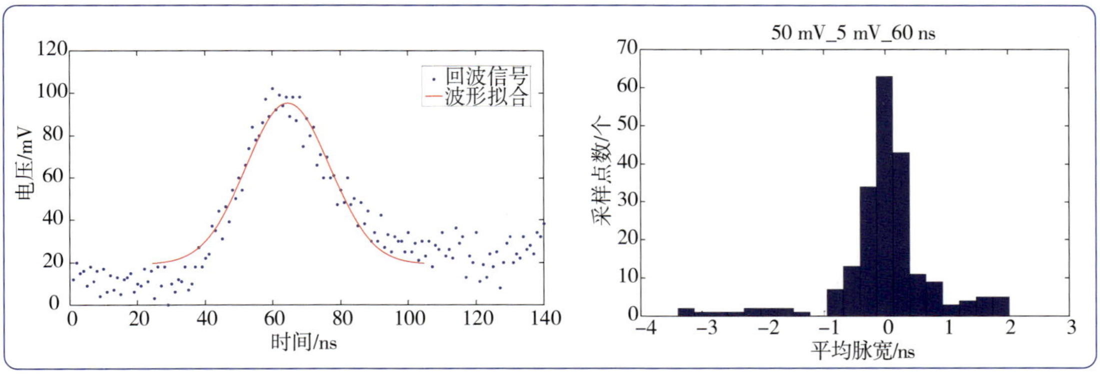

图 3.17　50 mV_5 mV_60 ns，采集原始波形、波形拟合、统计直方图

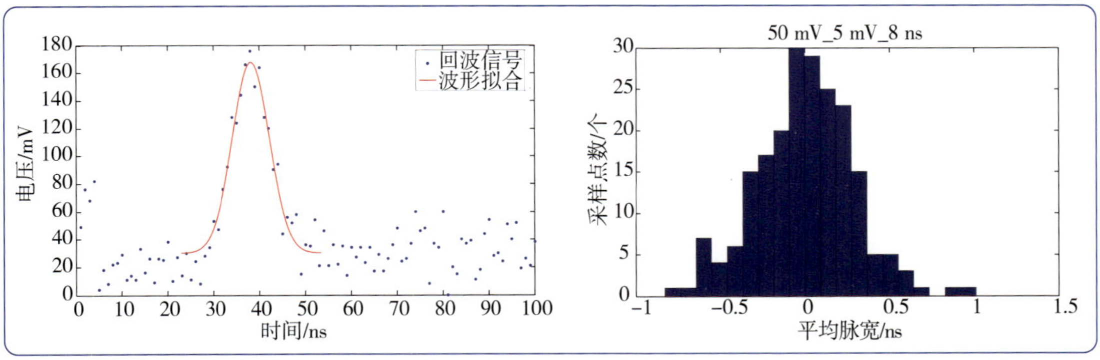

图 3.18　50 mV_5 mV_8 ns，采集原始波形、波形拟合、统计直方图

3.3.2.5　光纤延迟器引起的测距精度变化分析

激光测高分系统优先采用全波形法进行距离测量，通过波形拟合提取经自带光纤延迟器延迟的主波信号峰值、回波信号峰值，如图3.19所示，计算两者的时间差，获得精确的相对距离，最大限度避免主波触发电路抖动对测距精度和距离游走的影响。因此，以光纤延迟器作为计算的固定基准，当温度变化时会引起长度变化，从而导致测距精度下降。

如图3.20所示，通过高低温试验，光纤延迟器的光程温度标定变化率分别为0.95℃/ps

和0.93℃/ps，光纤延迟器温度标定的误差不超过30 ps/℃。因此，在20 ~ 23℃正常工作温度范围内，由光纤光程引起的测距误差<90 ps（1.35 cm）。

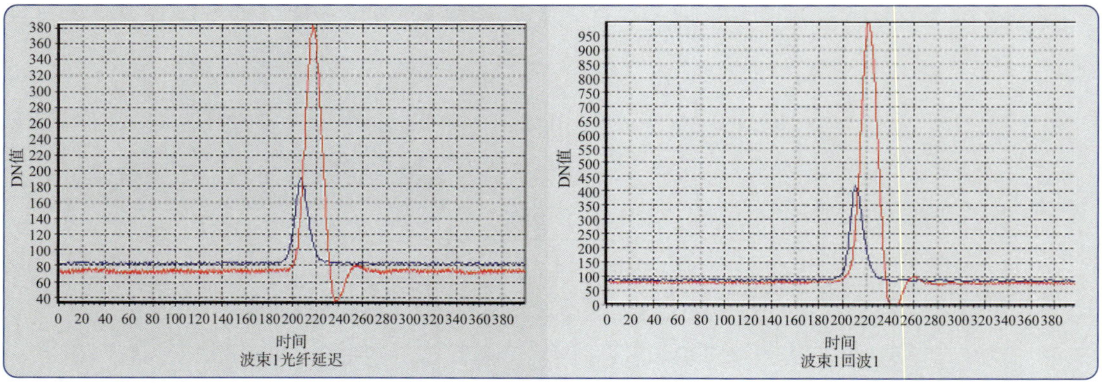

图 3.19　延迟主波（左）与回波（右）

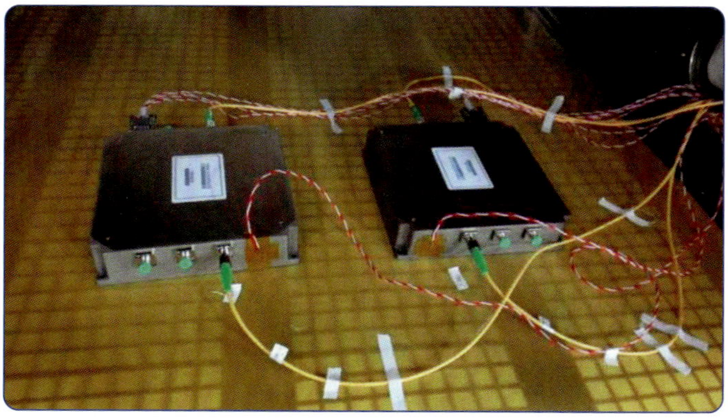

图 3.20　光纤延迟器高低温延迟试验

3.3.2.6　结论

高分七号卫星激光测高系统实验室测距最大误差为以上五项结果的均方根之和，约为14 cm（1σ）。

3.3.3　大气延迟误差分析

卫星激光测高仪发射的激光束经过地球的大气层时必将受到大气的各种影响，大气层可对激光脉冲传输造成延迟影响，这种由大气折射引起的大气传播延迟误差成为激光测距的主要误差来源之一。大气对激光脉冲造成的延迟主要取决于固定波长的激光在大气传输路径上的折射系数，而该系数又是空气的密度函数。因此，对于从天顶角出发的光程来说，大气延迟直接与地球表面的大气压力、柱状路径内的水分子密度以及由海拔高度和大气非静态力造成的重力变化相关。通常，观测角不同，大气参数分布不同，导致大气延迟量存在差异。大气折射延迟为大气干项延迟和湿项延迟的分量和。其中，水分子密度由可降水量决定，最终决定大气折射湿项延迟分量；大气压力和大气非静态力造成的重力变化同时影响大气折射干项延迟分量；两类大气延迟分量的改正量级和精度如表3.6所示。

表3.6　大气改正量及其精度

分量	量级	不确定性
干项延迟	± 2 m	± 0.4 m
湿项延迟	± 2 mm	± 2 mm

3.3.4　潮汐误差分析

卫星激光测距仪可实现对地球表面高程的高精度测量，而潮汐作用会对测量的精度产生较大影响，因此需对潮汐引起的误差加以修正。潮汐改正研究主要包括海洋潮汐、海潮负荷潮、极潮、固体潮。

海洋潮汐是指海水在日、月和近地行星等天体引潮力作用下产生的周期性涨落运动，是影响海面起伏、海洋环流变化的重要因素，对地球自转变化、卫星重力场恢复等有重要影响。

海潮负荷潮是指由于海洋潮汐的作用，海水质量负荷周期性地作用在固体地球上，导致整个地球的形变和重力场变化。

极潮是指地球自转产生的地球离心力使得地球发生形变，其位移取决于观测瞬间地球自转轴与地壳的交点位置，随时间而变化。

固体潮是指在月球和太阳的作用下，海水每天发生两次周期性的涨落，并因此导致了地球陆地部分发生形变，以致质量重新分布，使得固体地球表面周期性涨落。

太阳和月亮对地球引力的影响引起的固体潮，其幅值可达 ± 30 cm；海潮在宽阔海域所产生的影响达到 ± 50 cm，在海岸线达到 ± 2 m，冰川区域达到 ± 1 m；海潮负荷潮通过对陆地进行挤压，形变可达到 ± 10 cm；极潮对测高的影响较小，在 ± 1 cm左右。利用FES（Finite Element Solution）海潮改正模型以及IERS（International Earth Rotation and Reference System）潮汐改正模型对上述潮汐现象引起的测站点位置变化进行误差分析，归算到平均潮汐系统下，得到各类潮汐误差如表3.7所示。

表3.7　潮汐改正量及其精度

分量	量级	不确定性
海潮（公海）	± 50 cm	± 10 cm
海潮（海岸线）	± 2 m	± 10 cm
海潮（冰架）	± 1 m	± 40 cm
长周期海潮	± 1 m	<1 cm
极潮	<2 cm	<1 mm
海潮负荷潮	± 10 cm	<0.5 cm
固体潮	± 30 cm	± 0.5 cm

3.3.5 姿态轨道误差分析

姿态确定精度和轨道确定精度是影响激光测高精度的关键因素。对于500 km轨道高度的激光载荷，1″ 姿态误差在地面平坦区域可引起约2.5 m的平面定位偏差。沿轨或垂轨方向的1 m的定轨偏差在地面可引起约1 m的平面定位偏差。高程定位误差主要与测距误差、轨道径向偏差以及地形有关。姿态和轨道误差对激光测高的定位偏差示意如图3.21所示。

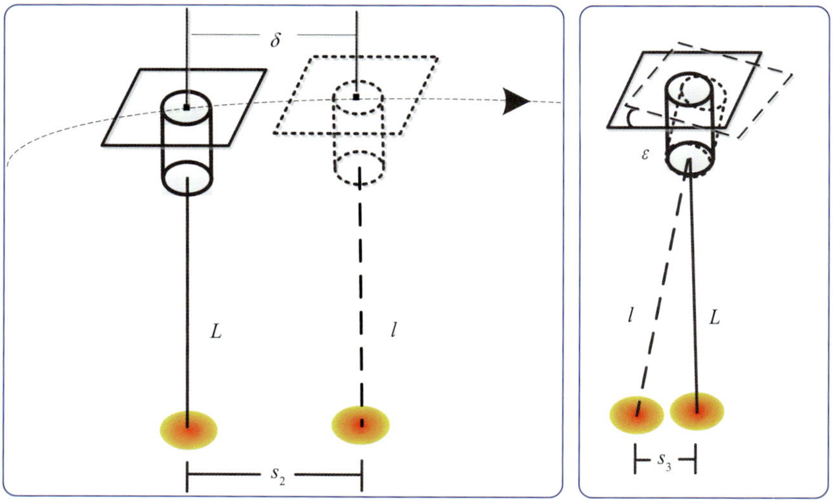

（a）轨道误差　　（b）姿态误差

（L 表示激光理论光束；l 表示受到误差影响后的实际光束；s_2 为轨道误差在地面引起的定位误差；s_3 为姿态误差在地面引起的定位误差）

图 3.21　姿轨误差分析图

3.3.5.1　位置测量误差

位置测量误差包括两个方面：一是星载GNSS接收机本身的定位误差；二是卫星与地球的相对运动产生的误差。

以资源三号卫星为例，其搭载了用于精确定轨的双频GPS接收机，在轨定位精度优于5 m，事后处理精度能达到5 cm。GPS接收机按照2 Hz的频率记录卫星的位置，在获取特定时刻的位置时，需要根据具体时刻进行拉格朗日内插或者多项式内插计算，内插结果与卫星实际位置会有一定的误差，该项误差引起的定位误差与其本身在同一个量级，影响较小。

激光测高作为主动遥感方式，激光脉冲传输距离是卫星到地面距离的两倍，脉冲往返的时间较短，但由于卫星处于高速运行状态，激光脉冲往返期间卫星将移动数十米的距离，从而引起定位误差。为有效消除卫星与地面相对运动引起的位置误差，ICESat/GLAS系统采用激光发射时刻的卫星姿态及激光到达地面时卫星的位置，解算激光足印在地面的实际位置。不同轨道高度、不同轨道定位误差引起的激光地面定位偏差如表3.8所示。

表3.8　激光地面定位误差

轨道高度/km	轨道定位误差/m		
	1 m	10 m	30 m
200	1	10	30
500	1	10	30
800	1	10	30

3.3.5.2　姿态测量误差

姿态测量误差主要是卫星在轨运行时星敏、陀螺等仪器测量卫星姿态时产生的误差。以资源三号卫星搭载的星敏、陀螺仪为例，激光脉冲发射时刻卫星的姿态通过内插获取，对于四元数形式的姿态观测值，可直接通过四元数球面内插或转换为欧拉角后采用类似轨道内插的方法处理，姿态内插结果与真实姿态也有一定的误差。

姿态误差可以分为俯仰、侧滚及偏航三个正交方向的角误差分量，依次记为φ、ω和κ。当卫星在空间中仅存在沿轨方向的俯仰角误差φ时，如图3.22所示，在摄影测量坐标系中分析有如下关系：

$$\begin{bmatrix} X \\ Y \\ Z \end{bmatrix} = \begin{bmatrix} X_S \\ Y_S \\ Z_S \end{bmatrix} + \begin{bmatrix} \cos\varphi & 0 & -\sin\varphi \\ 0 & 1 & 0 \\ \sin\varphi & 0 & \cos\varphi \end{bmatrix} \begin{bmatrix} \rho\cos\beta\cos\alpha \\ \rho\cos\beta\sin\alpha \\ \rho\sin\beta \end{bmatrix} \tag{3.10}$$

式中：$\begin{bmatrix} X_S \\ Y_S \\ Z_S \end{bmatrix}$为卫星质心在地球固定地面参考系下的坐标，即GNSS测量的星历数据；

$\begin{bmatrix} X \\ Y \\ Z \end{bmatrix}$为激光地面点在地球固定地面参考系下的坐标。

对φ求导，有

$$\frac{\partial[X\ Y\ Z]^T}{\partial\varphi} = \begin{bmatrix} -\sin\varphi & 0 & -\cos\varphi \\ 0 & 0 & 0 \\ \cos\varphi & 0 & -\sin\varphi \end{bmatrix} \begin{bmatrix} \rho\cos\beta\cos\alpha \\ \rho\cos\beta\sin\alpha \\ \rho\sin\beta \end{bmatrix} \tag{3.11}$$

展开，并考虑θ值较小，$\sin\beta\approx0$，$\cos\beta\approx1$，有

$$\begin{cases}\dfrac{\partial X}{\partial \varphi}=-\sin\varphi\cdot\rho\cos\beta\cos\alpha-\cos\varphi\cdot\rho\sin\beta\approx-\rho\sin\varphi\cos\alpha \\ \dfrac{\partial Y}{\partial \varphi}=0 \\ \dfrac{\partial Z}{\partial \varphi}=\cos\varphi\cdot\rho\cos\beta\cos\alpha-\sin\varphi\cdot\rho\sin\beta\approx\rho\cos\varphi\cos\alpha\end{cases} \tag{3.12}$$

可见，俯仰角主要在沿轨方向和高程方向上引起误差。同理，当卫星在空间中仅存在垂轨方向的侧滚角元素误差ω时，如图3.22（b）所示，主要在垂轨方向和高程方向上引起误差，其大小为

$$\begin{cases}\dfrac{\partial X}{\partial \omega}=0 \\ \dfrac{\partial Y}{\partial \omega}=-\sin\omega\cdot\rho\cos\beta\sin\alpha-\cos\omega\cdot\rho\sin\beta\approx-\rho\sin\omega\sin\alpha \\ \dfrac{\partial Z}{\partial \omega}=\cos\omega\cdot\rho\cos\beta\sin\alpha-\sin\omega\cdot\rho\sin\beta\approx\rho\cos\omega\sin\alpha\end{cases} \tag{3.13}$$

当卫星在空间中仅存在偏航方向的角元素误差κ时，如图3.22（c）所示，主要在垂轨方向和沿轨方向上引起平移误差，其大小为

$$\begin{cases}\dfrac{\partial X}{\partial \varphi}=-\sin\kappa\cdot\rho\cos\beta\cos\alpha-\cos\kappa\cdot\rho\cos\beta\sin\alpha=-\rho\sin\kappa\cos\alpha-\rho\cos\kappa\sin\alpha \\ \dfrac{\partial Y}{\partial \varphi}=\cos\kappa\cdot\rho\cos\beta\cos\alpha-\sin\kappa\cdot\rho\cos\beta\sin\alpha=\rho\cos\kappa\cos\alpha-\rho\sin\kappa\sin\alpha \\ \dfrac{\partial Z}{\partial \varphi}=0\end{cases} \tag{3.14}$$

以上分析可以看出，俯仰角和侧滚角主要影响激光足印定位的平面精度，对高程精度影响相对较小，而偏航角对垂轨和沿轨方向均有一定的影响，对高程没有影响，并且姿态角对激光足印定位的误差均与激光指向角有一定关系。对于轨道高度约为500 km的资源三号卫星来说，每角秒的姿态误差会造成约2.4 m的平面定位误差，0.04 m的高程误差。其平面定位误差与表3.1相同。

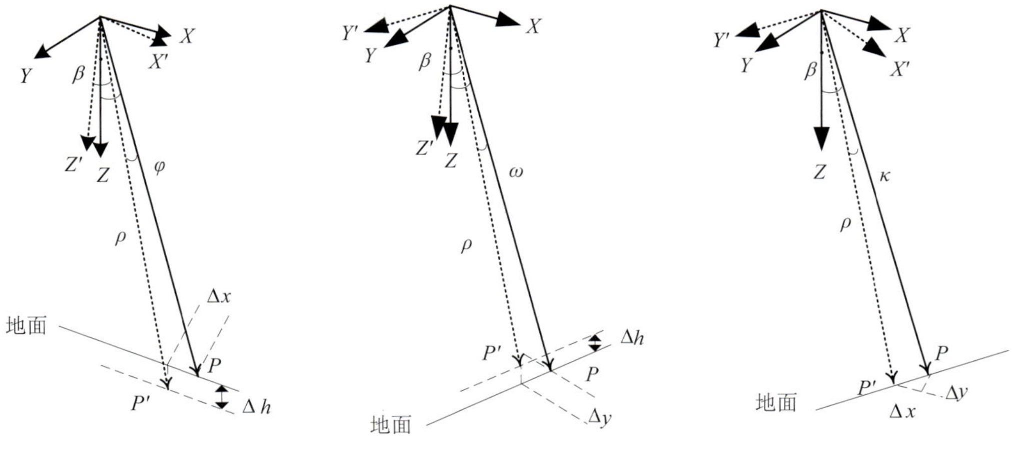

（a）φ 引起的定位误差　（b）ω 引起的定位误差　（c）κ 引起的定位误差

图 3.22　姿态角引起的激光足印定位误差

3.4　激光测高误差改正处理

卫星激光测高在轨几何检校主要修正测距和指向参数，通过地面控制计算星上测距和指向系统误差量。对于全波形线性激光体制，受设备热效应影响，激光波形出现量化误差，需进行自身的测距误差改正，另外，激光传输过程中大气延迟与潮汐引发的地球形变均会导致测距误差。因此，在检校过程中，需引入全波形测距数据提取、大气改正和潮汐改正处理，以获得高精度的激光指向和测距参数。

3.4.1　全波形激光量化时间误差改正

3.4.1.1　全波形激光时间量化误差

通常情况下，波形采样间隔非常小，大多数大气和地形条件下激光获取的回波近乎平滑。一般全波形激光发射和返回波形的最大值对应时刻即为激光发射或者返回时刻，根据它们的时间差计算渡越时间，称为一般峰值法。然而，实际在轨工作中，卫星激光模拟回波信号经数字化处理后产生时间量化误差，导致了波形峰值处离散采样点存在似噪声的波动，部分情况下，发射与返回波形中会出现多个最大值或峰值点并非真实的波形峰值点等情况（图3.23，图3.24），最终导致基于一般峰值法计算的激光测距存在明显的随机误差。

如图3.23和图3.24所示，一般峰值法依据发射与返回波形提取的激光渡越时间将产生1 ~ 5个采样间隔的随机误差，对于波形采样频率为0.5 ns（2 GHz）的GF7-01卫星激光会导致0.5 ~ 2.5 ns的时间量化误差，即0.075 ~ 0.375 m的测距误差；对于其他较低采样频率的卫星激光测高仪来说，一般峰值法带来的随机测距误差将翻倍。综上，对于全波形卫星激光测高仪，一般峰值法提取的激光渡越时间直接影响了激光的测距精度，继而影响卫星激光测高精度。

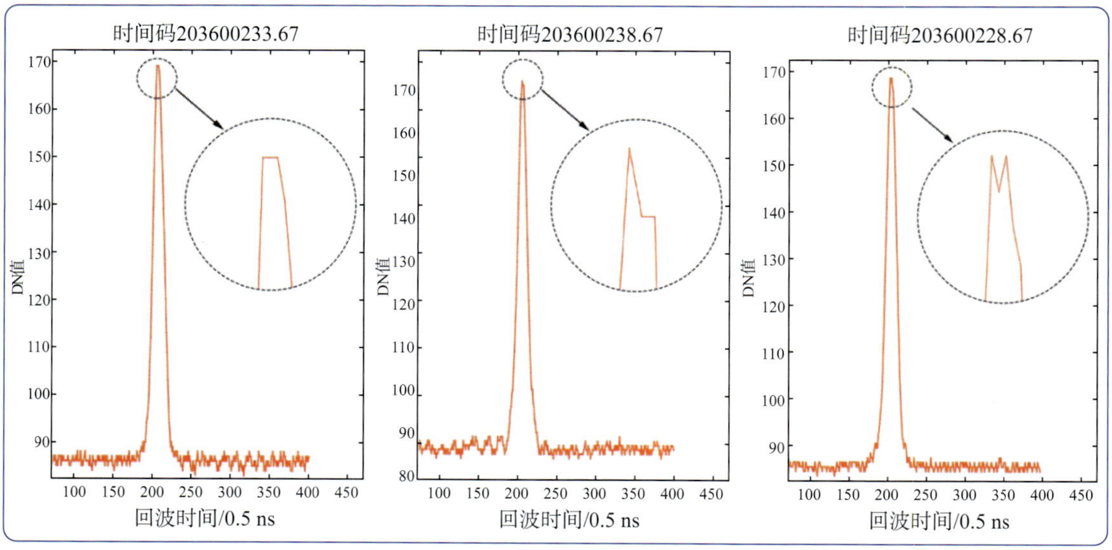

图 3.23　GF7-01 卫星激光测高仪三种典型非标准高斯发射波形峰值图

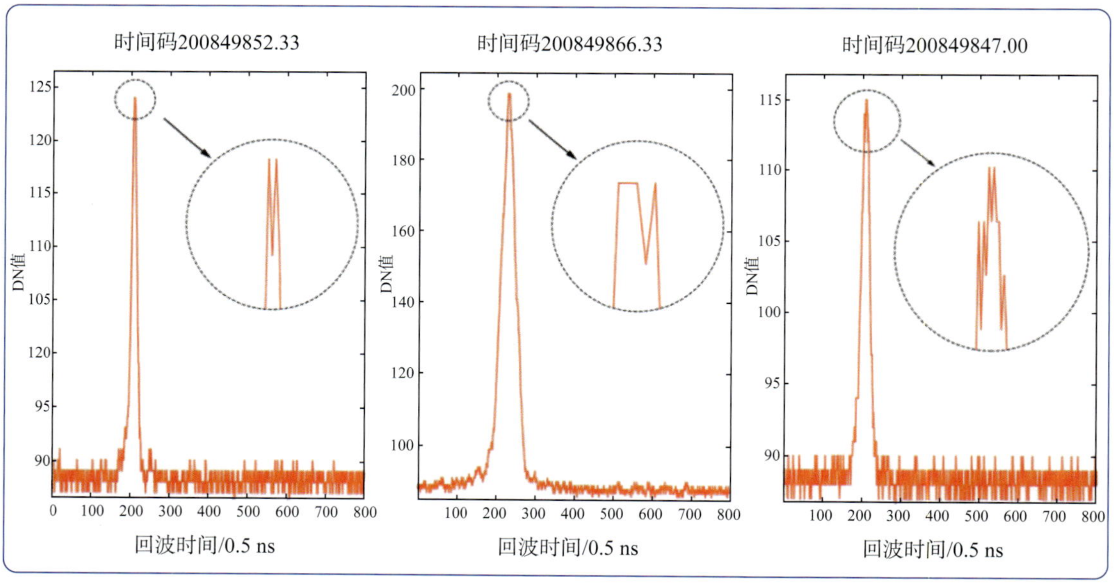

图 3.24　GF7-01 卫星激光测高仪三种典型非标准高斯返回波形峰值图

3.4.1.2　波形时间量化误差改正

全波形激光模拟回波信号经数字化处理后产生量化误差，针对其引起的激光测距随机误差，本节提出一种全波形卫星激光测距误差抑制的滑动窗口高斯拟合方法，适用于各种情况下卫星激光发射与返回波形峰值拟合，该方法基本流程如图3.25所示。

该方法核心步骤如下：

（1）波形初始峰值检索。根据输入波形查找到波形最大值作为初始峰值，以它为中心将波形分为左侧（上升沿）与右侧（下降沿）进行算法实现。

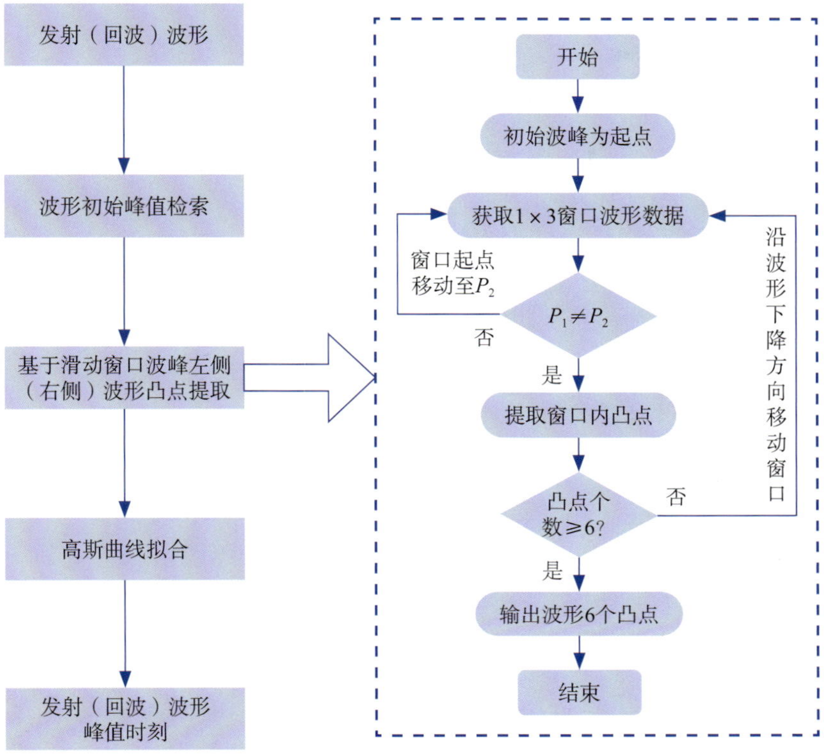

图 3.25　基于滑动窗口的高斯曲线拟合方法流程图

（2）基于滑动窗口的波峰左侧（右侧）波形有效点提取。算法设置1×3窗口，由初始峰值点沿波形下降方向（作为正向）进行滑动检索，沿正向方向单个窗口内第一个点定义为 P_1，第二、三个点分别定义为 P_2、P_3。若 $P_2=P_1$，剔除 P_1，窗口起点滑动至 P_2 重新获取3个波形采样点计算，直至 $P_2 \neq P_1$。此时利用窗口内前两个点 $P_1(x_1,y_1)$ 和 $P_2(x_2,y_2)$ 构建正向直线 L 为

$$L_{12}(x,y)=(x_2-x_1)(y-y_1)-(y_2-y_1)(x-x_1) \tag{3.15}$$

对于已构建的正向直线，窗口内第三个波形点所在位置可定义为三类：①直线上点；②内点：沿正向直线 L 前进方向右侧点；③外点：沿正向直线 L 前进方向左侧点。将窗口内波形第三个点 $P_3(x_3,y_3)$，代入公式（3.15），进行内外点判断（王兵团, 2001）。

$$\begin{cases} L_{12}(x_3,y_3)<0, & (x_3,y_3)\text{为内点} \\ L_{12}(x_3,y_3)=0, & (x_3,y_3)\text{在直线上} \\ L_{12}(x_3,y_3)>0, & (x_3,y_3)\text{为外点} \end{cases} \tag{3.16}$$

对于标准高斯波形，波峰右侧波形沿下降方向窗口内第三个点始终为内点；波峰左侧恰好相反，窗口内第三个点始终为外点，如图3.26（a）所示。

实际在轨的卫星激光波形，1×3的窗口内第三个点 P_3 往往仅存在两类情况：① P_3 为外点（波峰左侧波形）或为内点（波峰右侧波形）；② P_3 为内点（波峰左侧波形）或为

外点（波峰右侧波形）。

在第一种情况下，P_1，P_2，P_3 满足标准高斯曲线分布，直接保留P_1，P_2，P_3，窗口起点滑动至 P_2 重新计算。在第二种情况下，P_3 为波形凸点；若 $P_3y=P_1y$，则P_1，P_2 为噪声点，直接剔除P_1，P_2 并保留 P_3，窗口起点滑动至 P_3 再次计算；若 $P_3y \neq P_1y$，则 P_2 为噪声点直接剔除，保留P_1，P_3，窗口起点滑动至 P_3 再次计算（以波峰右侧波形为例，如图3.26b所示）。上述两种情况，直至波峰左侧和右侧波形同时各保留 N 个凸点（$N \geqslant 2$）时停止实验，对于GF7-01卫星激光，一般设置 N 值为6。

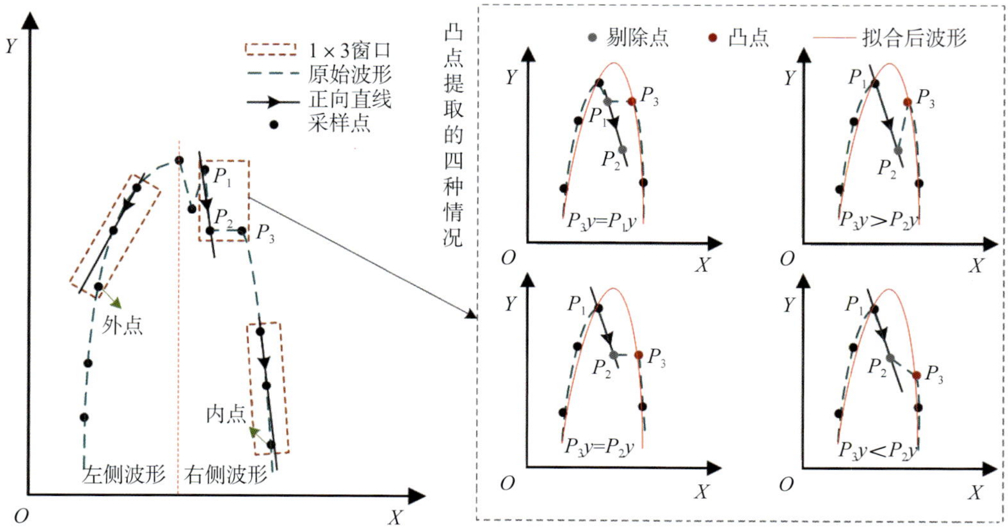

（a）　　　　　　　　　　　　　（b）

图 3.26　高斯波形采样点分布与波峰右侧波形噪声剔除示意图

（3）高斯曲线拟合。卫星激光测高仪发射与返回波形均满足标准高斯分布，利用高斯曲线方程对选定的 N 个波形拟合点进行波形拟合，曲线拟合方程如下式（唐冲 等, 2013）：

$$y = A e^{-\frac{(x-x_0)^2}{2\delta^2}} \tag{3.17}$$

式中：y 为波形拟合点幅值；x 为波形拟合点时刻；x_0为拟合波形峰值时刻；δ 为拟合波形脉宽；A 为拟合波形幅值。

3.4.1.3　误差改正后激光测距值计算

根据激光计时系统记录的发射与返回波形起始时间，及其各自与波峰位置的时间差，可计算激光渡越时间，并转换为激光测距值。以GF7-01全波形卫星激光测高仪为例，其测距公式如下（吴钰 等, 2019）：

$$\tau_R = a \times \left[(T_2 + T_{echo}) - (T_1 + T_{wf})\right] + b \tag{3.18}$$

$$R_{\text{laser}} = \frac{\tau_{\text{R}} \times c}{2} \tag{3.19}$$

式中：R_{laser} 为卫星激光精确测距值；τ_{R} 为激光渡越时间；T_1 为发射波形起点时间；T_2 为返回波形起点时间；T_{wf} 为发射波形峰值至发射波形起点时间；T_{echo} 为返回波形峰值至返回起点时间；a 为激光计时系统常数因子；b 为激光计时偏移改正量；c 为光速，$c = 299792458$ m/s。

3.4.2 高精度姿态数据优化处理

星敏感器和陀螺仪是目前航天器姿态确定领域精度最高的两种测量部件。陀螺仪短期精度很高，但致命的缺点是存在常值漂移，长期稳定性差，且没有绝对姿态基准。星敏感器的测量精度不如陀螺仪，但长期稳定性很好。因此，将这两种测量部件的信息融合以确定航天器姿态是高精度姿态确定的主要手段。对于测绘遥感卫星应用领域，经过事后处理得到的高精度姿态信息有着重要意义。

在星载姿态敏感器精度已经确定的前提下，提高定姿精度的核心是提高姿态确定算法的性能。典型的基于矢量观测的卫星姿态确定算法大致可分为两类：一类是确定性算法，主要是基于Wahba问题求解；另一类是状态估计法，主要涉及非线性滤波技术、姿态确定系统建模、误差估计与补偿等问题。状态估计法是通过建立描述状态量变化的状态方程及观测方程，应用某种估计算法，根据观测信息在一定准则下获取状态量的最优估计。在卫星姿态确定时，结合卫星姿态动力学或运动学模型，建立卫星姿态变化的状态方程，根据一个时变的矢量测量来估计卫星姿态（只需一个测量矢量即可）。同时，也可以将观测中的一些不确定因素，如敏感器偏差、对准误差等，作为状态变量的一部分进行估计，以在一定程度上消除某些测量不确定因素的影响，提高姿态确定精度。为满足高精度姿态确定的需要，状态估计方法已成为姿态确定的常用方法。

下面以高分七号卫星为例，介绍姿态优化精度。以第008658轨数据为例，整轨优化后，抽取该轨内约1400个姿态值进行显示，欧拉角格式下的姿态优化结果如图3.27所示。

由图3.27可以看出，三轴姿态振幅在$-0.5'' \sim 0.5''$之间波动，经过地面姿态处理系统得到的姿态幅值变化较小，稳定性高。

为进一步评价高分七号卫星姿态数据的精度情况，利用2022年度获取的华北地区几何精度验证场的7轨激光足印影像数据开展姿态精度验证分析，该区域有高精度的地面控制影像数据作为地面验证，验证影像的平面精度优于0.1 m，通过高精度影像匹配方法，能够实现足印影像与控制影像数据的关联，获得验证点数据。该7轨数据卫星侧摆角均小于2°，卫星平台稳定性较好，可通过足印相机的定位精度分析精密定姿的精度。从7轨数据中选中经过几何精度验证场的1景足印影像，每景足印影像与验证场的数据匹配获取约600个验证点，用于统计分析足印影像的几何精度。

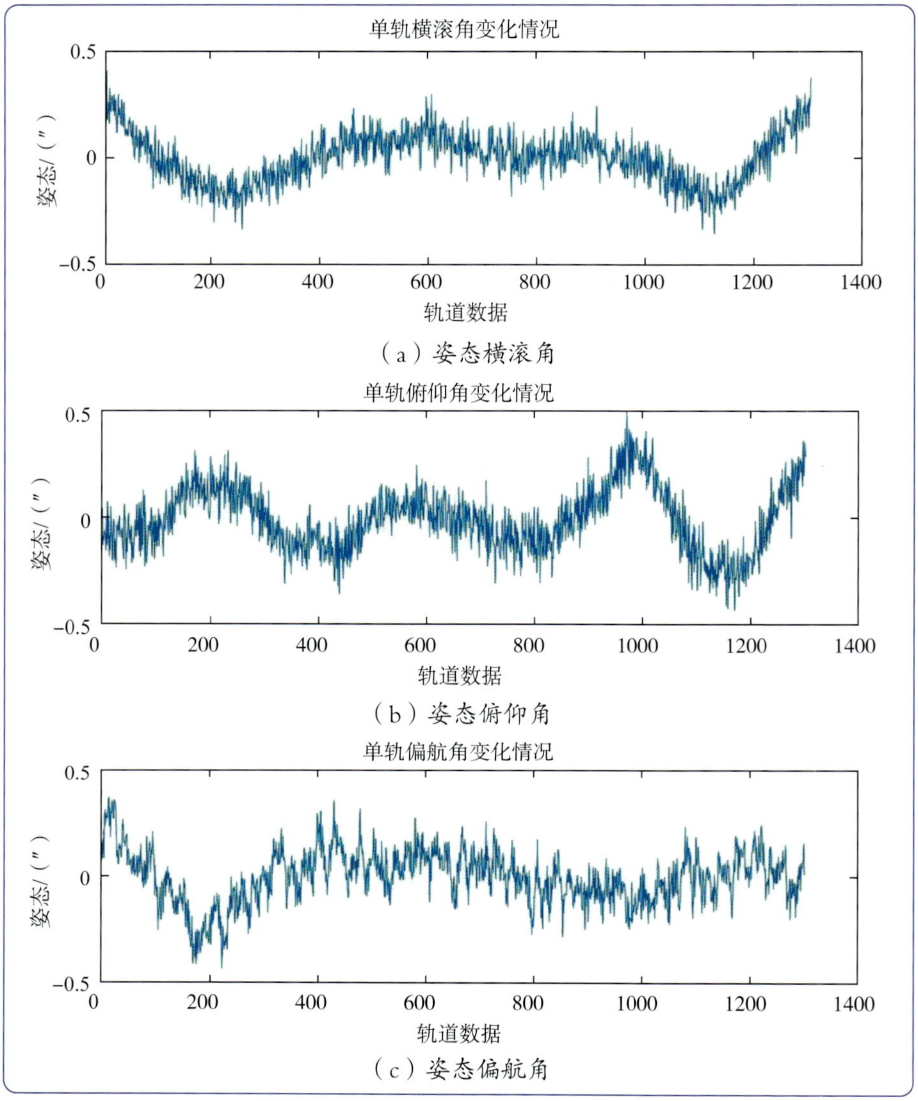

（a）姿态横滚角

（b）姿态俯仰角

（c）姿态偏航角

图 3.27　高分七号卫星 008658 轨部分精密姿态

验证结果如表3.9所示，足印影像为2022年拍摄，获取时间从1月均匀分布至7月，每景足印影像通过匹配获取的验证点数量均不少于450，辅助数据使用精姿精轨数据。通过计算可知，足印相机1的列方向中误差均值为0.78像元，行方向中误差均值为0.53像元，平面中误差均值为1.02像元；足印相机2的列方向中误差均值为0.67像元，行方向中误差均值为0.61像元，平面中误差均值为0.96像元。足印相机的分辨率为3.2 m，则足印相机1和2的定位误差分别为3.26 m和3.07 m。

可以看到，足印相机采用精姿精轨进行几何定位精度能够达到1像元，考虑到影像匹配算法误差约为0.3像元，则精姿数据自身的定位误差为$0.7/\sqrt{2}=0.5$像元，换算到角秒表示，实际的精密姿态几何定位精度为0.63″。

表3.9　高分七号卫星足印相机定位精度

序号	轨道号	日期	影像号	相机	验证点数量	中误差/像元		均值/像元	
						列	行	列	行
1	012078	2022 01 01	588_252502525.666932821_Ⅰ	FPC_Ⅰ	650	0.215	0.854	−0.079	−0.830
			589_252502526.004764795_Ⅰ	FPC_Ⅱ	628	0.241	0.999	−0.002	−0.938
2	012534	2022 01 31	480_255093974.666932136_Ⅰ	FPC_Ⅰ	480	0.722	0.332	0.666	−0.009
			481_255093975.004765153_Ⅰ	FPC_Ⅱ	564	0.327	0.352	0.208	0.055
3	012671	2022 02 09	157_255872482.000262856_Ⅰ	FPC_Ⅰ	625	1.563	0.241	1.512	−0.171
			159_255872482.671431154_Ⅰ	FPC_Ⅱ	634	1.267	0.428	1.243	−0.366
4	013111	2022 03 10	272_258378690.333597988_Ⅰ	FPC_Ⅰ	650	0.818	0.320	−0.814	0.300
			273_258378690.671432585_Ⅰ	FPC_Ⅱ	648	0.916	0.503	−0.887	0.467
5	013568	2022 04 09	445_260970148.000264347_Ⅰ	FPC_Ⅰ	648	0.840	0.460	0.790	−0.315
			446_260970148.338098556_Ⅰ	FPC_Ⅱ	650	0.403	0.484	0.363	−0.429
6	013948	2022 05 04	561_263129646.666932702_Ⅰ	FPC_Ⅰ	649	0.410	0.911	−0.346	0.897
			563_263129647.338098258_Ⅰ	FPC_Ⅱ	647	0.859	1.053	−0.802	0.996
7	015134	2022 07 21	380_269869606.333597779_Ⅰ	FPC_Ⅰ	649	0.873	0.611	0.853	−0.545
			386_269869608.338097632_Ⅰ	FPC_Ⅱ	650	0.708	0.427	0.637	−0.326
FPC_Ⅰ：列方向中误差均值为0.78像元，行方向中误差均值为0.53像元，平面中误差均值为1.02像元									
FPC_Ⅱ：列方向中误差均值为0.67像元，行方向中误差均值为0.61像元，平面中误差均值为0.96像元									

3.4.3　高精度轨道数据优化处理

空间技术的发展带来了对地观测领域的全面发展。实时、高精度地获取卫星观测信息，对地球进行全方位、多时态、多类型观测，是目前对地观测领域的重要发展方向。高精度的卫星轨道，是光学卫星数据处理和应用的基础，是准确提取对地观测信息的决定性因素之一。因此，低轨卫星精密定轨是卫星对地观测技术发展和应用的基础，同时又是提高和拓展卫星应用水平的关键因素。卫星精密定轨是利用测轨技术获得的大量观测量，建立函数模型和统计模型，求取卫星状态矢量，即位置矢量和速度矢量的过程。卫星精密定轨精度的提高是提升光学卫星几何精度的重要基础和前提。

卫星定轨技术的发展大致可以分为三个阶段：第一阶段（20世纪60年代初期）以光学技术和方向交会法为主要定轨手段；第二阶段（20世纪60年代中后期至70年代）是卫星激光测距、DORIS、PRARE等多种地面跟踪定轨技术不断发展的时期；第三阶段（20世纪80年代至今）则是星载GNSS精密定轨技术的发展阶段。卫星定轨精度也从几米甚至几十米提升至厘米级。随着GPS、GLONASS、北斗、Galileo等卫星导航定位系统的发展，星载GNSS精密定轨技术以成本低、全天候、高精度、连续观测等优点，成为中低轨卫星定轨的主要方式。

高分七号卫星搭载了双频GPS接收机，用于获取卫星的精确位置。在进行高分七号卫星双频GPS精密定轨时，原始观测数据采用卫星搭载的星载GPS接收机获取的双频GPS载波相位和伪距观测值，即采用观测到的P1、P2、L1、L2四种类型观测值。原始观测量采样间隔为1 s。考虑到精密定轨的处理时效问题，精密定轨处理时采用GPS卫星IGR快速精密星历和钟差等辅助产品，IGR快速产品一般延迟17～41 h，由国际GNSS组织提供，采样间隔为30 s，定轨过程中采用30 s间隔的观测量，且对齐到GPS钟差产品的历元时刻。利用简化动力学方法，实现高分七号卫星精密轨道确定。

对于星载GPS定轨，一般采用短弧定轨，比较常用的定轨弧长为24 h和30 h，精密轨道的重叠轨道互差精度是反映精密定轨过程中精度评定的重要指标之一。假如定轨时间从每天的0时开始，则两弧段之间有6 h的重叠轨道。尽管这6 h的观测数据是相同的，但这两段轨道是通过两次独立解算得到的，可以认为这两段6 h的重叠轨道不相关，因此，轨道重叠部分的符合程度反映了轨道精度。为减小端部效应的影响，在评估重叠轨道的精度时可取中间4 h的数据作为评估轨道精度的有效数据。

在完成高分七号卫星精密轨道解算后，利用重叠弧段方法对精密轨道产品进行精度评定。即定轨弧段从GPS时的13时到第二天的19时，因此生成的精密轨道会与前一天的定轨弧段产生6 h重叠轨道，如图3.28所示。考虑到重叠弧段的起算点和结束点区域会存在少量突刺跳变，这里采用重叠区间中心区域的4 h残差作为轨道评估的结果。

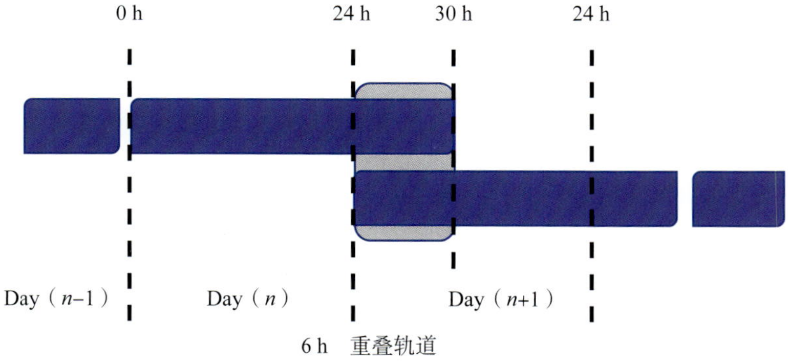

图 3.28 卫星精密定轨重叠轨道示意图

在进行精密轨道处理前，统计了IGR载波相位观测值消电离层组合残差时间序列，如图3.29所示，除观测资料不足等原因造成的异常弧段未统计外，IGR精密定轨的观测资料残差水平保持在20 mm左右，精度可满足精密轨道处理需要。

利用IGR星历进行高分七号卫星精密轨道处理后，选取了2019年11月3日至12月31日期间30 d的轨道数据，统计其重叠弧段精度，如表3.10所示。图3.30和图3.31分别给出了高分七号卫星精密轨道重叠弧段定轨结果和残差统计精度，由表3.10可知去除边界效应的中心弧段三维位置内符合精度优于3 cm，其中径向和法向精度均优于1 cm。

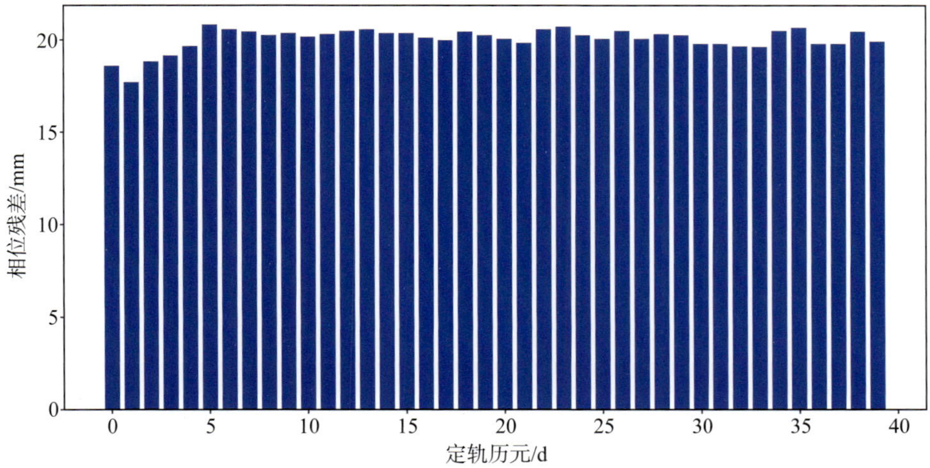

图 3.29　采用 IGR 星历的相位观测值残差

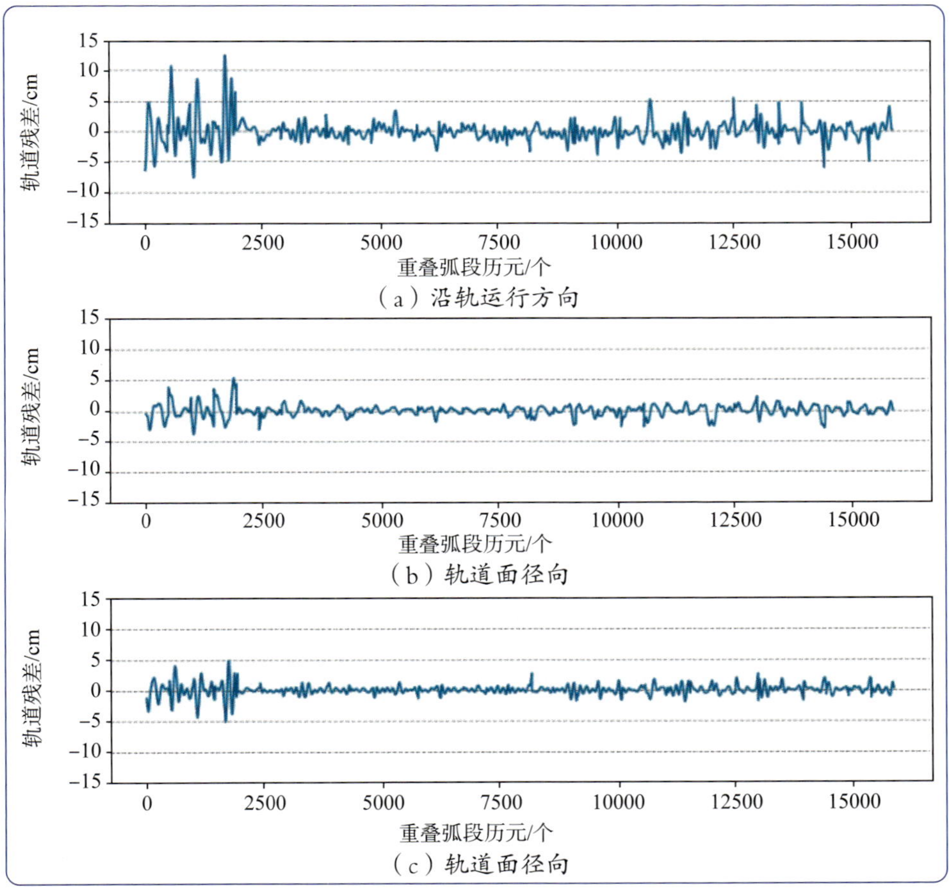

图 3.30　高分七号卫星精密轨道重叠弧段定轨结果

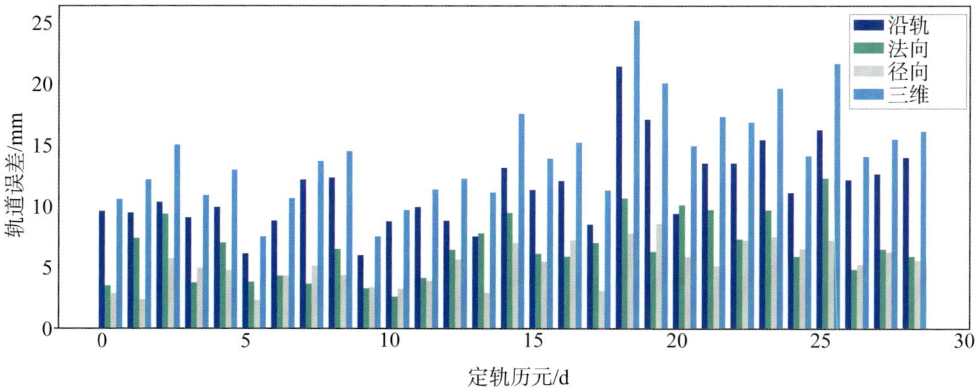

图 3.31　高分七号卫星精密轨道重叠弧段残差统计值

表3.10　采用IGR星历的轨道重叠弧段精度

项目	沿轨方向	轨面法向	轨道径向	三维位置
平均值/cm	−0.06	−0.05	0.04	—
残差均方根/cm	1.77	0.91	0.81	2.15

3.4.4　大气延迟误差改正

3.4.4.1　大气延迟改正模型

脉冲式卫星激光测高仪通过记录激光脉冲从发光至地面的渡越时间来估计星地间距离。其中大气折射导致激光传播时间延长，带来测距误差。大气延迟为激光脉冲穿透大气时在传播方向上的折射率积分（Herring et al., 2012），可通过对激光传播路径内的大气折射率进行积分来改正。

卫星激光测高仪单程大气传输过程中受地面大气折射率影响，可用下述方程进行改正：

$$\Delta L = \int_{S_{\mathrm{ATM}}} N(s)\,\mathrm{d}s - \int_{S_{\mathrm{VAC}}} \mathrm{d}s \tag{3.20}$$

式中：$N(s)$ 为激光光路方向折射率；S_{ATM}为激光星地间传输曲线路径；S_{VAC}为激光星地间传输直线路径，上式中第二项只与卫星和激光足印的坐标有关。第一项积分与激光光路中大气折射率有关，通常采用追光法与数值积分方式计算折射率，追光法一般适用于小数据量情况，卫星激光测高仪计算大气折射率一般采用半解析法简化计算。

激光在大气中的传输延迟可表达为由天顶方向延迟改正值乘以激光指向角有关的映射函数。

$$\Delta L = m(\varepsilon,P)\int_{z}^{\infty}\left[N(z)-1\right]\mathrm{d}z = m(\varepsilon,P)\Delta L_{Z} \tag{3.21}$$

式中：$m(\varepsilon,P)$ 为由激光高度角 ε 确定的映射函数；P 为激光指向矢量参数；z 为卫星到地面激光足印的路径；N 为激光在大气中折射率。

天顶方向大气延迟 ΔL_Z 主要由干项延迟 ΔL_H 与湿项延迟 ΔL_W 组成，如式3.22所示；干项延迟由地面大气压强决定，湿项延迟与地面大气降水量有关。

$$\Delta L_Z = \Delta L_H + \Delta L_W \tag{3.22}$$

考虑卫星激光柱中的干空气压缩率，采用非理想状态下修正的欧文定律进行解算：

$$\rho_i = \frac{P_i}{T}\frac{M_i}{R}Z_i^{-1} \tag{3.23}$$

式中：ρ_i 为气体密度；M_i 为质量分子；Z_i 为气体压缩率；P_i 为气压；R 为气体普适常数。因此，大气折射率可表示为干项和湿项两部分组成，如式（3.24）所示：

$$N = F_c k_1 \frac{R}{M_d}\rho + \left(k_2 - F_c k_1 \frac{M_w}{M_d}\right)\frac{R}{M_w}\rho_w \tag{3.24}$$

式中：$F_c = 1.000040053$；M_d 为干空气分子量；M_w 为大气水分子量；$k_1(\lambda)$ 和 $k_2(\lambda)$ 为波长 λ 的函数，$k_1(\lambda)$ 对应干燥大气成分中的分子密度折射率，$k_2(\lambda)$ 对应大气中水汽密度的折射率，表达式如下：

$$\begin{aligned} k_1(\lambda) &= 164.63860\frac{(238.0185+\lambda^{-2})}{(238.0185-\lambda^{-2})^2} + 4.77299\frac{(57.362+\lambda^{-2})}{(57.362-\lambda^{-2})^2} \\ k_2(\lambda) &= 0.648731 + 0.0174174\lambda^{-2} + 3.55750\times10^{-4}\lambda^{-4} + 6.1957\times10^{-5}\lambda^{-6} \end{aligned} \tag{3.25}$$

对于波长为1064 nm的GF7-01卫星激光雷达，$k_1 = 0.7866070$ K/Pa，$k_2 = 0.6644364$ K/Pa，$M_d = 28.9632$ kg/kmol，$M_w = 18.0152$ kg/kmol，$R = 8314.510$ J/kmol·K。

3.4.4.2 干项延迟改正

根据大气延迟改正模型，将公式（3.23）代入公式（3.24）中第一项计算得到干项延迟如式（3.26）所示：

$$\Delta L_H = 10^{-6} F_c k_1 \frac{R}{M_d} g_m^{-1} P_s \tag{3.26}$$

式中：P_s为大气压；g_m^{-1} 为重力加速度；M_d 为干空气分子量。

$$g_m = 9.8062\left[1 - 0.00265\cos(2\phi) - 3.1\times10^{-7}(0.9Z + 7300)\right]\text{ms}^{-2} \tag{3.27}$$

式中：Z 为地面点高程；ϕ 为纬度。

3.4.4.3 湿项延迟改正

根据大气延迟改正模型，将公式（3.23）带入公式（3.24）中第二项计算得到湿项延迟如下所示：

$$\Delta L_w = 10^{-6}\left(k_2 - k_1\frac{M_w}{M_d}\right)\frac{R}{M_d} g_m^{-1} P_w \tag{3.28}$$

式中：P_w 为柱状大气内总降水量；M_w 为大气水分子量。

3.4.4.4 偏离天底方向误差改正

当激光没有沿着天顶方向观测时，可采用映射函数将激光高度角、天顶方向大气延迟与总的大气延迟关联起来。实际观测时，激光足印上空地面大气改正如式（3.29）所示：

$$\Delta L = m(\varepsilon)\Delta L_Z \tag{3.29}$$

式中：ε 为激光高度角（等于90°减激光指向角）。

一般情况下，映射函数可采用连分数形式表示：

$$m(\varepsilon)=\cfrac{1}{\sin\varepsilon+\cfrac{a}{\sin\varepsilon+\cfrac{b}{\sin\varepsilon+\cfrac{c}{\sin\varepsilon+\dots}}}} \tag{3.30}$$

式中，a，b，c 可根据气象参数估计得到。在均匀大气情况下，一般采用 $m(\varepsilon)=1/\sin\varepsilon$ 进行简化计算。对于在偏离最低点15°以内的指向，一个简单的 $1/\sin\varepsilon$ 公式可以提供亚毫米精度的校正；当超过15°时，需要重新计算偏离天顶方向大气改正，假设在最大35°的指向角条件下，偏离最低点角 θ、天底角 $Z=90-\varepsilon$ 间的几何关系如图3.32所示。

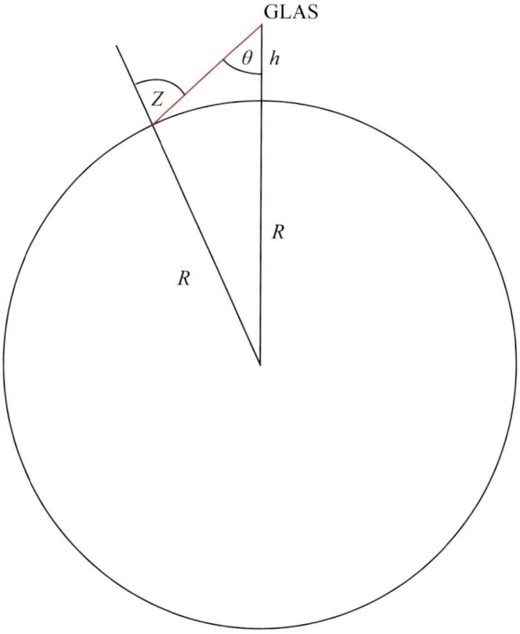

图 3.32 激光天底角与高度角间几何关系（R 为地球半径）

此时采用下式计算：

$$\begin{aligned}&\Delta L = m(\varepsilon)\Delta L_Z\\&m(\varepsilon)=\frac{1/\{(1+a)/[(1+b)/(1+c)]\}}{\sin(\varepsilon)+a/\{[\sin(\varepsilon)+b]/[\sin(\varepsilon)+c]\}}\end{aligned} \tag{3.31}$$

式中：ΔL 为总延迟；ΔL_Z 为天顶方向延迟；$m(\varepsilon)$ 为映射函数。例如，在极地地区，平均条件下：$a=1.2046\times10^{-3}$，$b=2.90249\times10^{-3}$，$c=64.258\times10^{-3}$。

3.4.5 潮汐改正

根据地球潮汐对卫星激光测高精度影响的误差分析，本节主要对地球潮汐中的海潮、海潮负荷、极潮及固体潮进行改正。

3.4.5.1 海潮改正

海潮改正主要利用海洋潮汐模型进行修改，一般选用全球海潮模型。目前，FES（Finite Element Solution），GOT（Goddard Ocean Tide Model），TPXO（TOPEX/POSEIDON Global Tidal Model）模型都是在大地测量和地球物理学领域中应用较为广泛的全球海潮模型。

FES系列模型是法国海潮研究小组（French Tidal Group, FTG）研发的全球同化模型。例如，FES2014基于非结构化网格的频谱正压潮方程（T-UGO Model），使用SpEnOI（Spectral Ensemble Optimal Interpolation）同化软件同化了长达20年的T/P，ERS-1/2，Jason-1/2和Envisat卫星数据的时间序列和部分验潮站数据。FES2014模型综合考虑了海底地形、底部摩擦力以及潮汐间牵引力等引起潮汐摄动的参数的影响，在一些具有小规模潮汐特征的区域中加入交叉数据来计算非线性的流体动力分潮，以提高大陆架和冰架区域的精度。该模型使用连续拉格朗日二次多项式和非连续、非协调的一次线性式分别对潮高和潮流进行了内插。FES2014模型分辨率达到1/16° × 1/16°，其中包含34个分潮K1，M2，M4，N2，O1，P1，Q1，S1，S2，K2，2N2，E2，J1，L2，La2，M3，M6，M8，MKS2，MN4，MS4，Mu2，N4，Nu2，R2，S4，Mm，Mf，MSf，MSqm，Mtm，Sa，Ssa，T2的等潮图。

GOT系列模型是由美国戈达德宇宙飞行中心（Goddard Space Flight Center, GSFC）研发的经验改正模型。GOT4.7模型在南北纬66°内的深海区域仅使用了T/P卫星数据，在浅水和极地地区则加入了GFO（Geosat Follow On）和ERS-1/2数据，以此对全球海潮进行建模，并通过迭代方法计算负荷潮的影响。GOT4.8模型改正了GOT4.7模型中对流层的计算问题，GOT4.9则对T/P卫星测得的海面高进行了改正。实质上，上述三个模型仅在S2及其相应的内插分潮T2上有所区别，并显著提高了相应分潮的可靠性。GOT4.10c模型使用Jason-1/2数据代替T/P数据重新计算了各个分潮等潮图，GOT4.10c模型的格网分辨率为0.5° × 0.5°，包含10个分潮M2，S2，N2，K2，O1，K1，P1，Q1，S1，M4的等潮图。

TPXO系列海潮模型是由美国俄勒冈州立大学（Oregon State University）的Gary Egbert和Lanna Erofeeva建立的全球海潮同化模型。该模型使用二维正压流体动量方程，运用代表函数展开法对T/P交叉点数据进行同化，并应用到正压潮能向斜压潮能转化的研究中。TPXO6.2模型覆盖了极区漂浮冰架下的海洋空洞，并包含南极接地线信息以及南北极的潮高数据。TPXO7和TPXO8模型则利用其全球模型计算结果作为开边界驱动，加入了高分辨率的区域同化海潮模型，从而提高模型的局部精度。TPXO8对T/P，Jason-1/2等测高数据进行了沿轨调和分析，并在浅水和极地地区加入ERS、Envisat数据（仅分析太阴潮）和验潮站数据，考虑了非线性四分之一日分潮。TPXO8的全球模型分辨率为1/6°×1/6°，在此基础上加入了33个分辨率为1/30°的区域模型，主要包括封闭和半封闭的海洋以及大多数大陆架的沿岸区域。TPXO9模型是该系列模型的最新版本，全球分辨率达到1/30°×1/30°，包括13个分潮M2，S2，N2，K2，O1，K1，P1，Q1，S1，M4，MS4，MN4，2N2的分潮图。

3.4.5.2 海潮负荷潮改正

要精确地确定海潮负荷效应需精确的海潮模型，利用全球海潮模型提供的各主要分潮信息和负荷格林函数的全球褶皱积分，可得到任意时刻各分潮的负荷效应。在全球海潮模型当中，FES2014模型和GOT4.10c模型分别提供了相应各分潮的负荷潮格网点等潮图。在实际计算过程中，与海潮改正计算相似，利用现有模型提供的负荷潮调和常数，采用式（3.32）计算待求点位置的负荷潮改正信息。

$$\eta(t,\lambda,\varphi)=\sum\nolimits_i f_i H_i(\lambda,\varphi)\cos\left[\sigma_i t+(V_0+u)_i+g_i(\lambda,\varphi)\right] \tag{3.32}$$

式中：i 为模型中分潮个数；σ 为分潮的角速度；f 、u 分别表示月球轨道18.6年变化引入的平均振幅 H 和相角的订正值；V_0 为分潮初相位；t 为时间；λ 为经度；φ 为纬度；H ，g 为分潮的振幅和格林尼治迟角，可通过全球海潮模型提供的潮汐分潮调和常数内插得到。

3.4.5.3 极潮改正

地球自转产生的地球离心力使得地球发生形变称为极潮，其位移取决于观测瞬间地球自转轴与地壳的交点位置，随时间而变化。地球自转引起的离心势是

$$V=\frac{1}{2}\left(r^2\left|\overrightarrow{\Omega}\right|^2-r^2\cdot\left|\overrightarrow{\Omega}\right|^2\right) \tag{3.33}$$

式中：Ω 是地球的旋转平均角速度，并且 $\overrightarrow{\Omega}=\Omega\left[m_1\hat{\mathrm{x}}+m_2 y+(1+m_3)\mathrm{z}\right]$，其中，$m_1$，$m_2$ 描述瞬时地球旋转极相对平均极点的时间相关偏移（使用最新的极移数据经过立方模型拟合得出），m_3 为旋转速率的变化率；r 为指向该地点的地心矢量。

忽略 m_3 的变化（误差低于毫米级），m_1，m_2 在离心力位中的一阶扰动为

$$\Delta V=(r,\theta,\lambda)=-\frac{\Omega^2 r^2}{2}\sin 2\theta(m_1\cos\lambda+m_2\sin\lambda) \tag{3.34}$$

式中：(r,θ,λ) 分别为向经、余纬和经度；ΔV 通过潮汐勒夫数 h_2 和 l_2 获得。

$$\begin{cases} S_r = h_2 \dfrac{\Delta V}{g} \\ S_\theta = \dfrac{l_2}{g} \partial_\theta \Delta V \\ S_\lambda = \dfrac{l_2}{g} \dfrac{1}{\sin\theta} \partial_\lambda \Delta V \end{cases} \tag{3.35}$$

式中：S_r，S_θ，S_λ代表极潮位移；变量m_1和m_2可以从极坐标运动变量(x_p, y_p)导出。

$$\begin{aligned} m_1 &= x_p - x_s \\ m_2 &= -(y_p - y_s) \end{aligned} \tag{3.36}$$

使用适合极潮频率的Love数值（h_2=0.6207，l_2=0.0836），并且取$|\bar{r}| = a = 6.378 \times 10^6$ m，可以得到以毫米为单位的极潮位移：

$$\begin{cases} S_r = -33\sin 2\theta(m_1 \cos\lambda + m_2 \sin\lambda) \\ S_\theta = -9\cos 2\theta(m_1 \cos\lambda + m_2 \sin\lambda) \\ S_r = 9\cos\theta(m_1 \sin\lambda - m_2 \cos\lambda) \end{cases} \tag{3.37}$$

以秒的弧度表示m_1和m_2，m_1和m_2最多变化0.8″，最大径向位移约为25 mm，最大水平位移约为7 mm。

根据上述原理，利用观测点时间和经纬度位置，计算极潮引起的垂直位移改正的计算流程如图3.33所示。

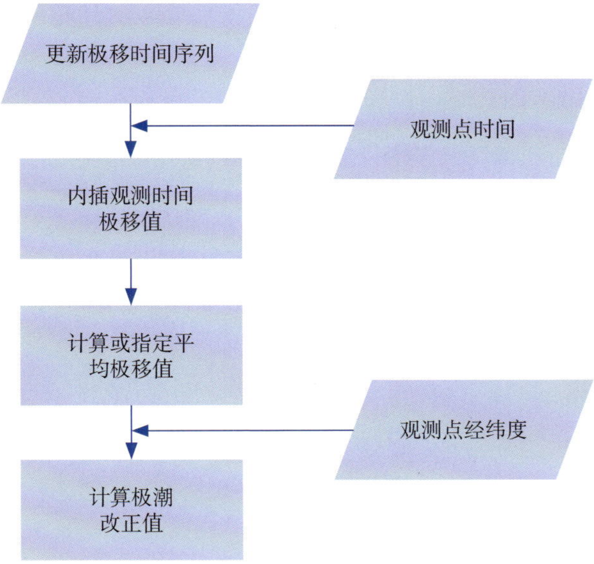

图 3.33　极潮改正计算流程图

3.4.5.4　固体潮改正

固体潮对站点的重力值和位置都有着显著影响，对卫星激光测距产生两种直接影响，一种是地壳的起伏和位移使得地面跟踪站的位置发生改变，这一影响称“几何潮汐”，在卫星观测模型中加以改正；另一种影响是固体潮使得地球内部质量分布随时间变化，从而使得地球的引力场随时间而变化，这一影响称“动力潮汐”，它在卫星的动力模型中加以考虑。固体潮引起地球引力位系数随时间变化，进而对卫星产生摄动加速度。与引力位相似，固体潮造成的摄动位可以通过地球引力位的变化来表达，其归一化形式为

$$\Delta R_{st}=\frac{GM_e}{r}\left[\sum_{l=2}^{l_{\max}}\sum\sum_{m=0}^{l}\left[(\Delta\bar{C}_{lm})_{st}\cos m\lambda+(\Delta\bar{S}_{lm})_{st}\sin m\lambda\right]\bar{P}_{lm}(\sin\phi)\left(\frac{a_e}{r}\right)^{l}\right] \quad (3.38)$$

式中：$(\Delta\bar{C}_{lm})_{st}$ 为球谐系数，表示固体潮引起的相对于平均地球的变化；a_e 和 M_e 分别为地球半径与地球质量；G 为牛顿万有引力常数；r 为摄动天体（日或月）离地球质量中心的距离；λ 和 ϕ 为摄动天体（日或月）在地固坐标系统中的经纬度值。在实际应用的计算过程中，可以分两步进行。

第一步，使用与频率无关的LOVE数计算月球和太阳的引潮位，引潮位类似于重力位，可以用球谐系数表达。

$$(\Delta\bar{C}_{20})_{st_1}=\frac{1}{\sqrt{5}}k_2\frac{a_e^3}{GM_e}\sum_{j=2}^{3}\frac{GM_j}{r_j^3}P_{20}(\sin\phi_j)-\Delta\bar{C}_{20}$$

$$(\Delta\bar{C}_{21})_{st_1}+i(\Delta\bar{S}_{21})_{st_1}=\frac{1}{3}\sqrt{\frac{3}{5}}k_2\frac{a_e^3}{GM_e}\sum_{j=2}^{3}\frac{GM_j}{r_j^3}P_{21}(\sin\phi_j)e^{-i\lambda_j} \quad (3.39)$$

$$(\Delta\bar{C}_{22})_{st_1}+i(\Delta\bar{S}_{22})_{st_1}=\frac{1}{12}\sqrt{\frac{3}{5}}k_2\frac{a_e^3}{GM_e}\sum_{j=2}^{3}\frac{GM_j}{r_j^3}P_{22}(\sin\phi_j)e-i2\lambda_j$$

式中：k_2 为二阶LOVE数；a_e 和 M_e 分别为地球半径与地球质量；G 为牛顿万有引力常数；M_j 和 r_j 分别为摄动天体（日或月）的质量及离地球质量中心的距离；λ_j 和 ϕ_j 为摄动天体（日或月）在地固坐标系统中经纬度值。

第二步，修改海洋潮汐对固体潮球谐系数的影响。

$$(\Delta\bar{C}_{21})_{st_2}-i(\Delta\bar{S}_{21})_{st_2}=A_1\sum_{s(2,1)}\delta k_s H_s(\sin\theta_s+i\cos\theta_s)$$

$$(\Delta\bar{C}_{22})_{st_2}-i(\Delta\bar{S}_{22})_{st_2}=A_2\sum_{s(2,2)}\delta k_s H_s(\cos\theta_s-i\sin\theta_s) \quad (3.40)$$

$$A_1=\frac{(-1)}{Ae\sqrt{4\pi(2-\delta)}}$$

$$A_2=\frac{1}{Ae\sqrt{4\pi(2-\delta)}}$$

式中：$\delta k_s=k_s-k_2$，k_s 为S阶LOVE数；H_s 为海潮的振幅；θ_s 为海潮幅角，由6个Doodson引数及Doodson变量组合而成；δ 为Kronecker符号。

3.5　激光测高系统检校流程

卫星激光测高在正常发射和接收信号时，其测高精度主要由内外两方面因素决定，外部因素主要包括大气延迟误差、潮汐误差、姿轨数据误差等，内部因素包括波形提取误差、指向参数误差、测距参数误差等。本节设计了“由粗到精”的卫星激光检校方案，系统地给出了卫星激光在轨几何检校的实施过程，具体技术流程如图3.34所示。

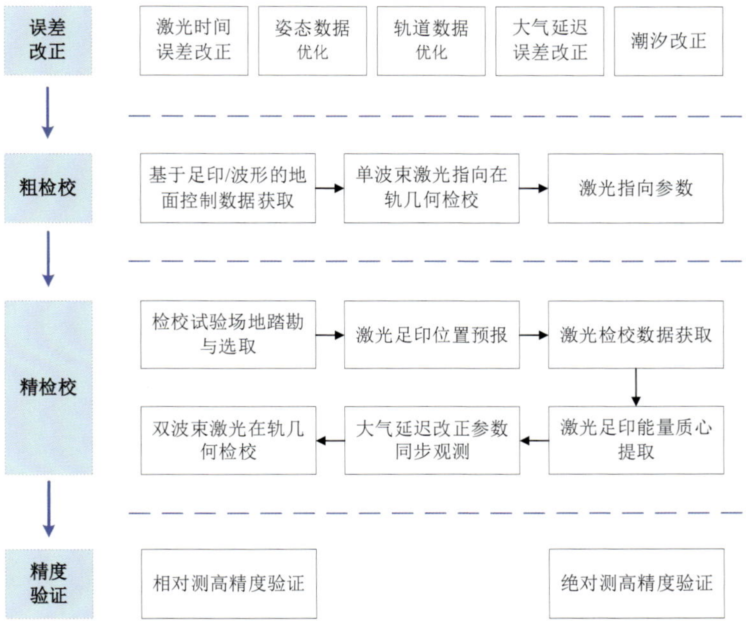

图 3.34　卫星激光测高在轨几何检校技术流程

在激光时间误差改正、姿态数据优化、轨道数据优化、大气延迟误差改正、潮汐改正的基础上，开展由粗到精的检校。

粗检校旨在为精检校提供初步激光指向参数，提高精检校的成功率。粗检校基于典型地物内的足印/波形获取大致的地面位置数据，作为控制数据带入激光在轨几何检校模型中，解求激光测高仪的指向参数。

精检校首先根据场地需求，踏勘并确定试验场址，通过高精度激光足印位置预报方法提前计算地面探测器阵列布设位置，在卫星过境后，捕获激光足印能量，获取被触发的激光地面探测器能量值和地面位置，利用能量质心提取算法计算激光检校地面控制数据，同步获取检校区域的大气延迟改正数据和潮汐改正数据，采用双波束激光在轨几何检校模型处理得到高精度检校参数。最后，在平静湖面上验证测高数据的相对精度，在平坦地区验证测高数据的绝对精度。

第4章

卫星激光在轨几何粗检校

卫星发射前，通常在实验室内精确测量激光指向角，然而激光器的运输、激光器在卫星平台的安装以及发射时的震动，使激光指向角相对实验室测量值存在偏差，指向角测量值与真实值的偏差可能会导致千米级别的激光足印地面位置误差。因此，卫星在轨后需开展粗检校，即采用地形匹配、仿真波形匹配等方法，在无须外业作业的情况下初步确定激光指向，为后续基于地面探测器的精检校提供可靠的初始指向。

本章设计了两种卫星激光测高粗检校方法，分别是：①基于金字塔地形匹配的激光检校方法；②基于仿真波形匹配的激光检校。第一种方法适用于任意类型卫星激光雷达，第二种方法仅针对全波形卫星激光雷达。

4.1 基于金字塔地形匹配的激光检校方法

4.1.1 卫星激光几何定位模型

卫星激光几何定位模型主要基于卫星激光发射器中心、卫星平台中心、GNSS天线中心、地心等三维位置坐标及激光测距矢量等参数构建。利用卫星的轨道位置、星体姿态、激光足印地面三维坐标、参考椭球体质心，建立激光坐标系到卫星本体坐标系，再到地心坐标系的旋转矩阵，进而构建严格的卫星激光几何定位模型，矩阵形式如式（4.1）所示（谢俊峰 等, 2021；唐新明 等, 2017a；张过 等, 2017；唐新明 等, 2018）：

$$\begin{pmatrix} X_{\text{spot}} \\ Y_{\text{spot}} \\ Z_{\text{spot}} \end{pmatrix}_{\text{WGS84}} = \begin{pmatrix} X_{\text{s}} \\ Y_{\text{s}} \\ Z_{\text{s}} \end{pmatrix}_{\text{WGS84}} + \boldsymbol{R}_{\text{J2000}}^{\text{WGS84}} \boldsymbol{R}_{\text{BODY}}^{\text{J2000}}(t) \left[\begin{pmatrix} \Delta X_{\text{ref}} \\ \Delta Y_{\text{ref}} \\ \Delta Z_{\text{ref}} \end{pmatrix} + \left(\rho_0(t) + \rho_{\text{sy}} + \rho_{\text{atm}} + \rho_{\text{tide}} \right) \begin{pmatrix} \cos(\beta)\cos(\alpha) \\ \cos(\beta)\sin(\alpha) \\ \sin(\beta) \end{pmatrix} \right] \tag{4.1}$$

式中：$(X_{\text{spot}} \quad Y_{\text{spot}} \quad Z_{\text{spot}})_{\text{WGS84}}^{\text{T}}$ 为 r_{spot} 的矢量；$(X_{\text{s}} \quad Y_{\text{s}} \quad Z_{\text{s}})_{\text{WGS84}}^{\text{T}}$ 为 r_{g} 的矢量；$(\Delta X_{\text{ref}} \quad \Delta Y_{\text{ref}} \quad \Delta Z_{\text{ref}})^{\text{T}}$ 为激光出光点到卫星平台质心偏移量；$\rho_0(t)$ 为 t 时刻激光测距值；ρ_{sy} 为激光测距系统误差；ρ_{atm} 为激光测距大气改正误差；ρ_{tide} 为激光测距潮汐改正误差；α 和 β 组成了激光指向；$\boldsymbol{R}_{\text{J2000}}^{\text{WGS84}}\boldsymbol{R}_{\text{BODY}}^{\text{J2000}}$ 为卫星本体坐标系到WGS84坐标系下的旋转矩阵；$\boldsymbol{R}_{\text{J2000}}^{\text{WGS84}}$ 为J2000坐标系到WGS84坐标系下的旋转矩阵（Kouba, 2003）；$\boldsymbol{R}_{\text{BODY}}^{\text{J2000}}(t)$ 为卫星本体坐标系到J2000坐标系的旋转矩阵。

4.1.2 基于地形匹配的检校方法

基于地形匹配的卫星激光在轨几何检校原理为：选取高精度参考地形数据（通常为DSM）作为基础数据，将实验室测量的卫星激光指向角作为初始指向，并将初始指向邻近的不同激光指向，以一定的步长，分别代入卫星激光在轨几何定位模型中进行遍历，计算出激光高程与参考地形高程的高程残差，残差最小时对应的激光指向即为检校后的激光指向角（Liu et al., 2022）。该方法基本流程如图4.1所示（Li et al., 2017）。

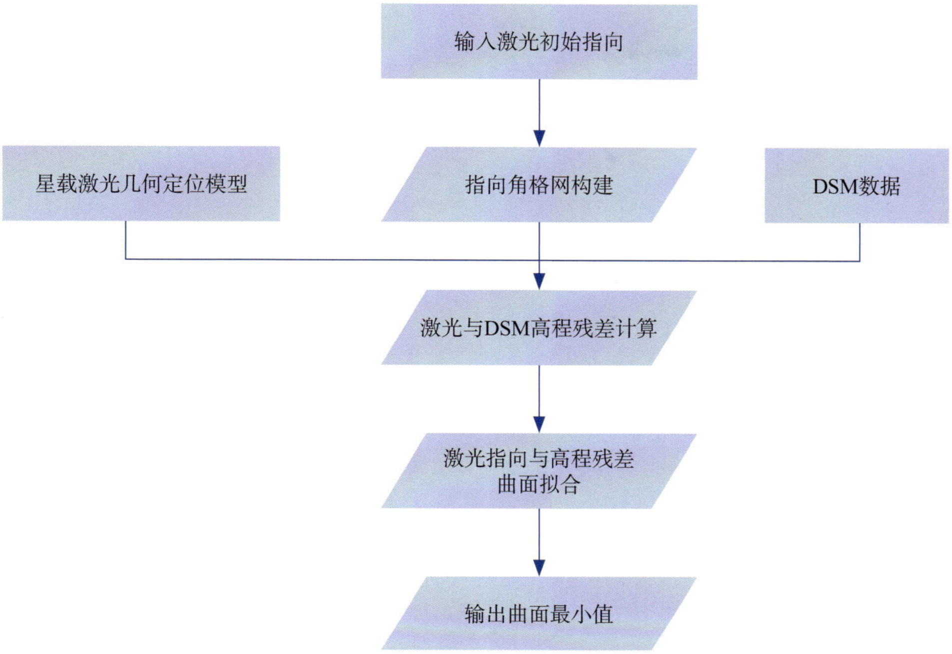

图 4.1　基于地形匹配的卫星激光在轨几何检校方法流程图

基于地形匹配的卫星激光几何检校方法流程包括以下4个核心步骤：

（1）激光指向角格网构建。以地面实验室测量的激光指向作为初始指向(α_0,β_0)，确定激光指向角格网范围$(\alpha_0 \pm \delta,\beta_0 \pm \delta)$。并以$\Delta\delta$为格网间距将方形指向角方形范围划分为$\left(\frac{2\delta}{\Delta\delta}\right)^2$个格网点，每个格网点对应一个激光指向角。

（2）激光与DSM高程残差计算。将激光指向角格网中的单个格网点指向，代入卫星激光在轨几何定位模型中，计算激光足印三维坐标。利用激光足印的平面坐标内插高精度DSM数据的高程h_{DSM}，并计算出其与激光足印自身高程h_{Laser}的高程残差值Δh。同理，计算激光指向角格网中的所有格网点指向对应的激光足印与DSM高程残差值（简称激光高程残差）。

（3）激光高程残差与激光指向曲面拟合。经上可以得到一组激光高程残差对应于激光指向的三维离散点数据。以卫星激光指向角为平面坐标，激光高程残差为纵坐标，构建激光指向与激光高程残差三维曲面，曲面拟合方程如式（4.2）所示。

$$\sigma H = p_{00} + p_{10}\alpha + p_{01}\beta + p_{20}\alpha^2 + p_{11}\alpha\beta + p_{02}\beta^2 \tag{4.2}$$

式中：p_{00}，p_{10}，p_{01}，p_{20}，p_{11}，p_{02}分别为曲面拟合方程参数；α和β为指向角。

（4）输出激光最优指向。拟合的激光指向与高程残差曲面为向上开口的凹形曲面，利用拉格朗日乘数法求曲面最小值点，最小值点对应的激光指向即为最优指向。

4.1.3 金字塔分层加速迭代

地形匹配检校的激光指向精度与地形数据精度有直接联系，对于5 m格网DSM数据，理论上可实现激光指向角2″的指向精度，即检校后指向精度达到0.0005°。卫星在轨后激光指向通常会发生较大改变，如：ZY3-03星激光在轨后指向变化达到了0.5°。若按最小间隔0.0005°（指向精度）划分格网，格网范围至少为 ± 0.5°，则共计400万个格网点，对每个格网点开展1次地形匹配试验，则需400万次迭代，计算量较大。

理论上，越接近真实值的激光指向计算得到的激光点高程与真实的地形最接近，为提升激光指向检校精度与效率，本节提出了一种基于金字塔分层加速迭代的方式，仅处理每一层最优位置附近的指向，大幅缩减计算量。该方法的基本原理是：分多层开展地形匹配试验，每层指向范围与指向间隔逐步缩小，每层初始指向为上一层最优指向。

基于金字塔地形匹配策略的指向预估原理图如图4.2所示（Tang et al., 2019）。基本流程是依次选用不同的指向，通过计算整轨甚至多轨激光对应地面区域的高程信息，将得到的高程信息与真实的地形高程信息进行对比，计算高程值与真实所述的基于地形匹配的卫星激光检校方法流程核心地形高程最接近时，对应的指向为最优指向估计值。即通过分层后，根据图4.1计算本层最优指向，并将本层最优指向作为下一层初始指向，重复图4.1中步骤，直至划分的本层激光指向间隔小于预期最优指向角间隔，停止迭代计算，并输出最后一层最优指向为激光检校后指向。

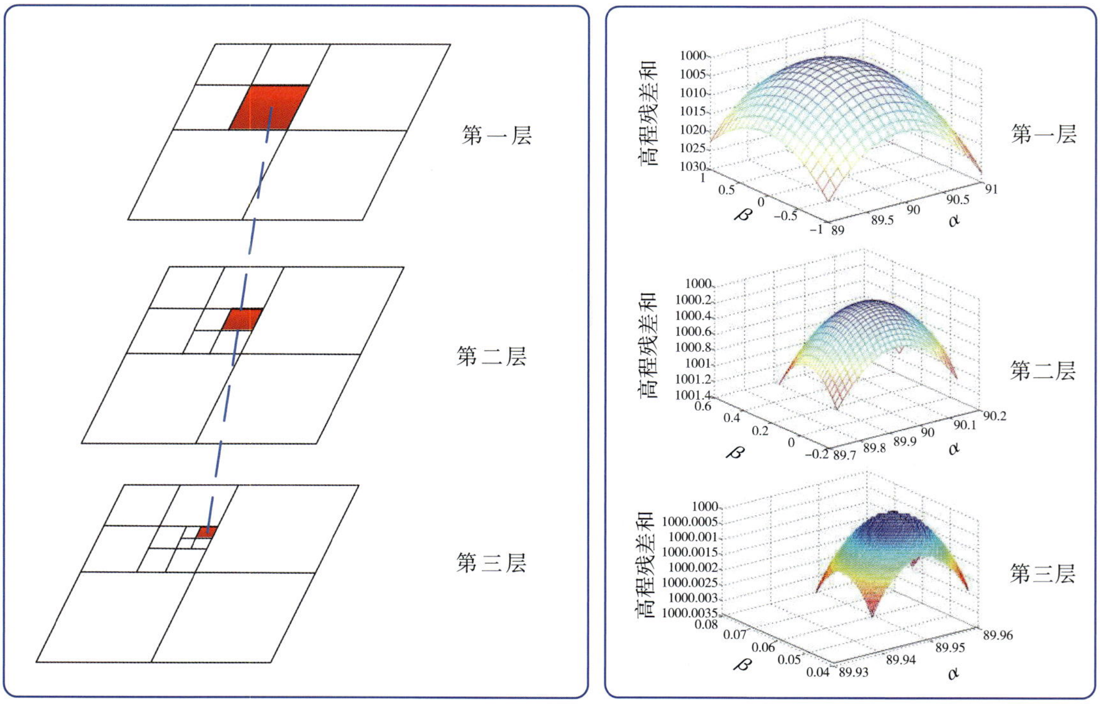

（a）指向分层原理　　（b）指向预估原理

图 4.2　基于金字塔策略地形匹配的指向预估原理图

计算公式为

$$\Delta h\left(\tilde{\alpha},\tilde{\beta}\right)=\prod_{i=1}^{m}\left\{\min\left[\prod_{j=0}^{j\leqslant n_i}\prod_{k=0}^{k\leqslant l_i}\Delta h(\alpha_i+j\cdot\Delta\alpha_i,\beta_i+k\cdot\Delta\beta_i)\right]\right\} \tag{4.3}$$

式中：$\left(\tilde{\alpha},\tilde{\beta}\right)$为预估的激光指向角；$\Delta h\left(\tilde{\alpha},\tilde{\beta}\right)$为整个试验激光与真实地形高程差最小值；$\prod_{i=1}^{m}$表示从1层至$m$层逐层计算；min[ ]为每一层最小值；$\alpha_i$，$\beta_i$为第$i$层起始坐标；$n_i$，$l_i$表示根据第$i$层范围划分$\alpha$，$\beta$角方向的网格数；$\Delta\alpha_i$，$\Delta\beta_i$分别为第$i$层$\alpha$，$\beta$方向上步距；$\prod_{j=0}^{j\leqslant n_i}\prod_{k=0}^{k\leqslant l_i}$表示光斑分别在$\alpha$，$\beta$方向上按步距依次移动计算。

4.2　基于仿真波形匹配的激光检校

激光回波波形形状主要由激光光斑覆盖范围内地表垂直高度决定，复杂地形处仅在特定的位置才会形成其对应的回波波形，因此，复杂地形下激光回波波形与激光地表位置基本为一一对应关系。基于该条件，可对地表激光光斑周围位置的地形进行回波仿真，对比不同位置仿真波形与真实波形间相似程度，通过找到相似性最高的波形，确定激光光斑的最优位置，进而基于该位置坐标实现激光指向的在轨几何检校。

4.2.1　卫星激光回波波形仿真

根据卫星激光雷达在轨工作原理，对其回波波形仿真需从激光传输途径的四个过程分别开展仿真研究，分别是激光发射系统仿真、大气传输仿真、目标地物模型仿真、信号接收系统仿真。

4.2.1.1　激光发射系统仿真

以国内外卫星激光测高系统上均有使用的QND：YAG固态激光器为例，激光发射器在极短时间内将一束脉冲信号压缩后发出，正常情况下发射脉冲信号呈标准高斯分布，脉冲信号到达地面后，经地表漫反射回的回波信号由望远镜接收，并经硅雪崩二极管（Si-APD）转换后形成电信号（David et al., 2000）。对于不同激光器，主振荡器产生的频率、能量、脉宽等均有所差异。

根据激光雷达基本特性，发射脉冲信号可按照时空分布，将其分解为时域方向和空域方向；其中激光能量在时域满足标准一维高斯分布，在空域上激光能量满足二维高斯分布。即激光发射脉冲能量经调Q技术压缩至极窄脉冲后发射，其发射脉冲在时域上分布可用式（4.4）表达（Abshire et al., 1994）：

$$E_t=\frac{E}{\sqrt{2\pi}\delta}\exp\left(-\frac{t^2}{2\delta^2}\right) \tag{4.4}$$

式中：E_t为t时刻激光发射脉冲能量（单位：mJ）；E为激光单脉冲能量（单位：mJ）；δ为均方根脉宽（单位：ns）。卫星激光雷达发射脉冲时域分布如图4.3所示。

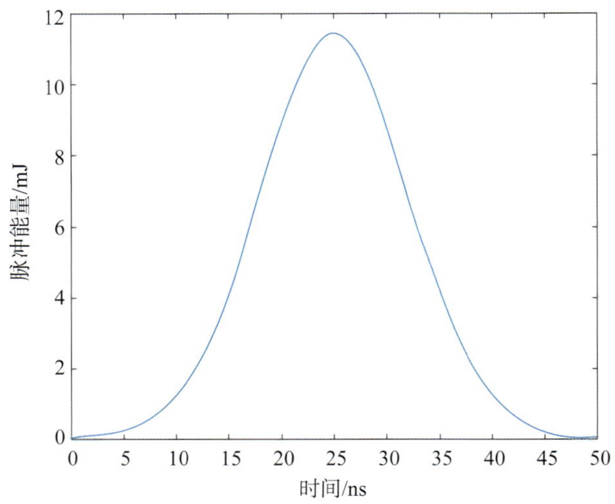

图 4.3　仿真的激光发射脉冲时域分布

激光发射脉冲在空域上分布就是脉冲能量在足印内部的空间分布。理想条件下，激光足印内部能量分布为圆形高斯形状，其分布方程式为

$$I(x,y)=\frac{1}{2\pi l}\exp\left(-\frac{x^2+y^2}{2l^2}\right) \tag{4.5}$$

式中：$I(x,y)$ 为光斑内部 (x,y) 位置激光能量；$l=R\times\tan\theta$，为激光光斑尺寸，其中，R 为轨道高度，θ 为激光发散角。

能量空间分布如图4.4所示。

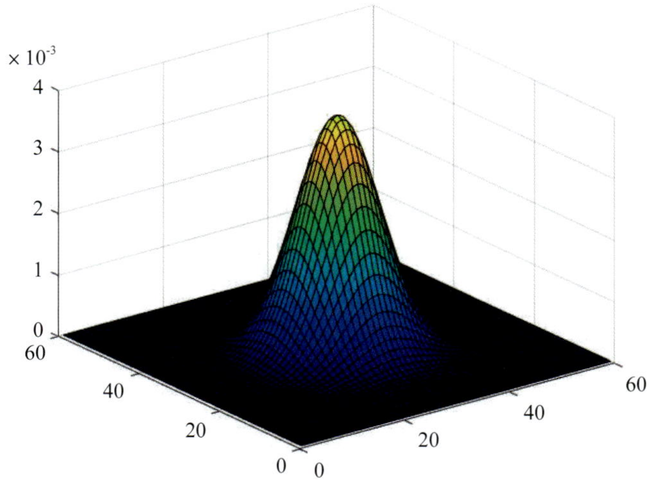

图 4.4　理想条件下激光发射脉冲空域分布图

由于大气折射等外界影响，激光光斑在地面通常呈椭圆形分布（Ma et al., 2016），其表达式如下：

$$I(x,y)=\frac{1}{2\pi l_x l_y}\exp\left(-\frac{x^2}{2l_x^2}-\frac{y^2}{2l_y^2}\right) \tag{4.6}$$

式中：l_x 、l_y 分别为激光光斑长半轴和短半轴。

4.2.1.2　大气传输仿真

卫星激光雷达作为主动式测量设备，完成单次测量时，需两次穿透大气、云层、雾霾等介质，期间激光与大气分子、气溶胶粒子产生一系列物理作用，包括大气折射、气溶胶粒子的吸收、后向散射作用等，将导致激光路径偏移、能量衰减及后向散射激光能量回波干扰效应等（李松 等, 2014）。因此，在激光传播过程中需要分析大气对其的影响。

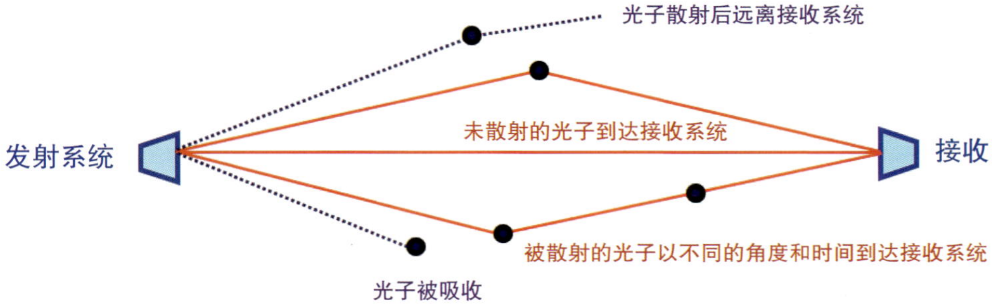

图 4.5　卫星激光雷达与大气环境作用示意图

1）大气衰减效应

激光从太空发射至地面穿透大气时，一部分激光能量被云层、气溶胶、大气等吸收而转变为其他形式的能量，另一部分能量被气溶胶粒子、云层等散射而偏离初始的激光传输方向，吸收和后向散射总的物理效应使得传输的激光能量减弱。对于波长为 λ 、强度为 I 的激光脉冲，在大气中传输距离 R 后，其强度按指数衰减，可以表示为（杨瑞科 等, 2007）

$$I_0=I\exp\left[-\int_0^R \chi(r)\mathrm{d}r\right] \tag{4.7}$$

式中：$\chi(r)$ 为传输路径上的衰减系数，表示单位强度的辐射经过单位距离传输后的减少量。

大气的总衰减系数主要由大气分子和气溶胶粒子的总衰减系数组成，可以表示为

$$\mu(\lambda,R)=\mu_a(\lambda,R)+\mu_P(\lambda,R)=K_m(\lambda,R)+\sigma_m(\lambda,R)+K_P(\lambda,R)+\sigma_P(\lambda,R) \tag{4.8}$$

式中：λ 为激光波长；R 为激光传输距离；$K_P(\lambda,R)$ 为气溶胶的吸收；$K_m(\lambda,R)$ 为大气分子的吸收；$\sigma_P(\lambda,R)$ 为气溶胶的散射系数；$\sigma_m(\lambda,R)$ 为大气的散射系数。

2）气溶胶粒子作用

大气中气溶胶颗粒的大小与分布极其复杂，激光通常与其同时发生瑞利散射和米氏散射。由于米氏散射占其中绝大部分，故一般情况下只考虑米氏散射（毕云峰 等, 2005）。根据米氏散射理论，气溶胶衰减系数可以表示为

$$\mu_P = \pi\int_{r_1}^{r_2} Q_e\left(\frac{r}{\lambda};n\right)N(r)r^2\mathrm{d}r \tag{4.9}$$

式中：r 为粒子半径（μm）；$N(r)$ 为粒子数；Q_e 为衰减效率因子；λ 为激光波长（μm）；n 为粒子的复折射率，实部代表散射损耗，虚部代表吸收损耗。

在工程应用中，一般采用以下经验公式来估计气溶胶的衰减系数（杨洋 等，1999）。

$$\mu_P = \frac{3.912}{V_m}\left(\frac{0.55}{\lambda}\right)^a \tag{4.10}$$

式中：V_m 为大气能见度（km）；a 为波长修正因子，由能见度决定。一般情况下，a 取值为1.3；V_m 不超过6 km时，$a = 0.585V_m^{1/3}$；能见度特别良好时，a 取值为1.6。

3）大气透过率

激光大气透过率表示激光穿透一段大气后，可透过的激光辐射量占穿透前总辐射量的比例，用 η_{atm} 表示：

$$\eta_{\mathrm{atm}} = I_0 / I = \exp\left[-\int_0^R \chi(r)\mathrm{d}r\right] \tag{4.11}$$

然而，对于波长为1.064 μm的卫星激光，大气分子对其吸收非常小（$<10^{-6}\ \mathrm{km}^{-1}$），而气溶胶引起的激光能量衰减比大气分子后向散射带来的衰减高约2个数量级，因此，激光在大气中的衰减主要考虑的是气溶胶的吸收和后向散射。

美国国家环境预报中心（National Centers for Environmental Prediction，NCEP）提供了1999年至今，每隔6小时全球$1°\times1°$或$0.25°\times0.25°$经纬网格点的等压面数据，工程中一般采用该数据进行计算。由于卫星激光地面足印点分布相对密集，而NECP大气数据分布间隔较大，故需要对激光足印点大气数据进行插值。利用美国国家环境预报中心提供的大气数据提取出对应地区的等压面大气参数，同时内插得到两个等压面$A_1B_1C_1D_1$和$A_2B_2C_2D_2$大气值，如图4.6所示。然后采用传统的双线性内插等插值方式，利用Runge-Kutta等算法计算出地表点I_0处的大气参数值（李少宁, 2017）。获取激光测量对应时刻的大气参数后，依据式（4.11）即可计算出大气透过率。

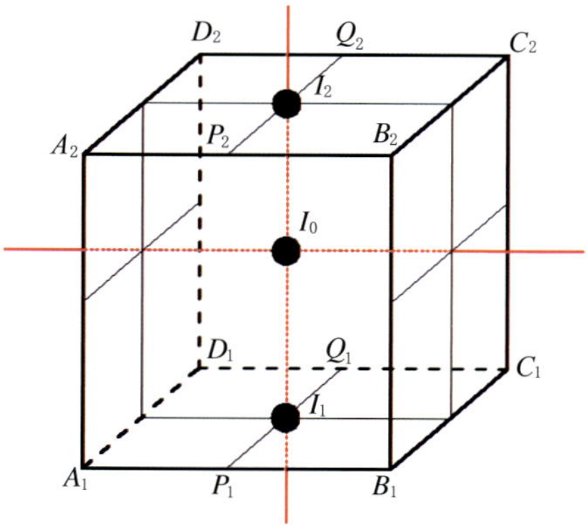

图 4.6　大气插值获取卫星过境时刻参数

4.2.1.3　目标地物模型仿真

激光回波波形受激光光斑内部地物类型的直接影响，激光照射到不同地形时，经地表反射后得到不同形状的回波波形，即光斑内部的地表坡度和粗糙度会造成回波波形发生一定的展宽变化，具体如图4.7所示。

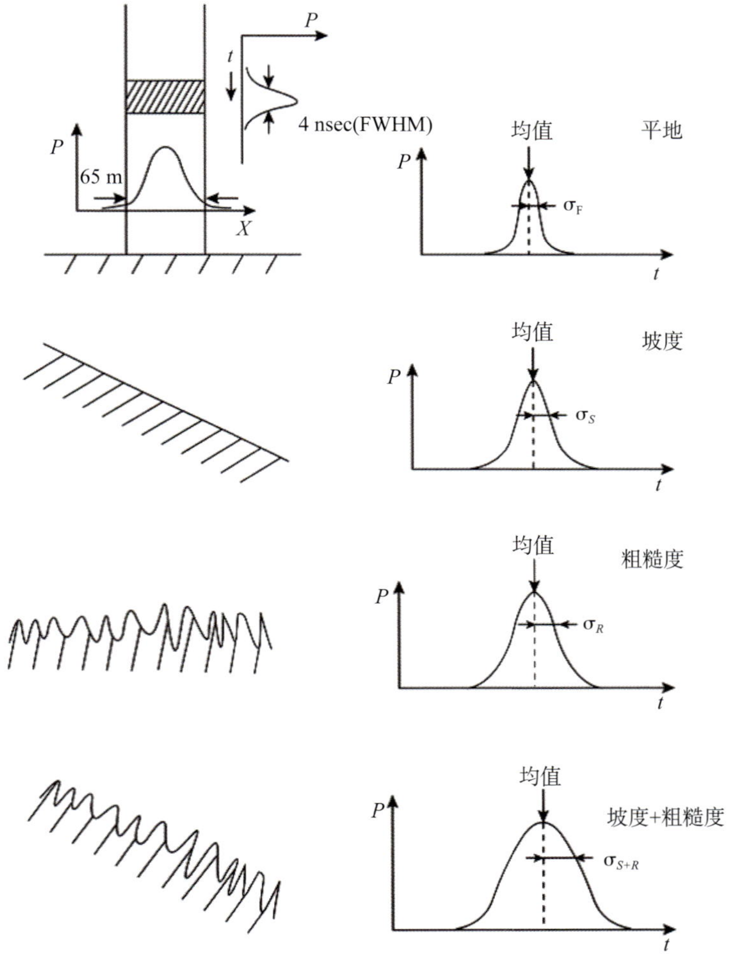

图 4.7　不同地貌特征条件下回波特性

卫星激光回波仿真主要关注每束激光光斑内部地形表面属性，开展目标模型仿真分析前，可构建地形几何模型来表达光斑地形目标属性，如图4.8所示。该坐标系统是根据测高仪的出光轴进行定义，坐标系原点位于激光光线与地面交点 F ； Z 轴平行于激光器 A 与地心的连线； X 轴位于 Z 轴与出光轴构成平面内，且垂直于 Z 轴； Y 轴根据右手坐标系确定。

光斑内部地形模型可抽象表示为

$$\xi(\vec{r}) = \xi_0 + \vec{S} \times \vec{r} + \Delta\xi(\vec{r}) \tag{4.12}$$

式中：$\vec{r}=(x,y)$，为激光光斑平面坐标；ξ_0 为常量；$\vec{S}=(S_x,S_y)$，为足印内地面平均坡度；$\Delta\xi(\vec{r})$ 为地表随机特征值。

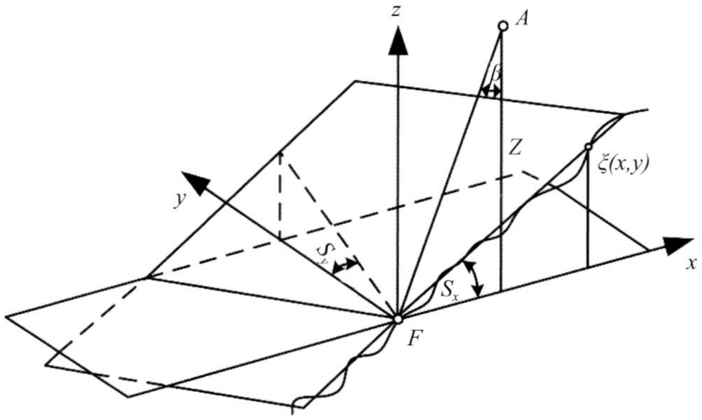

图 4.8 广义的地形几何学模型

4.2.1.4 信号接收系统仿真

卫星激光测高仪发射一束脉冲，穿透大气，经地面漫反射返回后，由激光接收望远镜接收，到达望远镜孔径内回波光子触发孔径内部光电转换器，转化为电压值，存储各时刻电压值，形成回波波形。

1）接收望远镜回波信号探测

当卫星激光测高仪发射脉冲的均方根脉宽 κ_t 与其接收孔径面积 A_R 满足关系式（4.13）时，激光信号经地球表面反射回的信号穿透大气后，仍然符合菲涅尔衍射理论（Gardner, 1982）。

$$c\kappa_t >> A_R / R \tag{4.13}$$

式中：c 为光速；R 为目标到接收器间距离。

因此，卫星激光测高仪接收孔径内的光场强度分布可以表示为

$$u_r(l,R,t)=\gamma(l,R,t)\iint_{\Sigma_1}\sqrt{\beta(\rho')}a_i(\rho',R)f\left(t-\frac{2R}{c}-\frac{\rho'^2}{cR}+\frac{2h'(\rho')}{c}\right)\varsigma(l,R,\rho')d^2\rho' \tag{4.14}$$

其中，

$$\gamma(l,R,t)=\frac{\eta_a}{i\lambda R}\exp\left[i(\omega t-kR+\frac{kl^2}{2R})\right] \tag{4.15}$$

$$\varsigma(l,R,\rho')=\exp\left\{-ik\left[\frac{\rho'^2}{2R}-2h'(\rho')+\frac{\rho' l}{R}\right]\right\} \tag{4.16}$$

式中：l 表示接收系统的横向坐标分量；R 为目标到接收器间距离；k 为激光回波波形数量；η_a 为大气透过率；λ 为激光波长；ω 为激光频率；t 为采样时刻；$f(t)$ 为激光脉冲振幅；$h'(\rho')$ 为目标地面随机高程；$\sum_1$ 为激光在目标位置处的区域范围。

根据上述分析，激光接收孔径内所接收到的回波信号的平均强度可用公式（4.17）表示：

$$I(l,R,t)=\left[u_{\mathrm{r}}(l,R,t)\times u_{\mathrm{r}}\times(l,R,t)\right] \tag{4.17}$$

根据卫星激光测高仪接收信号强度与发射功率之间的相互关系形式，可以直接得到激光接收孔径内响应的激光功率：

$$p_{\mathrm{r}}(t)=\iint_{\Sigma_2} I(l,R,t)d^2l \tag{4.18}$$

式中：$\sum_2$ 为接收望远镜的有效口径范围。

将以上方程式进行联合，即可得到卫星激光测高仪回波信号表达式：

$$p_{\mathrm{r}}(t)=\frac{A_{\mathrm{R}}\eta_{\mathrm{a}}{}^2\eta_{\mathrm{r}}}{R^2}\iint_{\Sigma_1}\beta(\rho')\left|a_i(\rho',R)\right|^2\left|f(t-\psi)\right|^2 d^2\rho' \tag{4.19}$$

其中，

$$\psi=\frac{2R}{c}+\frac{\rho'^2}{cR}-\frac{2h'(\rho')}{c} \tag{4.20}$$

式中：η_{r} 为光学系统的透过率；η_{a} 为大气通过率；$\beta(\rho')$ 为倾斜因子；$a_i(\rho',R)$ 为点扩散函数；$f(t-\psi)$ 为卷积函数；ψ 为脉冲发射时间；ρ' 为衍射孔面上任一点处的法线和X射波束的夹角；c 为光速；R 为测距值。

2）APD探测组件的光电转换与信号处理（刘辉珞，2009）

卫星激光测高仪回波信号经APD光电转换后，输出的电信号可用式（4.21）表示：

$$V_{\mathrm{d}}(t)=\frac{\eta_{\mathrm{d}}GeR_{\mathrm{L}}}{h\upsilon_0}p_r(t) \tag{4.21}$$

式中：R_{L} 为负载电阻；h 为普朗克常量；$\upsilon_0=c/\lambda$，为激光频率；η_{d} 为APD探测器的量子效率；G 为APD探测器的增益系数；e 为电子电量；$p_{\mathrm{r}}(t)$ 为 t 时刻接收到的能量。

激光信号通过APD转换之后进入低通滤波器，最终输出激光回波信号为

$$V_s(t)=\int_{-\infty}^{+\infty}h_{\mathrm{f}}(\tau)V_{\mathrm{d}}(t-\tau)\mathrm{d}\tau=h_{\mathrm{f}}(t)\times V_{\mathrm{d}}(t) \tag{4.22}$$

式中：t 为激光回波信号时间；τ 为发射脉冲时刻；h_{f} 为低通滤波器的脉冲响应；V_{d} 为经APD光电转换后的回波信号。

4.2.2　基于仿真波形匹配的激光检校方法

4.2.2.1　基于仿真波形匹配的激光足印定位

根据卫星激光测高仪几何定位模型，代入原始激光指向，确定激光足印质心位置，并将其作为初始位置 (x_0,y_0)。首先在该位置处进行回波仿真，同时获取该次激光脉冲回波实际波形，并将仿真波形与实际波形进行匹配，采用皮尔逊相关系数方法计算两者相关性，作为衡量标准，相关系数计算公式如下：

$$Corr(X,Y)=\frac{\sum(X-\bar{X})(Y-\bar{Y})}{\sqrt{\sum(X-\bar{X})^2(Y-\bar{Y})^2}} \tag{4.23}$$

式中：X 代表激光某地面位置的仿真波形；$\bar{X}$ 为变量 X 总体均值；Y 代表激光当前次回波的真实波形；$\bar{Y}$ 为变量 Y 总体均值。

在完成激光足印初始位置的回波仿真与匹配后，在初始位置通过分层确定激光波形仿真试验区域，并逐层开展回波仿真与波形匹配，获取当前层波形相关性最大的位置，开展下一层波形仿真与匹配试验，直至获取最佳激光足印位置。

如图4.9所示，该方法首先确定以 (x_0, y_0) 为圆心，半径为100 ~ 500 m的圆，作为初始检索范围Area 1，以1 ~ 5 m为步距将整个Area 1区域划分为N个格网，在每个格网开展回波仿真，并根据上述方法开展波形匹配，得到每个格网对应的相关系数，并进行曲面拟合，如式（4.24）所示，对拟合的曲面求解最大值，其对应地面坐标作为下一层初始位置 (x_1, y_1)。

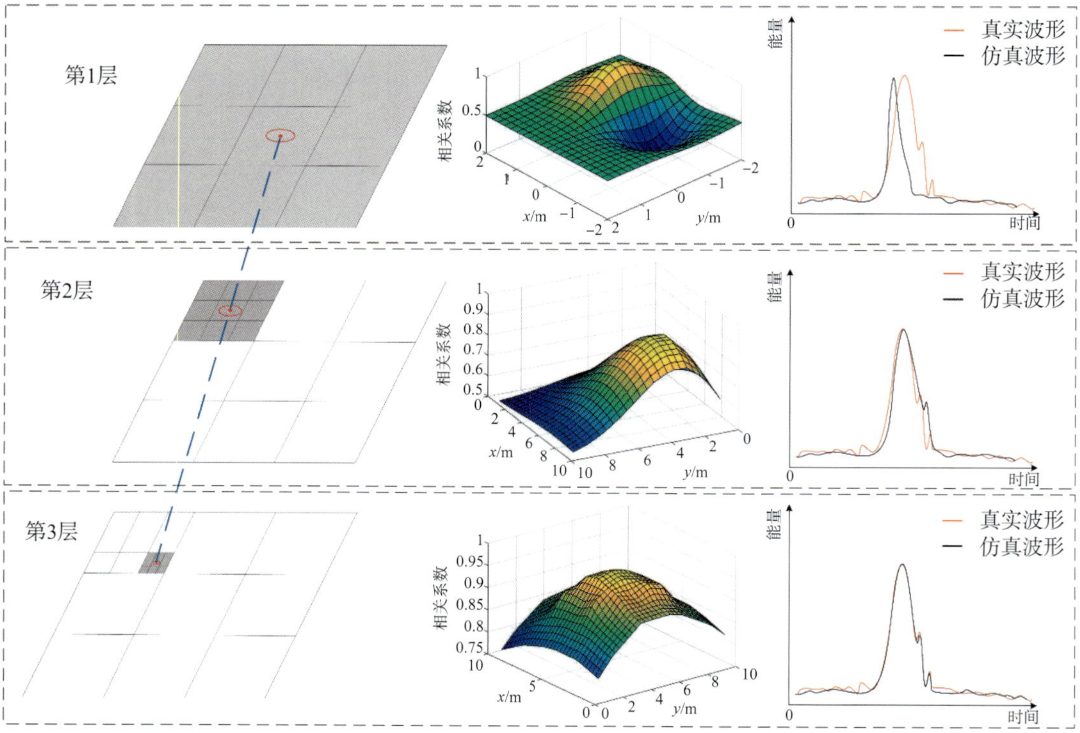

（a）每层光斑与仿真位置区域　（b）每层灰色区域内仿真波形相关系数分布　（c）a图中光斑位置仿真波形与真实波形

图 4.9　基于波形匹配分层思想的卫星激光足印质心定位方法

$$\sigma H = p_{00} + p_{10}x + p_{01}y + p_{20}x^2 + p_{11}xy + p_{02}y^2 \tag{4.24}$$

式中：p_{00}，p_{10}，p_{01}，p_{20}，p_{11}，p_{02} 为拟合参数；x、y 分别为东方向、北方向坐标。

完成第一层试验后，以 (x_1, y_1) 为第二层初始中心位置（即圆心），缩小检索范围至半径50 m，作为第二层搜索范围Area2，此时缩小步距至0.5 m，开展回波仿真与波形匹配，通过曲面拟合求得本层最大相关系数对应的地面坐标（最佳位置）为 (x_2, y_2)；同理，以 (x_2, y_2) 为下一层初始位置，逐层缩小搜索半径，减小步距至0.1 m时停止试验，此时得到仿真波形相关系数最大值对应的地面位置，作为卫星激光单次出光地面最佳位置为 $(\tilde{x}, \tilde{y})$。上述方法表达式如下：

$$\mathrm{Corr}(\tilde{x}, \tilde{y}) = \prod_{i=1}^{m} \left\{ \max \left[\prod_{j=0}^{j \leqslant n_i} \prod_{k=0}^{k \leqslant l_i} \mathrm{Corr}(x_i + j \cdot \Delta x_i, y_i + k \cdot \Delta y_i) \right] \right\} \tag{4.25}$$

式中：$\mathrm{Corr}(\tilde{x}, \tilde{y})$ 为整体最大相关系数；$\prod_{i=1}^{m}$ 表示从1层至 m 层逐层计算；$\max[\ ]$ 为每一层最大相关系数；x_i，y_i 为第 i 层起始坐标；n_i，l_i 表示根据第 i 层范围划分 x，y 方向的网格数；Δx_i，Δy_i 分别为第 i 层 x，y 方向上步距；$\prod_{j=0}^{j \leqslant n} \prod_{k=0}^{k \leqslant l}$ 表示光斑分别在 x，y 方向上按步距依次移动计算。

4.2.2.2　基于最优位置的卫星激光指向检校

基于卫星激光测高几何检校模型，结合仿真波形匹配获取的激光点地面最优位置、激光点对应时刻的卫星轨道/姿态等数据，同时改正激光出光时刻的大气误差、潮汐误差，并通过最小二乘迭代计算得到激光最佳指向角，即可实现基于波形匹配的卫星激光在轨指向检校。

4.3　激光测高在轨几何粗检校试验

针对本章提出的两种粗检校方法，选取可记录回波的GF7-01卫星激光测高数据来验证基于仿真波形匹配的激光检校方法，选取不具备回波记录功能的ZY3-03星激光测高数据来验证基于金字塔地形匹配的检校方法。

4.3.1　基于金字塔地形匹配的激光检校试验

选取ZY3-03星激光第39轨、第18轨、第222轨中过我国内蒙古地区的激光点为试验对象。其中第39轨共计289个激光点，第18轨共计240个激光点，第222轨共计241个激光点。数据分布如图4.10所示，用于地形匹配的激光试验数据跨越蒙古国和我国内蒙古、甘肃、青海地区，沿轨向跨越超1000 km，因此，需要长条带的参考地形数据。试验选取AW3D30 DSM作为参考地形数据，其高程精度优于5 m（Takaku et al., 2014；Takaku et al., 2016）。

为验证基于地形匹配检校的精度，选取了ZY3-03星过我国内蒙古苏尼特右旗附近获取的激光点为试验对象，分别为2020年9月8日获取的第697轨的2个激光点，2020年9月13日第769轨的2个激光点，以及2020年9月23日第925轨的5个激光点，共计9个验证点，地面分布如图4.11所示，其中右上角图片为测量人员利用RTK（Real - time kinematic）实测激光地面点。

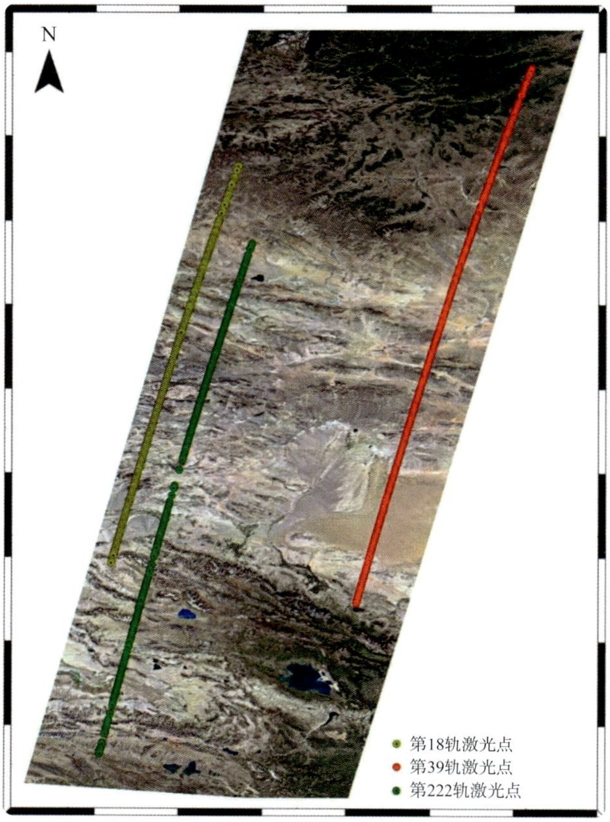

图 4.10　地形匹配试验数据分布示意图

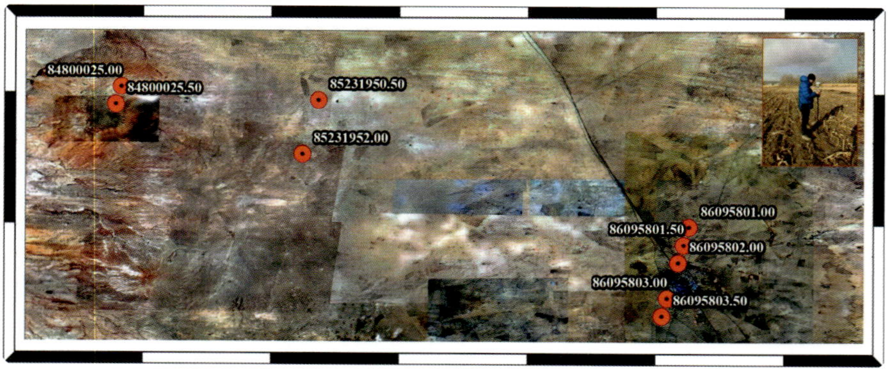

图 4.11　ZY3-03 星激光检校后精度验证数据分布图

4.3.1.1　基于金字塔地形匹配的激光检校结果

将ZY3-03星激光地面实验室测量指向作为初始指向，设置首层的激光指向遍历范围为0.8°，最后一层的指向角间隔为0.001°，分为4个金字塔层，分别对选取的第39轨、第18轨以及第222轨的激光试验数据进行独立检校。例如，对第39轨的激光数据进行每一层检校时，取该层指向格网中的第一个指向角，计算该轨中289个激光点的三维坐标，并计算其与DSM的高程残差，随后遍历整个格网中每个激光指向，获取指向与激光高程残差的曲面，利用公式（4.24）拟合该曲面。第18轨和第222轨激光数据地形匹配试验方法一致，得到激光指向与激光高程残差曲面结果如图4.12所示。

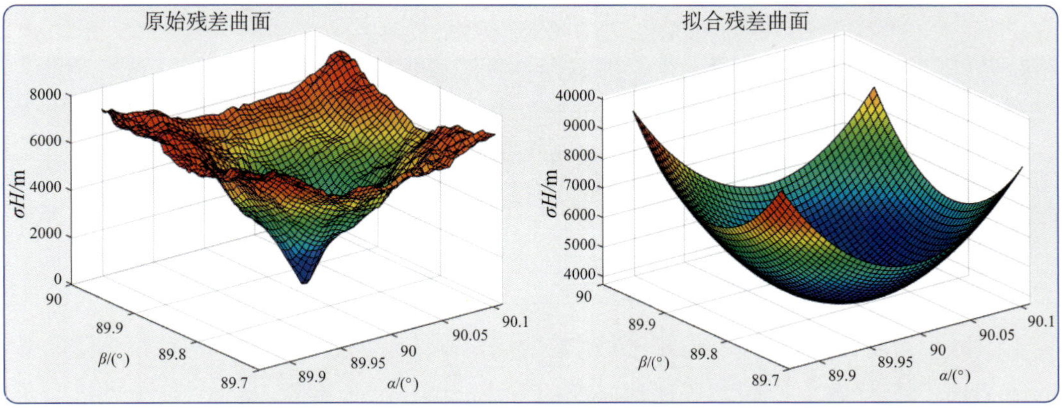

（a）第39轨结果

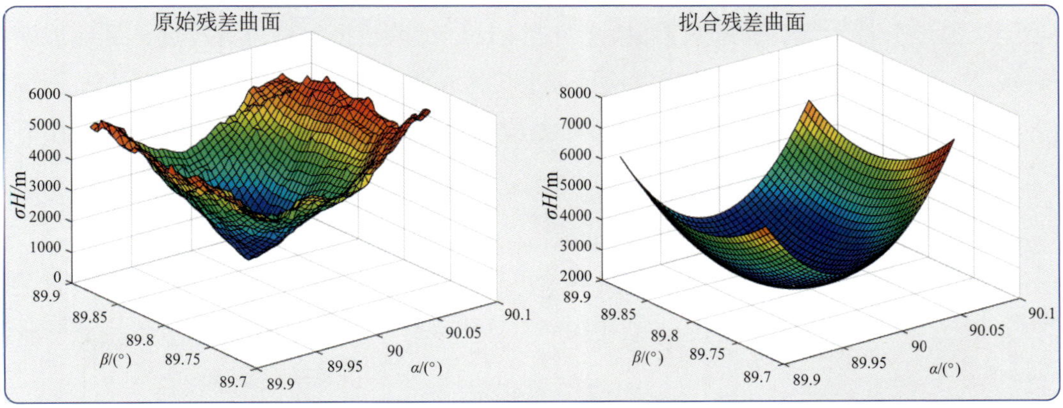

（b）第18轨结果

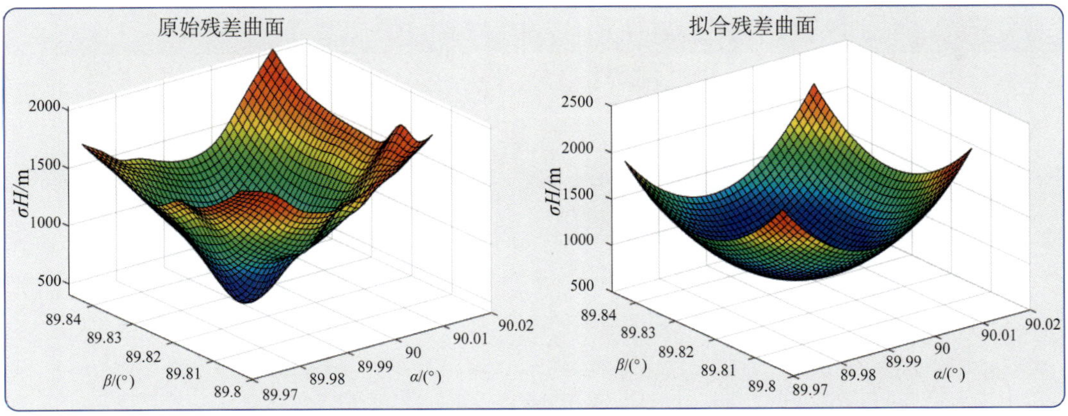

（c）第222轨结果

图 4.12　ZY3-03 星激光指向与高程残差曲面结果图

根据上述拟合的激光指向与高程残差曲面，采用拉格朗日乘数法计算该曲面的最小值，该点对应的指向角即为地形匹配检校后的指向角。为分析激光检校结果差异，分别计算三轨激光得到的激光指向角与ZY3-03星激光原始安装指向的差值($\Delta\alpha,\Delta\beta$)，并取三轨激光检校后指向角的均值与安装角求差，得到综合指向偏差，结果如表4.1所示。

表4.1 ZY3–03星激光检校结果

轨道号	$\Delta\alpha$ / (°)	$\Delta\beta$ / (°)
第39轨	−0.562	0.047
第18轨	−0.561	0.046
第222轨	−0.561	0.044
综合指向偏差	−0.562	0.046

由图4.12可看出，ZY3-03星的三轨试验数据检校结果收敛性较好，均存在整体的最优解，且无局部最优解，说明基于地形匹配的方法能够正确地解算ZY3-03星激光指向角。如表4.1所示，ZY3-03星激光这三轨激光指向检校结果差异较小，特别是第18轨与第222轨检校结果。经分析，第18轨与第222轨（见图4.10）试验数据地理位置较近，受地形因素影响较小，而第39轨数据距离较远，检校结果与另外两轨相差略大，换算至地面平面位置相差约有十几米，为准确反映ZY3-03星激光检校后的指向角，最终取三轨激光检校后的指向角均值作为地形匹配最优指向。

4.3.1.2 检校后精度验证

利用基于地形匹配检校后的激光指向参数，分别计算图4.11中9个验证激光点的地面坐标，并利用RTK实测9个激光点的高程值，与检校后计算的激光高程进行对比求差，结果如表4.2所示。

表4.2 ZY3–03星激光经地形匹配检校后精度结果

轨道号	时间码/s	检校后激光高程 /m	RTK高程 /m	高程差值 /m
697轨	84800025.00	1007.04	1006.40	0.64
	84800025.50	1052.08	1051.98	0.10
769轨	85231950.50	1031.41	1031.17	0.24
	85231952.00	1070.98	1070.81	0.17
925轨	86095801.00	1073.13	1073.26	−0.13
	86095801.50	1078.90	1078.98	−0.08
	86095802.00	1074.43	1073.84	0.59
	86095803.00	1085.72	1086.44	−0.72
	86095803.50	1094.74	1095.13	−0.39
高程差均值/m				0.05
均方根误差/m				0.41

根据表4.2，通过对比检校后激光高程与RTK高程差结果，可发现经地形匹配检校后ZY3-03星激光高程测量残差在0值附近波动，基本不存在系统差。根据9个激光点高程差的均值（Mean Value）和均方根误差（Root Mean Square Error, RMSE），可得出ZY3-03星激光经地形匹配检校后，高程测量精度达到0.05 ± 0.41 m。即经检校后，ZY3-03星激光测高精度优于0.5 m，金字塔地形匹配法适用于卫星激光测高仪在轨后的几何粗检校。

4.3.2　基于仿真波形匹配的激光检校试验

选取宁夏回族自治区贺兰山地区的GF7-01卫星第701轨激光作为试验数据，第154轨、第856轨和第868轨激光数据为相对高程精度验证数据；另外，选取过黑龙江省肇东市郊区的GF7-01激光第246轨开展高程测量绝对精度验证。试验区数据总体分布如图4.13所示。

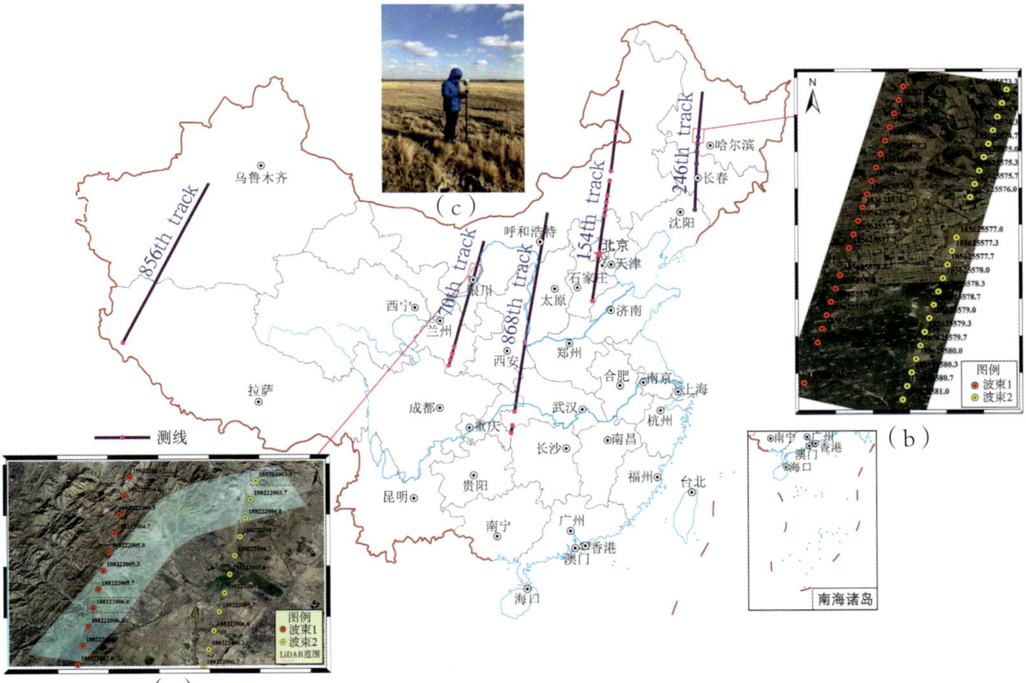

（a）为GF7-01卫星第701轨激光过贺兰山地区放大图，a中蓝色虚线框标记的为检校激光点，LiDAR范围指机载雷达点云数据范围；（b）为GF7-01卫星第246轨过肇东地区放大图；（c）为图b波束2地面点RTK现场实测图。

图 4.13　试验区与试验数据分布图

4.3.2.1　激光检校试验数据

平地地形的激光回波波形十分相似，基本是类高斯分布，当移动激光足印位置，无法通过仿真波形匹配实际波形的方法找到激光足印最优位置，而山地高程差异大，回波波形对高程敏感，因此，基于仿真波形匹配的激光检校试验应选择崎岖的山地地形区域的激光点。试验选择GF7-01卫星2019年12月19日第701轨中位于贺兰山山脊上的激光点，如图4.13（a）中蓝色虚线矩形框选中的激光点。

试验采用OpenTopography机载LiDAR点云地形数据开展贺兰山地区波形仿真试验，数据范围如图4.13（a）所示，获取时间为2014年，点云密度7.59 pts/m^2。尽管机载点云数据较早，而试验区山地地区地表大多为裸露的岩石，其地表高程随时间变化小，故该数据仿真的波形可用于与GF7-01卫星激光实际波形进行对比分析。

4.3.2.2 激光测高精度验证试验数据

相对高程精度验证激光数据分别为GF7-01卫星2019年11月13日第154轨、2019年12月29日第856轨和2019年12月30日第868轨，三轨数据分布如图4.13所示。其中，第154轨激光点穿越内蒙古草原至北京南边，波束1有449个激光点，波束2有453个激光点；第856轨激光点自北向南穿越新疆塔克拉玛干沙漠、西藏高原地区，波束1有367激光点，波束2有341个激光点；第868轨激光点穿越我国山西高山地地区，波束1有243激光点，波束2有233个激光点。综上，波束1与波束2各选取了1059个、1027个激光点进行高程精度验证，选用AW3D30 DSM作为参考地形数据。

GF7-01卫星激光检校后的高程测量绝对精度验证采用外业实测地面点的方式，验证数据选取2019年11月19日第246轨过黑龙江肇东市郊区的激光点，RTK实测激光点地面高程测量精度优于5 cm。由于天气地形因素，仅实地测量了第246轨波束2的22个激光点地面高程［图4.13（b）］。

4.3.3 基于仿真波形匹配的激光检校结果

针对试验选取的贺兰山地区两波束检校激光点［图4.13（a）蓝色虚线矩形标记］，通过仿真波形匹配寻找激光足印最优位置时，分为三层开展波形仿真，参数设置：第一层试验范围为900 m，间隔步距为3 m；第二层试验范围为300 m，间隔步距为1 m；第三层试验范围为100 m，间隔步距为0.3 m。

确定每一层中仿真波形与实际波形相关系数最大值及其对应的地面位置，试验结果如图4.14所示。

据图4.14可看出，波束1与波束2的激光初始位置的仿真波形与实际波形相似性均较低，经过第一层试验后，计算的最大相关系数处对应的仿真波形与实际波形相似程度显著提升，皮尔逊相关系数相对初始位置也明显增大；到第三层试验，皮尔逊相关系数最大时，仿真波形与实际波形相似度极高，以该仿真波形对应地面位置 P_3 为激光点最优位置。将最优位置 P_3 代入激光几何检校模型3.4中，计算得到GF7-01卫星激光各波束指向角，并与初始地面安装指向进行对比，计算差值，结果如表4.3所示。

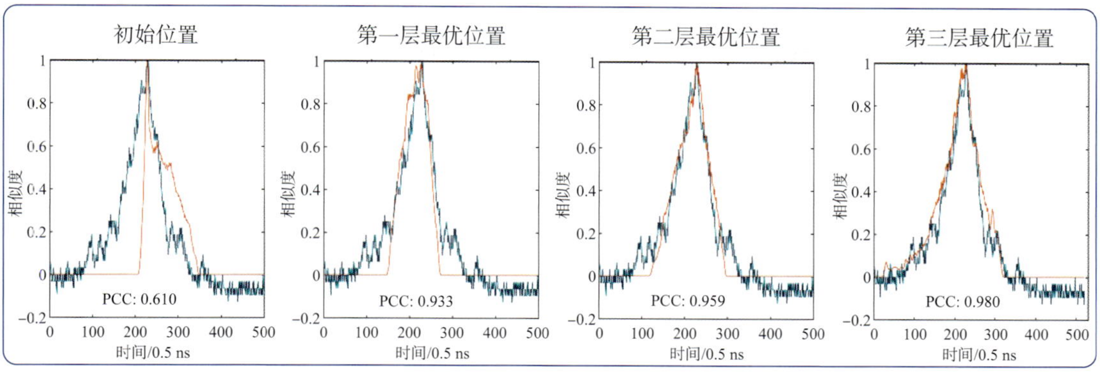

（a）波束1激光点188222006.0每一层最佳位置仿真波形与实际波形对比图

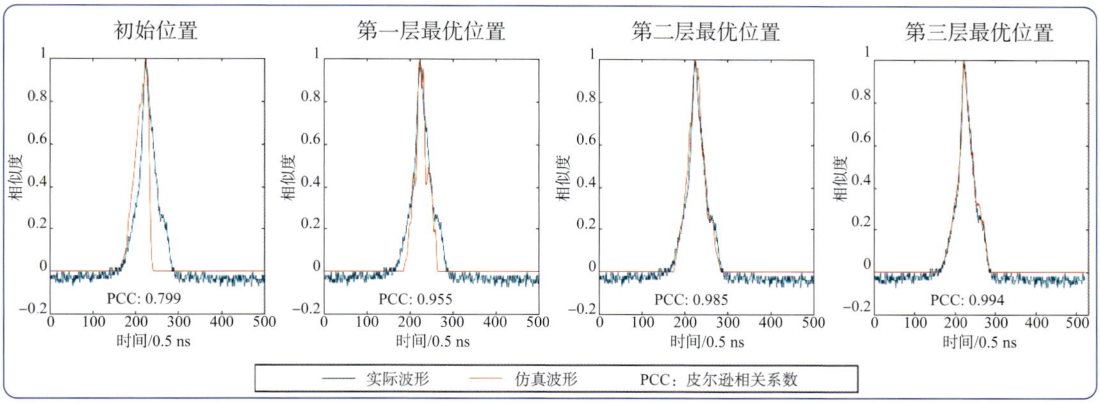

（b）波束2激光点188222003.3每一层最佳位置仿真波形与实际波形对比图

图 4.14　基于分层仿真波形匹配寻找激光最优位置试验图

表4.3　基于单片足印影像检校后的GF7-01激光指向角偏差

波束类型	指向偏差角度	
	$\Delta\alpha$ / (°)	$\Delta\beta$ / (°)
波束1	0.01269	-0.01539
波束2	0.08918	-0.02238

4.3.4　高程相对测量精度验证

针对选取的GF7-01第154轨、第856轨和第868轨验证数据，首先，根据实验室测量的激光指向计算三轨所有激光点地面坐标(B_b, L_b, H_b)，并基于AW3D30 DSM获取每个激光点对应高程H_{AW3D_b}；然后，利用检校后的激光指向重新计算这三轨所有激光点地面坐标(B_a, L_a, H_a)，并由AW3D30 DSM内插激光点高程H_{AW3D_a}；最后，分别计算检校前后激光点与AW3D30 DSM高程差$Deta_H$，检校前高程差为：$Deta\_H_b = H_b - H_{AW3D\_b}$，检校后高程差为：$Deta\_H_a = H_a - H_{AW3D\_a}$。三轨激光波束1与波束2检校前后高程差对比如图4.15（a）（b）（c）所示。

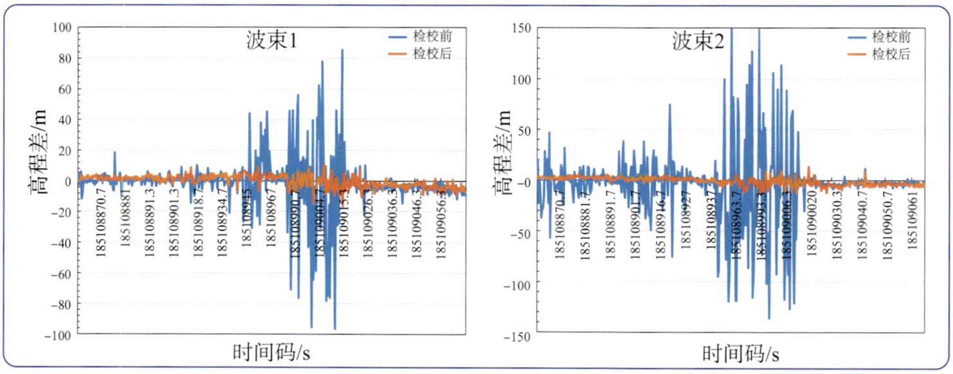

（a）第154轨检校前后激光与AW3D30 DSM高程差

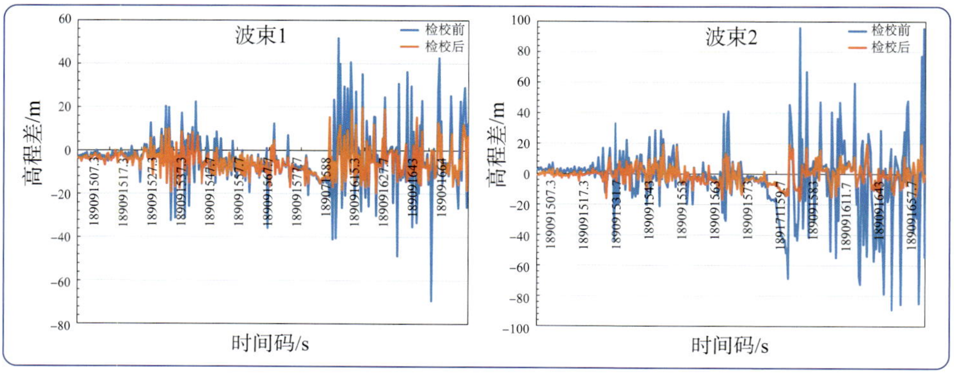

（b）第856轨检校前后激光与AW3D30 DSM高程差

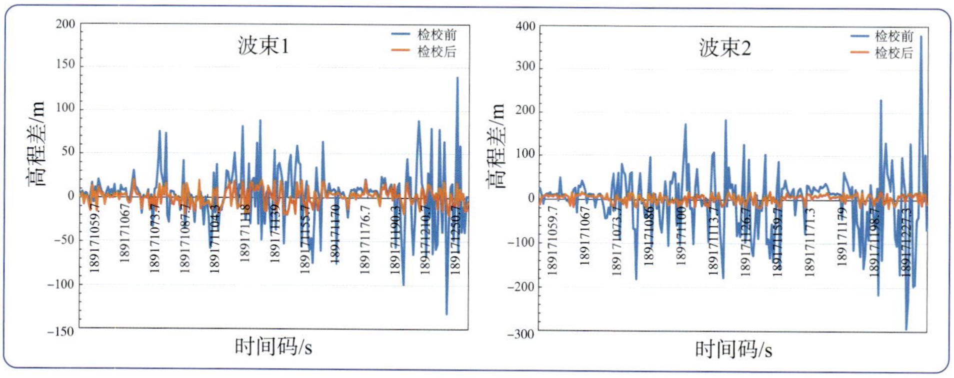

（c）第868轨检校前后激光与AW3D30 DSM高程差

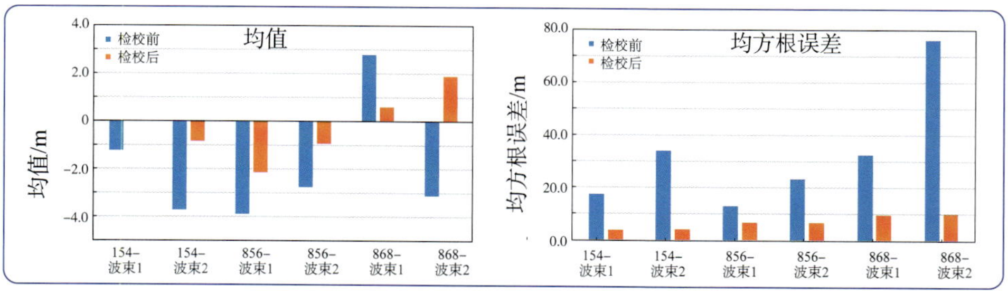

（d）检校前后三轨各波束高程差均值与均方根误差

图 4.15　GF7-01 激光三轨试验数据相对高程精度统计图

根据检校前后激光与AW3D30 DSM高程差，分别统计每一轨各激光波束的检校前后高程差的均值（Mean Value）与均方根误差（Root Mean Square Error, RMSE），结果如表4.4所示。

表4.4　检校前后GF7-01卫星激光高程测量相对精度

激光器	均值 /m		均方根误差 /m	
	检校前	检校后	检校前	检校后
第154轨—波束1	−1.25	−0.03	7.51	3.86
第154轨—波束2	−3.74	−0.87	34.09	3.92
第856轨—波束1	−3.90	−2.17	12.97	6.62
第856轨—波束2	−2.78	−0.95	23.34	6.60
第868轨—波束1	2.77	0.58	32.50	9.80
第868轨—波束2	−3.14	1.88	75.98	9.95

由图4.15（a）（b）（c）可以看出，检校前GF7-01激光高程差波动较大，特别是在山地地形处；检校后激光高程精度明显趋于稳定，且在0附近波动。从图4.15（d）和表4.4结果可得，检校后激光高程差均值与均方根均优于检校前，虽然检校前波束2高程精度仅为波束1高程精度的一半，但是经检校后两波束精度可提升至同一水平。

整体上，检校后激光高程测量精度显著提升，第154轨平地地形检校后，波束1高程精度可提升3倍，波束2高程精度可提升6倍，均可达到−0.03 ± 3.86 m左右；第856轨山地地形检校后，波束1高程精度可提升2倍，波束2高程精度可提升4倍，均可提升至−0.95 ± 6.60 m左右；第868轨山地地形检校后波束1高程精度可提升3倍，波束2高程精度可提升6倍，均可提升至0.58 ± 9.80 m左右。由于AW3D30 DSM自身误差在5 m以内，检校后平地地形仍存在3.86 m左右的高程误差。

4.3.5　高程绝对测量精度验证

为进一步验证基于仿真波形匹配检校后的激光指向精度，先后利用检校前后的激光指向计算GF7-01卫星第246轨激光点地面高程，并计算第246轨波束2检校前后激光与RTK测量高程差值，结果如表4.5所示。

表4.5　检校前后GF7-01卫星激光第246轨波束2高程绝对测量精度

点号	激光足印高程/m		激光高程差值/m	
	检校前	检校后	检校前	检校后
1	149.80	153.15	4.08	0.73
2	148.74	152.09	4.26	0.91

续表

点号	激光足印高程/m		激光高程差值/m	
	检校前	检校后	检校前	检校后
3	147.76	151.11	3.10	−0.25
4	146.57	149.92	3.94	0.59
5	146.09	149.44	3.88	0.53
6	144.85	148.20	3.16	−0.19
7	144.02	147.37	4.01	0.66
8	144.71	148.06	4.22	0.87
9	151.81	155.15	2.85	−0.50
10	163.00	166.35	3.27	−0.08
11	168.43	171.78	4.00	0.66
12	182.00	185.35	2.51	−0.83
13	188.62	191.97	4.17	0.82
14	169.03	172.37	4.23	0.89
15	170.49	173.84	3.45	0.11
16	171.62	174.96	3.98	0.63
17	168.87	172.22	3.97	0.63
18	169.45	172.80	3.21	−0.14
19	183.56	186.91	3.96	0.62
20	203.29	207.63	4.79	0.44
21	197.48	200.82	3.35	0.01
22	171.53	174.88	3.92	0.57
均值/m			3.74	0.35
中误差/m			0.55	0.50

结果表明，检校后GF7-01卫星第246轨波束2激光高程测量精度明显提升，由检校前的3.74 ± 0.55 m提升到检校后的0.35 ± 0.50 m，精度大约提升了10倍，基本消除了激光高程测量系统误差。

以上两个试验结果表明，粗检校可以初步标定出激光指向，显著提升激光平面和高程测量精度，为下一步精检校奠定良好基础。

第5章

卫星激光在轨几何精检校

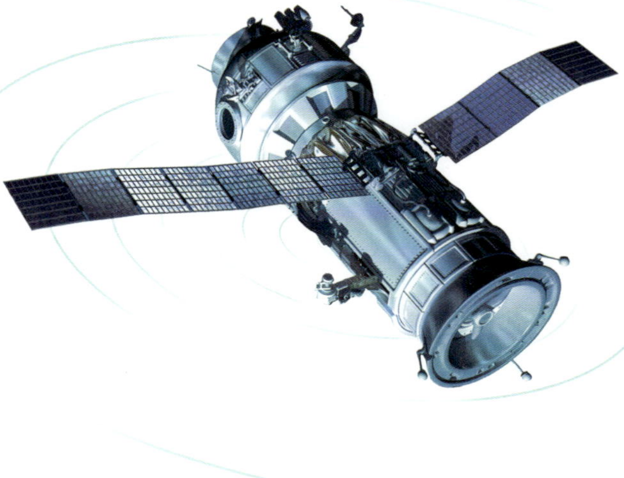

为最大限度地发挥激光测高数据的精度优势，需开展基于地面探测器的激光测高在轨几何精检校工作。星载激光在轨几何精检校是在粗检校基础上，利用地面探测器阵列捕获激光光斑，精确解算激光指向和测距系统误差的过程。基于地面探测器的卫星激光在轨几何检校需提前预报激光探测器的地面布设位置，预报的精度决定着外业探测器的布设范围和能否成功捕获激光足印。在预报精度可靠且有效获得激光能量信息的基础上，高精度提取激光光斑中心是激光高精度检校的必要前提条件之一，然后通过激光在轨几何检校模型的构建，实现卫星激光指向和测距的高精度检校（田世强, 2017；李少宁, 2017）。

本章首先介绍了基于地面探测器的检校整体工作流程，详细阐述了检校场选取、探测器参数及布设方案设计、足印位置预报、激光光斑质心定位等内容，构建了双波束、多波束激光检校模型，并开展了资源三号02/03星、高分七号等国产民用卫星的精检校试验。

5.1 在轨几何精检校方案设计

基于有源探测器的卫星激光测高仪在轨几何检校是目前现有方法中精度最高、可靠性最好的方法，多用于高精度对地观测卫星激光测高检校任务，但该方法的试验条件较为严苛，实施具有一定的技术难度，其工作流程如图5.1所示。

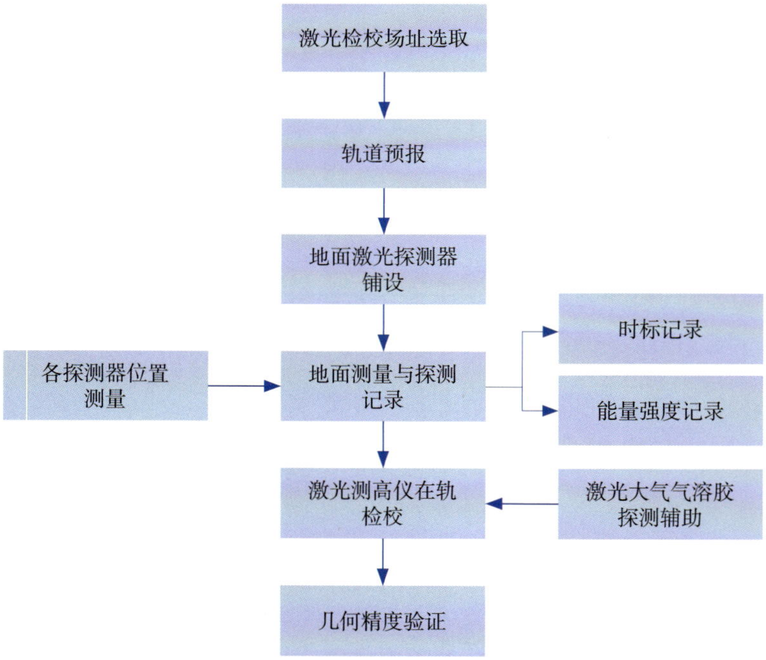

图 5.1　基于有源探测器的卫星激光测高仪检校流程

（1）激光检校场址选取。激光检校时探测器铺设场地的选择要充分考虑外业实施的可实现性和方便性，选址主要考虑因素包括地形、气候等。

（2）轨道预报。利用邻近过境卫星轨道数据，预报卫星过检校场的时间以及星下点轨迹信息。

（3）地面激光探测器铺设。根据轨道预报的过场地时间，安排外业人员铺设地面激光探测器，铺设的方向与预报星下点轨迹有关，探测器间隔、数量与激光的足印大小等有关。

（4）地面测量与探测记录。利用RTK精确测量地面探测器位置，并记录卫星过检校场时探测器捕捉到的能量和触发的时间信息。

（5）激光测高仪在轨检校。利用检校场地多点的大气气溶胶等数据同步观测和处理，开展大气延迟改正，基于激光测高严密几何定位模型，结合多角度立体数据、足印相机数据以及地面精细地形数据，完成激光测高仪系统误差在轨检校。

（6）几何精度验证。选取平地、丘陵、山区等多种地形区域及草地、雪地、硬化路面、水体、建筑物等多种地物类别对应的样本，通过坡面图分析、轨道交叉点对比、足印影像约束等多种方式，对系统误差改正前后的地面激光足印光斑的平面精度、高程精度进行定量评价（张建华 等, 2022）。

5.1.1　激光检校场址选取

5.1.1.1　选址原则设计

利用地面探测器进行卫星激光测高仪精检校需要提前在预报的足印落点位置布设地面探测器阵列。由于波形提取的激光测距值反映的是足印光斑内的地形平均高度，地形起伏直接影响激光测距精度，因此，选取检校场地直接关系到参数检校的精度。

根据高精度检校处理、外场作业便利等的考虑，检校场选取应满足以下基本要求：

（1）由于激光波形受地形影响较大，为尽量减少干扰，检校场应选择平地地形，且候选的区域范围要大于铺设探测器的面积；

（2）根据轨道预报星下点轨迹，尽量靠近星下点，卫星偏摆角小于5°；

（3）为避免大气气溶胶的影响，卫星过境期间，检校区域应无云或少云；

（4）为了保证检校设备的运输和人员的安全等，临时检校场应铺设在郊区或者距离居民区不远处的野外，且应交通便利。

因此，激光测高仪检校场地的选取需要考虑地表覆盖、地形、气候、交通、生活、人文等因素，如表5.1所示。

表5.1　激光测高仪检校场地选取要求

地表覆盖	地形	气候	交通	生活	人文
地表覆盖避免农作物种植区域、植物遮挡区域和沙漠、河滩等土质疏松区域等	地形平坦，布设点的坡度小于5°	避免气候湿润多雨的季节或阳光较为充足的夏季，最好为秋季	交通便利，便于仪器的搬运和布设	生活尽量便捷，保障外业人员的生活，以及可能需要的试验用电	避免军事禁区等地

设满足以上各项要求的值为1，不满足要求的值则为0。由于不同的因素对试验场地的影响程度不同，根据实践经验对不同因素进行加权求和，具体计算公式为

$$P_1 = 地表覆盖 \times 10\% + 地形 \times 37\% + 气候 \times 43\% + 交通 \times 4\% + 生活 \times 3\% + 人文 \times 3\% \quad (5.1)$$

式中，地表覆盖、地形、气候、交通、生活、人文因素根据该地区对应的历史资料来确定是否满足要求。当 $P_1 > 0.9$ 时，对应的区域可定为预选检校场地。

5.1.1.2 预选检校场初选

基于检校场选取的基本原则，实地踏勘国内的多个地区，经过综合分析，初步确定7个预选检校场（表5.2）。

表5.2 检校场预选区域汇总

预选检校场	坐标	气候	交通	地形	地表覆盖
阿拉善	38°54'18.39"N 105°38'49.85"E	大陆性气候	便利	平坦	土地
呼伦贝尔	49°6'34.00"N 119°31'23.00"E	大陆性气候	便利	平坦	牧草
乌兰察布	41°6'50.00"N 113°2'11.00"E	大陆性季风气候	便利	平坦	牧草
呼图壁	44°21'26.00"N 86°41'11.00"E	大陆性干旱半干旱气候	便利	平坦	草地
苏尼特右旗	42°54'21"N 112°1'28.17"E	大陆性气候	便利	平坦	草地
额济纳	41°52'43.10" 101°36'31.04"	大陆性气候	便利	平坦	草地
敦煌	40°5'17.36" 94°23'41.89"	大陆性气候	便利	平坦	戈壁

7个预选检校场的基本情况如下：

（1）阿拉善。预选检校场位于阿拉善盟郊区，距离市区4 km，交通便利，地表由裸露土壤覆盖。阿拉善盟是内蒙古自治区所辖盟，地处内蒙古自治区最西端。典型的大陆性气候，干旱少雨，风大沙多，冬寒夏热，四季气候特征明显，昼夜温差大。年均气温6 ~ 8.5 ℃，1月平均气温−9 ~ 14 ℃。极端最低气温−36.4 ℃；7月平均气温22 ~ 26.4 ℃，极端最高气温41.7 ℃。由于受东南季风影响，雨季多集中在7 ~ 9月。年日照时数达2600 ~ 3500 h，年太阳总辐射量147 ~ 165 kcal/cm^2。

（2）呼伦贝尔。预选检校场位于呼伦贝尔市郊区，距离市区13 km，交通便利，地表由牧草覆盖。呼伦贝尔地处温带北部，大陆性气候显著。气候特点是冬季寒冷漫长，夏

季温凉短促，春季干燥风大，秋季气温骤降霜冻早。热量不足，昼夜温差大，有效积温利用率高，无霜期短，日照丰富，降水量差异大，降水期多集中在7～8月。冬春两季各地降水一般为40～80 mm，占年降水量的15%左右。夏季降水量大而集中，大部地区为200～300 mm，占年降水量的65%～70%，秋季降水量相应减少。

（3）乌兰察布。预选检校场位于乌兰察布市郊区，距离市中心7 km，交通便利，地表由牧草覆盖。属大陆性季风气候，四季特征明显。因大青山横亘中部的分隔，形成了前山地区比较温暖，雨量较多，后山地区是多风的特殊气候。年平均降水量150～450 mm，雨量集中在7～9月份。年平均气温一般在0～18℃之间，无霜期95～145 d。灰腾梁地区气温最低，年平均气温一般在1℃以下。

（4）呼图壁。预选检校场位于呼图壁县周围，距离市区12 km。呼图壁县隶属昌吉回族自治州，位于新疆维吾尔自治区中北部，属温带大陆性干旱半干旱气候。平原地区平均气温6.7℃，年降水量167 mm，无霜期平均180 d，全年日照总时数3090 h，稳定在10℃以上的年有效积温为3553℃。5～8月是平原地区作物生长旺盛的季节，平均日照时数在10 h以上，7月份达11 h以上。

（5）苏尼特右旗。预选检校场位于苏尼特城区的西部，距离市区几十千米，周围均为牧场。苏尼特位于内蒙古自治区中部，属古湖盆地上升而形成剥蚀高原，平均海拔高度为1000～1400 m，整个地形南高北低，中北部为坦荡的高平原和丘陵。苏尼特右旗地处北温带，属干旱性大陆性气候，平均气温为4.3℃，最高气温38.7℃，最低气温−38.8℃，无霜期130 d；平均年降水量为170～190 mm，平均蒸发量为2384 mm；盛行西北风，风力一般在3～5级，最大9～10级，平均风速5.5 m/s，是国内最佳的风能区；平均日照时数为3231.8 h。

（6）额济纳。预选检校场位于额济纳旗境内，地处中国北疆，位于内蒙古自治区最西端。额济纳旗境内为北东走向的断裂凹陷盆地。地形呈扇状，总势西南高，北边低，中间呈低平状。地域大部海拔高度在1200ssss1400 m之间，相对高度在50～150 m之间，平均海拔1000 m左右，最低900 m。最低点西居延海，海拔820 m。额济纳旗属内陆干燥气候，具有干旱少雨、蒸发量大、日照充足、温差较大、风沙多等气候特点。年均气温8.3℃，1月平均气温−11.6℃，极端低温−36.4℃，7月平均气温26.6℃，极端高温42.5℃，年日均气温8.6℃。

（7）敦煌。预选检校场位于敦煌市境内。敦煌光照充足，光合作用强，昼夜温差大，是甘肃省最大的棉花生产基地和瓜果之乡。敦煌大气透明度高，地势平坦开阔，是中国太阳辐射量最高的区域之一，全年日照时数3257.9 h，日照百分率达75%。

5.1.2　地面探测器参数设计

地面探测器参数设计是激光在轨几何检校技术流程中重要的环节之一，可为地面探测器研制提供必要的参考，直接影响着卫星激光在轨几何检校的参数精度。依托地面等效试验，分析外界环境因素对地面探测器接收激光脉冲的影响，可以确定地面探测器的参数，因此地面等效试验开展得成功与否关系着地面探测器研制的成败。下文基于地面等效试验分析，给出了红外探测器的详细性能参数，包括探测器的响应范围、一致性、稳定性以及可操作性等（李松, 2016；刘恩超 等, 2021）。

5.1.2.1 地面等效试验原理及方案设计

激光地面探测器的地面等效试验与定型包括内场等效试验和外场等效试验两部分，内场等效试验用以研究激光探测理论的可行性与理想情况下光斑能量分布情况，外场等效试验用以研究激光在不同环境条件影响下探测器能量的探测性能，以及不同等效距离条件下激光脉冲能量的衰减情况和激光探测器的能量阈值设计。

地面等效试验原理如图5.2所示，激光器发射的激光束经过等效传输距离的传输，入射到安置有探测器阵列的接收面，此时接收面激光光斑内的能量密度与卫星链路中地面光斑能量密度等效。通过探测器上LED灯的显示状态，验证地面探测器能否被触发，并根据探测器的探测数据对光斑中心进行定位。保持试验时激光器发射端不变，更换探测器安置板，即可初步确定探测器的定位能力及不同布设间距对定位能力的影响。

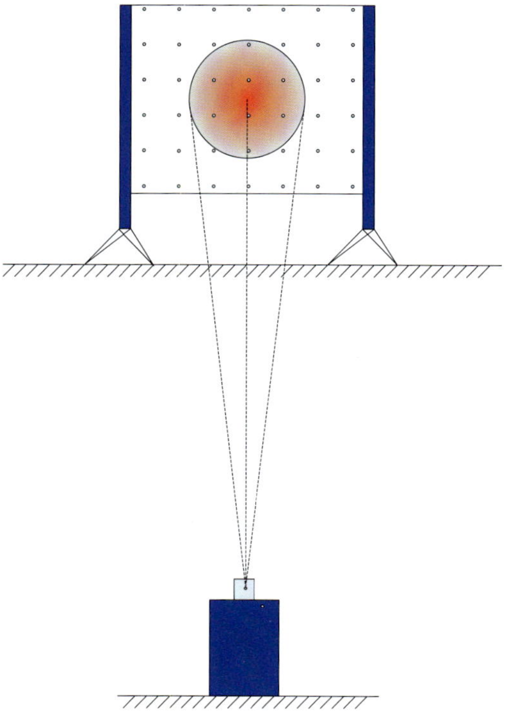

图 5.2　地面等效试验原理示意图

利用实验室激光发射器和卫星激光测高仪样机，设计激光测高仪的地面等效传输内场试验，主要达到以下目的：

（1）等效模拟在轨测试时的工况；

（2）在测试工况与卫星激光测高系统在轨运行时等效的前提下，检测探测器是否能正常工作，能否探测到激光脉冲能量，测试探测器的灵敏度；

（3）初步定量分析探测器阵列对激光光斑中心的定位能力。

依据独立捕获激光光斑的检校方法的原理，设计了室外试验的实施方法及详细实施步骤，以检测探测器是否能正常工作，能否探测到激光脉冲能量，并初步确定探测器阵列对激光光斑中心的定位能力，以及大气、光照和风速等对探测器性能的影响。等效链路试验流程如图5.3所示。

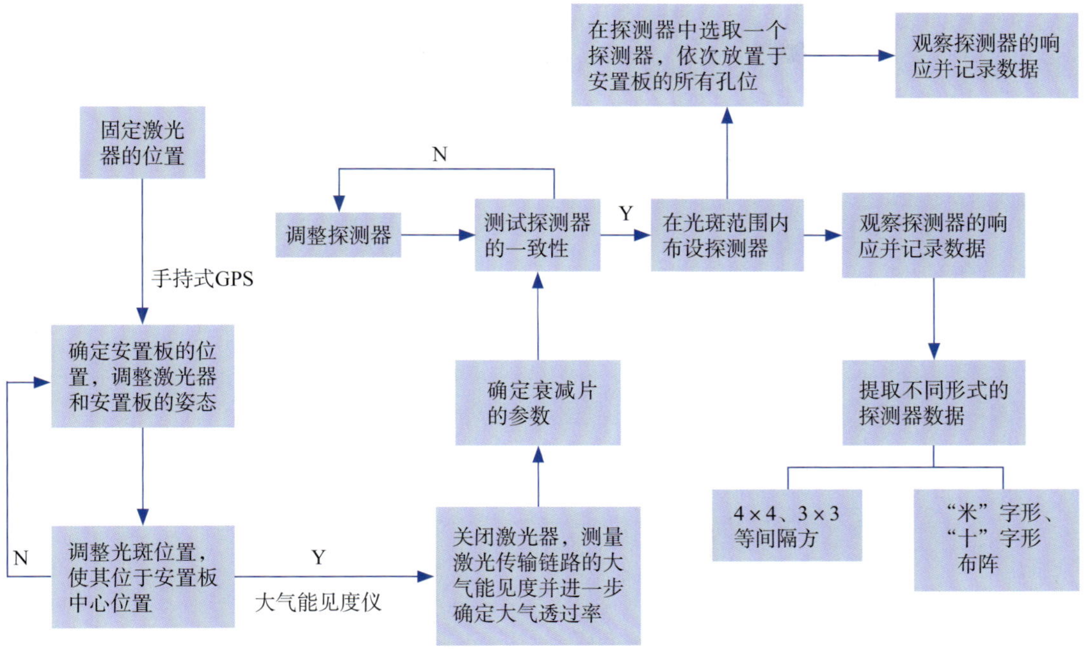

图 5.3　等效试验流程

5.1.2.2　地面等效试验及分析

基于激光脉冲信号的红外探测器硬件设备的工作原理，设计了一种低成本、低功耗、稳定性高、可调节增益、不受背景光干扰的红外探测器原型，以ZY3-02星为例，开展内、外场地面等效试验及分析，以确定激光地面探测器的设计参数，为卫星激光测高数据处理硬件提供支撑。

1）内场试验

等效传输试验相关参数的确定基准是卫星测高系统在轨运行时发射激光脉冲到达地面的能量密度，以实验室激光发射器为例，根据我国卫星测高系统的设计参数计算激光光斑内的能量密度，计算平均能量密度结果为3.675 nJ/cm^2。

等效传输试验所用激光器参数如表5.3所示。

表5.3　内场等效试验ZY3-02星激光器参数

参数	数值
波长/nm	1064.64
重频/k	10
脉宽/ns	2.2
峰值功率/w	5414
发散角/mrad	10

依据此激光器参数，结合等效试验所用激光器的发散角，进一步可确定等效试验距离（L）为 $L = 0.72 / 0.01 = 72$ m。等效试验系统参数汇总如表5.4所示。

表5.4　等效试验系统参数

参数	数值
激光器能量/nJ	11910.8
接收面光斑大小/m	0.72
等效试验距离/m	72

使用25个探测器开展内场试验，结合接收面光斑大小，当布设方式为5 × 5的阵列时，探测器安置板如图5.4所示。

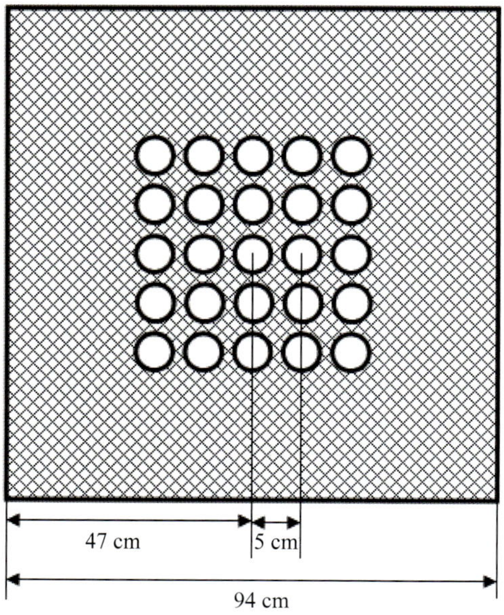

图 5.4　探测器安置板

制作多块不同安装孔间距的安置板，试验时在保持激光器发射端不变的条件下更换探测器安置板，即可初步确定探测器的定位能力及不同布设间距对定位能力的影响。

经内场等效试验，利用探测器获取了激光光斑的能量分布，如图5.5所示，x、y 坐标分别为光斑的行列号，曲面为内插的激光光斑能量三维分布图。曲面 Z 值越大，颜色越红，对应光斑能量越强。从图5.5可以看出，内场试验探测器获取的激光光斑基本呈高斯分布，与理论相符，能量最大值为光斑中心。

通过对试验数据的统计分析，可得如下结论：

（1）在试验工况与卫星在轨运行时激光测高系统等效的前提下，探测器可以正常工作，并且可以探测到激光脉冲能量；

（2）探测器间一致性基本满足要求；

（3）探测器能够探测出激光光斑能量的渐变分布，探测器能量与红外探测仪探测的能量接近，质量满足要求；

（4）通过对多种激光光斑质心提取算法的对比，采用不同的格网大小和格网间隔，在激光器发散角较大的情况下，激光指向角精度在5 × 5排列下两个方向分别可以达到5.7″和0.5″（0.04格网和0.003格网），结合卫星激光检校的精度要求，采用稳定性较优的高斯曲面拟合法提取靶标能量中心。

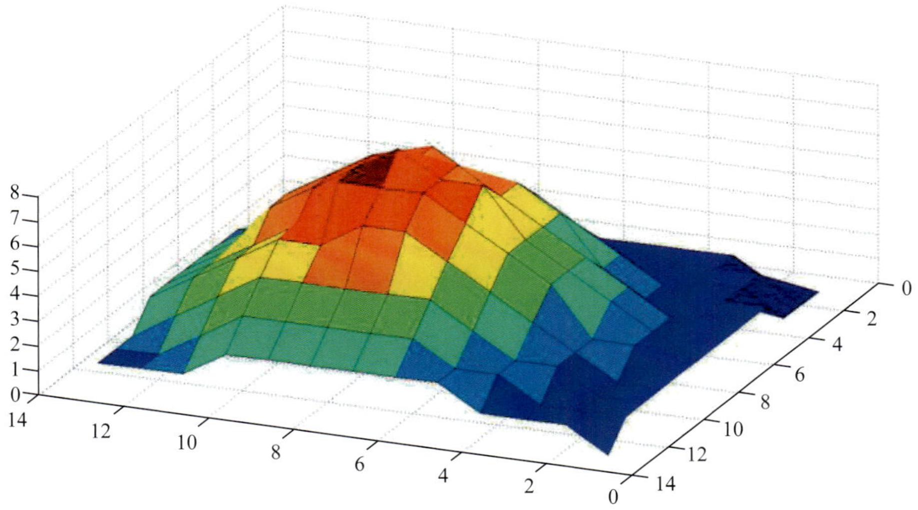

图 5.5　试验结果三维图像效果

2）外场试验

为验证室外大气环境下地面探测器的响应灵敏度与稳定性，需在室外开展外场等效试验。外场试验所用ZY3-02星激光测高系统设计参数如表5.5所示。

表5.5　外场等效试验ZY3-02星激光器设计参数

参数	数值
激光器单脉冲能量（E）/mJ	210
大气透过率（τ）	0.53
发射光学系统效率（η）	0.9
光斑大小（$D=H\theta$）/m	50
窄带滤波片效率（μ）	0.8

激光样机参数如表5.6所示。

表5.6　ZY3-02星激光外场等效试验所用激光器参数

参数	数值
波长/nm	1064
能量/mJ	210
脉宽/ns	6.5
出口处光束直径/mm	120
发散角/mrad	0.1

研制的激光探测器，具有8个能量等级，每一级对应1 nJ/cm^{2}的能量，即亮6个灯表示探测到6 nJ/cm^{2}的能量。激光探测器在使用的过程中需要插在安置板上，激光探测器设备如图5.6所示。

图 5.6　激光探测器设备

依据激光器样机参数以及外场试验等效距离2.815 km，可确定等效试验时的激光光斑直径 R=2815 m × 0.1/1000 rad=282 mm。结合在轨运行时的平均能量密度，并假设试验时水平链路的大气透过率在0.43 ~ 0.83的范围内变动，根据合作方提供的衰减片（一套衰减片，包括4片29.2 dB，2片19.6 dB），衰减片组合方式汇总如表5.7所示。

表5.7　衰减片组合方式

参数	数值
大气透过率	0.43 ~ 0.83
衰减片组合/dB	48.8（29.2+19.6）
大气透过率与衰减片组合对应的能量密度/（nJ·cm^{-2}）	2.36 ~ 4.55
能量密度等效，大气透过率0.64/（nJ·cm^{-2}）	3.53

开展了多组室外地面等效试验，其中两组试验结果如图5.7所示（图中颜色表示探测器接收的能量等级，蓝色到暗红色分别对应1 ~ 8级）。

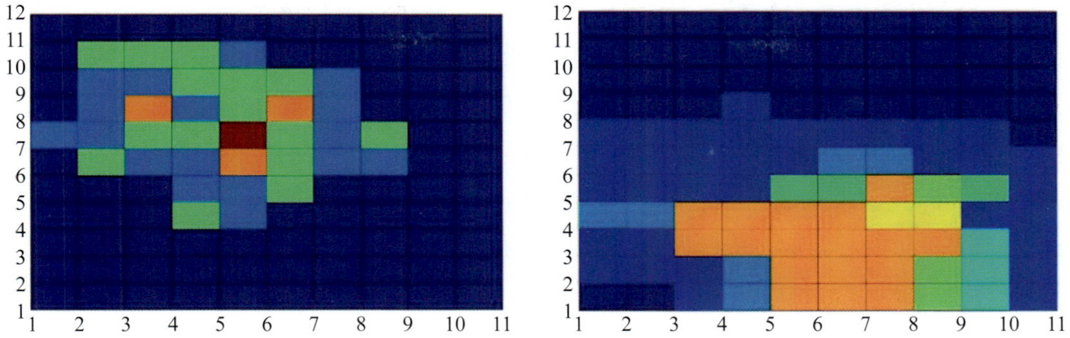

图 5.7　室外等效试验结果

通过对试验数据的统计分析，可得如下结论：

（1）试验的探测器没有加入滤光片，在室外试验中受太阳光变化干扰比较大，探测器本身一致性无法保证；

（2）外业试验条件较室内复杂，受激光平台不稳定或者探测器面板受风力晃动、大气湍流等影响，利用同一仪器，两次光斑中心发生偏移；

（3）激光能量发射重频2 Hz，能量稳定性相差10%，经分析是由于相对关系移动，导致能量计数发生变化；

（4）由于大气湍流等影响导致的无序变化，外场试验探测器反映的激光能量强弱分布未呈现高斯分布规律。

5.1.2.3　地面探测器参数分析

在天气能见度良好、假设激光能量分布为标准高斯的情况下，激光地面探测器设计受到探测器能量量化等级、探测器布设间距、激光在探测器阵列面的入射角度和地表粗糙度多个因素的影响，依次对这些影响因素进行仿真分析。在不同能量等级情况下，探测器对激光足印中心的提取精度如图5.8所示。

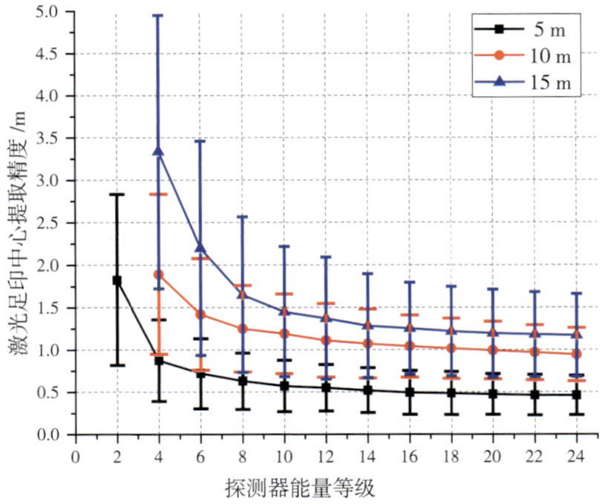

图 5.8　不同能量等级下探测器对足印定位精度

由图5.8可以看出，固定探测器布设间距，随着探测器能量量化等级的增加，其对激光足印中心的提取精度也随之提高。当探测器能级从6增加到8时，激光足印中心的提取精度还有较大的提升空间；当探测器能级从8级继续增加时，激光足印中心的提取精度提升较小，从8级增加到24级对应的激光足印中心提取精度的提升与6级增加到8级的精度提升量级相当。因此，将探测器的能量量化等级设定为8级。在此基础上仿真分析探测器布设间距对激光足印中心提取精度的影响，仿真结果如图5.9所示。

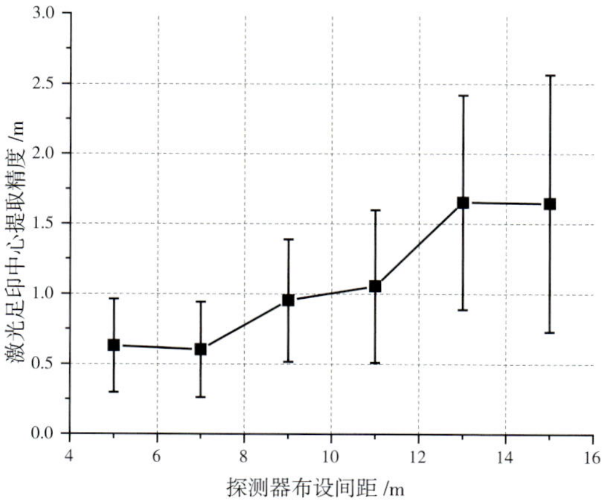

图 5.9　不同布设间距下探测器对脚点定位精度

由图5.9可以看出，随着布设间距的增加，探测器对激光足印中心的提取精度下降。因此，结合所需的激光足印中心提取精度，即可确定探测器的布设间距，如需激光足印中心提取精度达到1.0 m，则探测器布设间距不应超过10 m。

以上实验是在假定激光模式为标准高斯的情况下所得的仿真结果，然而初始激光模式通常为非标准高斯，因此，需分析激光模式对探测器定位精度的影响。仿真分析结果如图5.10所示。

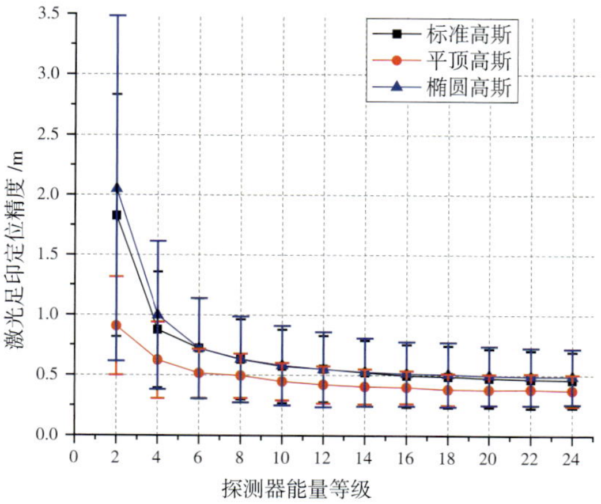

图 5.10　不同激光模式下探测器定位精度

由图5.10中的结果可以看到，在标准高斯、平顶高斯和椭圆高斯三种不同激光模式下，探测器对激光足印的定位精度存在差异。在相同探测器量化等级下，探测器对平顶高斯模式的激光足印中心提取精度最高，且量化等级在6级以上时，探测器对椭圆高斯和标准高斯的激光足印中心提取精度相当。进一步确认探测器对能量的量化等级设定为8级可以满足不同激光模式下对激光足印中心高精度提取的需求。在确定探测器能量量化等级及布设间距的基础上，设计仿真实验，分析激光在探测器阵列面入射角对激光指向角方向向量中方向余弦角改正值反演性能的影响，仿真实验结果如图5.11所示。

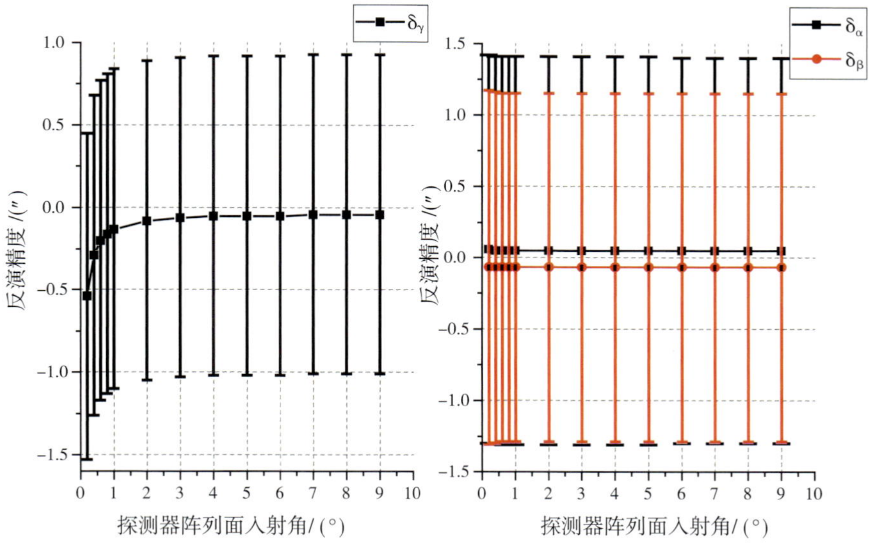

图 5.11　不同激光入射角时的检校性能

由图5.11可知，激光在探测器阵列面不同的入射角对激光指向向量方向余弦中与 Z 轴的夹角（ γ ）的反演精度有较大影响，对激光指向向量方向余弦中的另两个角度没有影响。当入射角达到4°时，对 γ 角的反演精度最高。因此，为了保证激光指向向量方向余弦角中改正值的反演精度，在实施检校试验时，激光在探测器阵列面的入射角应不小于4°。

在以上仿真结论的基础上加入地表粗糙度等影响因素，设计仿真实验分析粗糙度的影响，仿真结果如图5.12所示。

由图5.12可知，地表粗糙度越大，探测器对激光指向向量方向余弦角中改正值的反演精度越低。因此，结合反演精度的要求，即可确定探测器布设场地地表粗糙度的要求。如需反演精度达到1.5″，地表粗糙度不应超过10 cm。

5.1.2.4　探测器技术指标确定

探测器通过LED灯的亮与灭来分别表示是否探测到激光脉冲信号，并对所探测到的脉冲能量值通过LED灯量化显示。探测器响应满足一致性，所有探测器对相同的入射激光信号LED量化等级一致；探测器工作满足稳定性，通过光学和电子滤波设计，仅对1064 nm的近红外入射激光敏感，不因外界环境条件产生误触发。

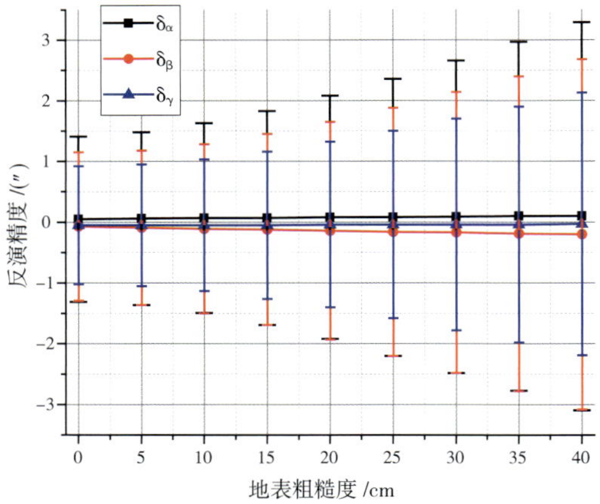

图 5.12　地表粗糙度对探测器检校性能的影响

（1）量化等级。对探测到的激光信号能量进行8级量化，GLAS系统为2级量化。

（2）最低探测能量。最低探测能力为0.34 nJ/cm^2。典型值：假设大气透过率为0.1时，激光光斑内的平均能量密度约0.71 nJ/cm^2。

（3）动态范围。动态范围约为13 dB。当激光能量密度大于0.34 nJ/cm^{2}时，可触发地面探测器，当激光能量密度位于0.34 ~ 0.82 nJ/cm^{2}时，探测器量化等级为1级；当激光能量密度大于6.10 nJ/cm^{2}时，探测器量化等级为8级（最高级别）。

5.1.3　探测器阵列布设方案设计

为了能够更好更多地捕捉到激光光斑信号能量，在布设范围内可采用多种布设方式，布设间距的大小、激光探测器阵的个数及其面积也会随着检校试验而变化。

5.1.3.1　布设原则设计

布设方案的设计应满足以下要求：

（1）布设方位与卫星星下点轨迹方位一致；

（2）布设范围应以最大预报误差为参考，确保光斑落在地面探测器阵内；

（3）地面探测器布设间距设计，应保证光斑内至少有5个以上的地面探测器被响应；

（4）为确保响应一致性，尽量保证所有探测器在同一水平面。

5.1.3.2　单星过境布设方案

在实际试验中，根据检校卫星的数量，设计不同的地面探测器布设方案。针对单星过境情况下，设计了多种布设方式，这里选取其中两种比较典型的来阐述，第一种采用半椭圆式的布设方式，如图5.13（a）所示，第二种采用规则矩形式的布设方式，如图5.13（b）所示。

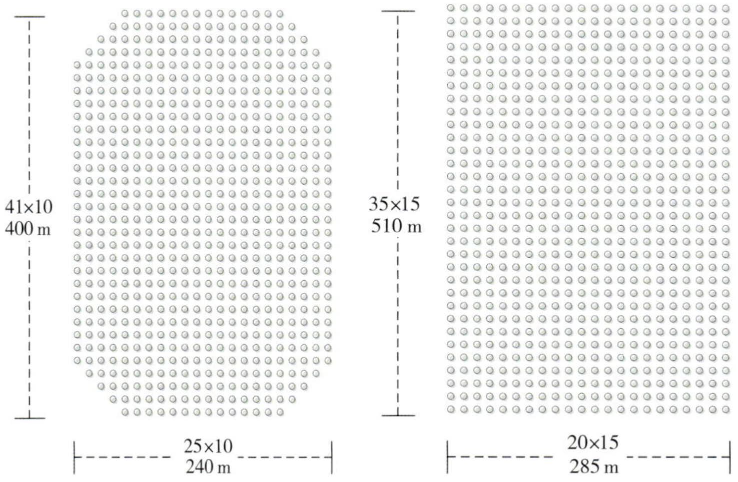

（a）半椭圆式　　（b）规则矩形式

图 5.13　激光探测器布设方式

卫星在轨布设地面探测器时，往往采用逐步逼近的思想，一般两次成功布设即可达到高精度的理想状态。

第一次卫星过境获取初始激光足印。首次布设时，激光与卫星平台和激光相对关系未定，主要为了找到光斑，实现激光与卫星平台相对关系的初检校（图5.14）。

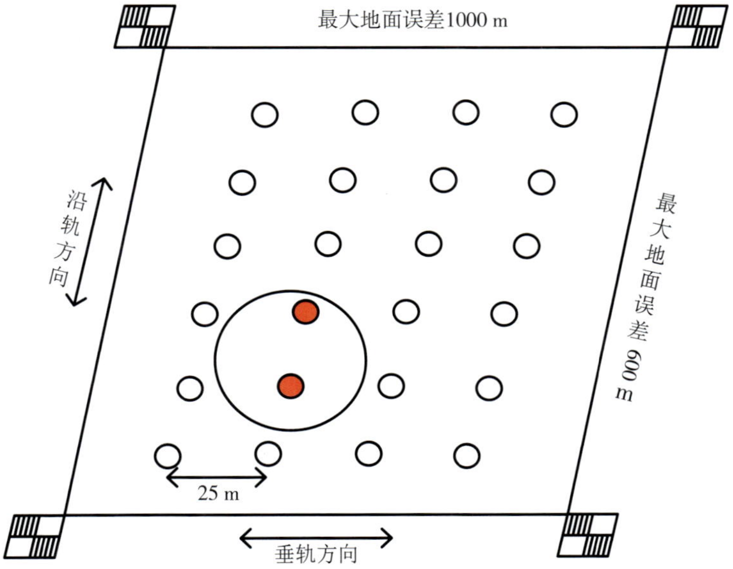

图 5.14　初次布设探测器示意图

第二次卫星过境，采用正视/多光谱与激光光轴相对关系，精确预报地面位置；利用密集探测器捕获激光，精确标定激光光轴与卫星平台、相机相对关系、时间同步误差、测距误差等系统误差。图5.15为50 m光斑内获取（5 × 5）～（7 × 7）格网的示意图。

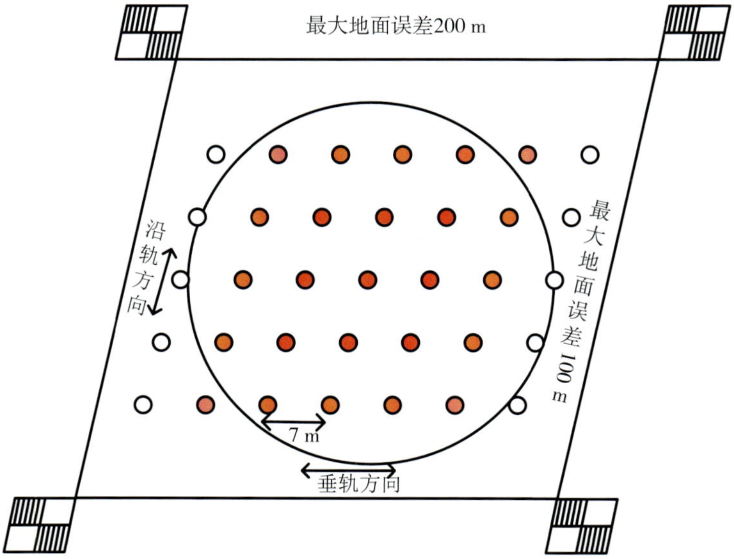

图 5.15 第二次布设探测器示意图

第三次至第 N 次卫星过境中，根据卫星激光检校的实际需要逐渐缩小探测器间距，以提高激光控制数据的精度。

5.1.3.3 多星多任务布设方案

针对多颗卫星激光同时检校的需求，设计了多星多任务布设方案，通过一次探测器布设完成多颗卫星激光的在轨几何检校，在保证在轨几何检校精度的情况下，节省人力物力。根据目前国产卫星激光的基本参数，设计了两种多星多任务布设方案，如图5.16，（a）表示交叉轨检校模式下的布设方案，该模式下两/多颗分别昼夜拍摄，（b）表示顺轨检校模式下的布设方案，该模式下两/多颗均为白天或夜晚拍摄。

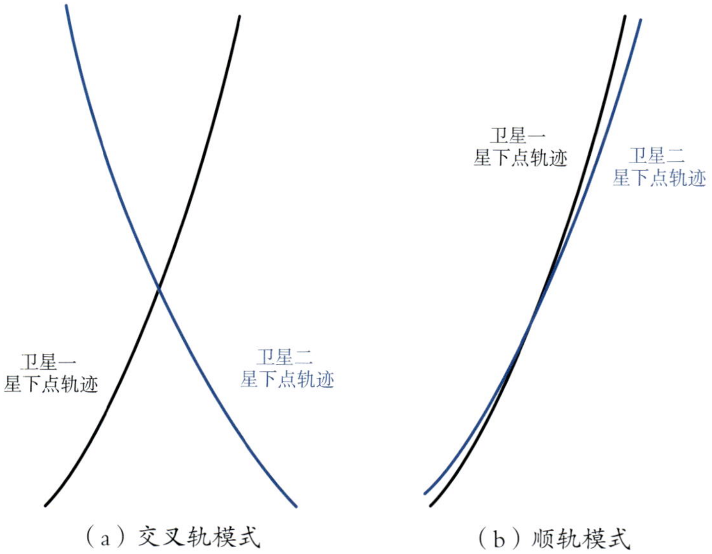

图 5.16 多星多任务布设方案

多颗卫星激光波长一致的情况下，综合多颗卫星激光检校的任务需求，可采用上述两种卫星过境模式进行方案布设。两种地面探测器布设方案的选择，需要根据卫星轨道的高度和过境时间等条件综合考虑，最终根据实际外业情况确定。

5.2 激光足印位置预报

5.2.1 预报模型构建及预报方案设计

针对国产卫星激光测高仪在轨几何检校需求，在分析光学遥感卫星平台机动控制特性的基础上，利用卫星在轨运行姿轨高稳定度的特点，充分借鉴激光测高仪光束定位几何原理，提出并构建了一套在轨道系下的严格激光足印位置预报模型，并设计了足印位置预报和卫星平台侧摆+延时预报两种预报方案，为高精度的几何检校奠定了数据基础（唐新明等, 2017）。

5.2.1.1 严格几何预报模型

基于卫星摄影测量的原理，顾及激光足印位置预报应用可靠度，充分考虑激光测高仪与卫星平台的几何关系，构建具有物理意义的激光足印位置预报模型，如公式（5.2）所示。该模型全面考虑了预报过程中涉及的各项误差，有效规避了姿态难以预报的问题，通过虚拟激光与地面高程迭代内插，实现高精度的激光足印位置预报。

$$\begin{bmatrix} X_{\mathrm{P}} \\ Y_{\mathrm{P}} \\ Z_{\mathrm{P}} \end{bmatrix}_t = \begin{bmatrix} X_{\mathrm{GPS}} \\ Y_{\mathrm{GPS}} \\ Z_{\mathrm{GPS}} \end{bmatrix}_t + \begin{bmatrix} X_{\mathrm{D}} \\ Y_{\mathrm{D}} \\ Z_{\mathrm{D}} \end{bmatrix} + \begin{bmatrix} X_{\mathrm{d}} \\ Y_{\mathrm{d}} \\ Z_{\mathrm{d}} \end{bmatrix} + m \cdot \boldsymbol{Rt}_{\mathrm{orbit}}^{\mathrm{CTS}} \cdot \boldsymbol{Rt}_{\mathrm{body}}^{\mathrm{orbit}} \cdot \begin{bmatrix} \cos\theta \cdot \cos\alpha \\ \cos\theta \cdot \sin\alpha \\ \sin\theta \end{bmatrix} \tag{5.2}$$

式中：$\begin{bmatrix} X_{\mathrm{P}} & Y_{\mathrm{P}} & Z_{\mathrm{P}} \end{bmatrix}_t^T$ 为 t 时刻在地球固定坐标系下预报的地面探测器布设位置中心；$\begin{bmatrix} X_{\mathrm{GPS}} & Y_{\mathrm{GPS}} & Z_{\mathrm{GPS}} \end{bmatrix}_t^T$ 为 t 时刻预报的卫星GNSS天线在地球固定坐标系下GNSS质心坐标；$\begin{bmatrix} X_{\mathrm{D}} & Y_{\mathrm{D}} & Z_{\mathrm{D}} \end{bmatrix}^T$ 为GNSS质心相对于卫星质心的安装偏差；$\begin{bmatrix} X_{\mathrm{d}} & Y_{\mathrm{d}} & Z_{\mathrm{d}} \end{bmatrix}^T$ 为激光测高仪质心相对于卫星质心的安装偏差；m 为通过模型的虚拟光线与地面高程多次迭代得到的比例因子；$\boldsymbol{Rt}_{\mathrm{orbit}}^{\mathrm{CTS}}$ 为 t 时刻从轨道坐标系向地球固定坐标系转换的旋转矩阵；$\boldsymbol{Rt}_{\mathrm{body}}^{\mathrm{orbit}}$ 为 t 时刻卫星本体坐标系向轨道坐标系转换的旋转矩阵；α 和 θ 为预估的激光测高仪指向角。

根据激光足印位置严格预报模型，梳理激光足印位置预报涉及的技术链路，分析卫星激光测高仪足印位置预报的各项误差，激光足印位置预报误差主要包含时延误差、指向误差、轨道预报误差和姿态对地误差。激光足印位置预报对平面精度要求较高，考虑到激光测高仪与卫星本体坐标系的安装误差及预报区域内地形起伏和激光测距误差引起的高程误差对平面预报精度影响较小，因此忽略该部分少量误差。

5.2.1.2 预报方案设计

以高分七号卫星为例，根据卫星所具备的能力，结合激光在轨几何检校的需要，设计了两种激光预报方案，以实现激光足印位置的精确预报。常规位置预报主要用于地面临时检校场便于选取的区域，在预报的地面位置提前布设激光探测器，以获取激光光斑的真实位置和能量分布。出光时刻和侧摆角度预报主要用于临时检校场选取较困难的情况，即根据临时检校场的位置预报激光出光的时刻和平台侧摆角度，提前在临时检校场布设探测器以捕获激光。

1）常规位置预报

在临时检校场待选范围内，根据卫星过境的时刻，预报激光光斑在地面的位置，如图5.17所示。常规位置预报是一种预报精度较高的方案，该模式下卫星平台不侧摆，且激光出光时刻不延迟，一定程度上规避了时延误差和指向误差。

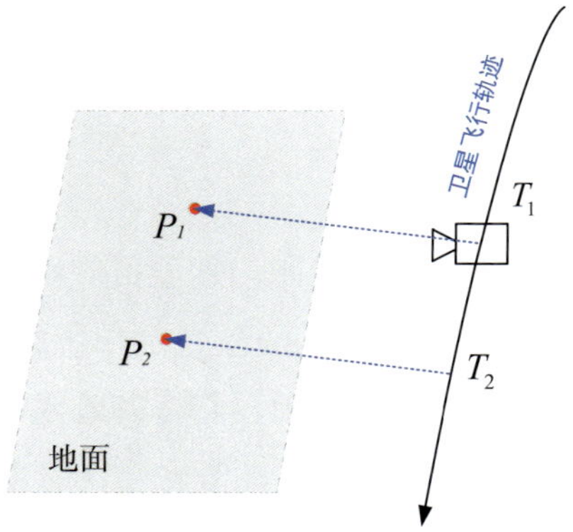

图 5.17　轨道预报误差引起的足印位置预报误差

2）出光时刻和侧摆角度预报

在不具备大面积临时检校场待选区域的情况下，通过预报激光的出光时刻，采用延迟出光的策略使临时检校场在沿轨上具有一定的灵活性，通过预报卫星平台侧摆角，采用平台侧摆的方式使临时检校场在垂轨上具有一定的灵活性，其预报示意如图5.18所示。出光时刻和侧摆角度预报方案降低了地面临时检校场选取的难度，但是会在一定程度上引入时延误差和姿态稳定误差。

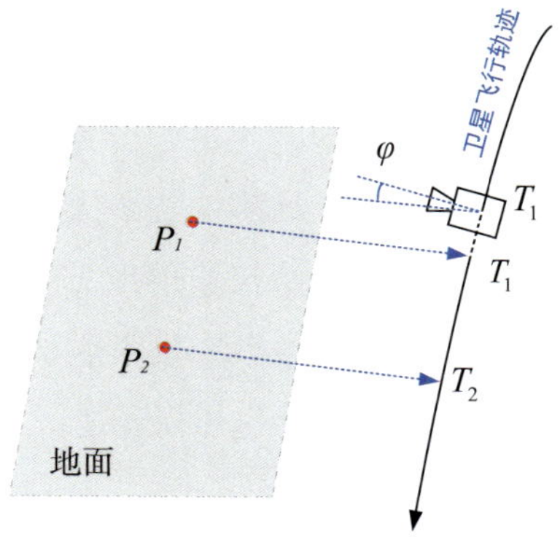

图 5.18　轨道预报误差引起的足印位置预报误差

3）激光预报方案设计

根据激光足印位置预报的模式，预报技术方案如图5.19所示。

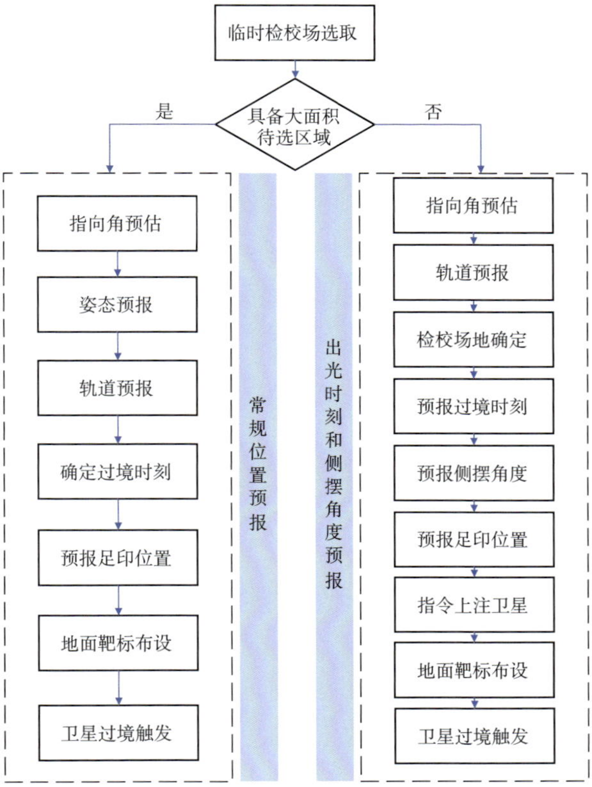

图 5.19　激光足印位置预报方案

当临时检校场具备大面积待选条件，一般采用常规位置预报模式，减少卫星系统引入的误差，主要技术流程包括指向角预估、姿态预报、轨道预报、确定过境时刻、预报足印位置、地面靶标布设和卫星过境触发；当临时检校场不具备大面积待选条件或靶标场地固定时，只可采用出光时刻和侧摆角预报模式，通过轨道预报、检校场地确定、预报过境时刻、预报侧摆角度、预报足印位置、指令上注卫星、地面靶标布设和卫星过境触发等步骤来完成激光足印位置的预报工作。

5.2.2　基于经验加速度的轨道预报

轨道预报采用基于经验加速度的方法，主要思路为：利用卫星下传双频GNSS原始观测数据，结合快速发布的GNSS轨道和钟差产品计算卫星过境前一段时间里的精密轨道，再利用拟合经验加速度的方法进行轨道预报。基于经验加速度的轨道预报公式为

$$\ddot{r}(t)=a\left(t,r,v,C_{\mathrm{D}},C_{\mathrm{R}}\right)+\xi_i(t)\left[a_{i\mathrm{R}}e_{\mathrm{R}}(t)+a_{i\mathrm{T}}e_{\mathrm{T}}(t)+a_{i\mathrm{N}}e_{\mathrm{N}}(t)\right] \tag{5.3}$$

式中：$\ddot{r}(t)$为指定时刻的惯性系卫星位置关于时间的二阶导数即惯性卫星在此位置的加速

度，为待求量；t 为某一指定时刻；r 为指定时刻的惯性系卫星位置；v 为指定时刻的惯性系卫星速度；C_{D} 为大气阻力系数；C_{R} 为太阳光压系数；$a_{i\mathrm{R}}$ 为作用在卫星轨道径向上的第 i 段经验加速度；$a_{i\mathrm{T}}$ 为作用在卫星轨道切向上的第 i 段经验加速度；$a_{i\mathrm{N}}$ 为作用在卫星轨道法向上的第 i 段经验加速度；$e_{\mathrm{R}}(t)$ 为指定时刻卫星轨道径向方向单位向量；$e_{\mathrm{T}}(t)$ 为指定时刻卫星轨道切向方向单位向量；$e_{\mathrm{N}}(t)$ 为指定时刻卫星轨道法向方向单位向量。$\xi_i(t)=\begin{cases}0, & t<t_i\\ 1, & t_i<t<t_{i+1}\\ 0, & t_{i+1}<t\end{cases}$（$t_i$ 为第 i 段经验加速度参数开始时刻；t_{i+1} 为第 $i+1$段经验加速度开始时刻，也即第 i 段经验加速度结束时刻）。

参考时刻卫星位置速度、大气阻力系数 C_{D} 、太阳光压系数 C_{R} 、经验加速度参数 $a_{i\mathrm{R}}$ 、$a_{i\mathrm{T}}$ 、$a_{i\mathrm{N}}$ 等来自预报区间之前的精密轨道拟合。

通过式（5.3）可求得新的加速度 $\ddot{r}(t)=a_0,a_1,\cdots,a_{n_a-1}$，利用式（5.4）求待估位置与速度参数 (P_0,V_0)，即

$$(P_0,V_0)=\left(P_0',V_0',C_D,C_R,a_0,a_1,\cdots,a_{n_a-1}\right)^{\mathrm{T}} \tag{5.4}$$

式中：P_0'，V_0' 分别为初值位置和速度；C_D 和 C_R 作为常值估计。

以资源三号02星的轨道预报为例，将2016年8月8日卫星过境前24小时事后处理的精密星历作为初始数据，利用经验加速度方法来预报未来24小时卫星过境时刻的卫星轨道参数，预报得到轨道数据（PX1，PY1，PZ1，VX1，VY1，VZ1）。利用卫星过境检校区域后下传的原始GNSS数据，进行事后精密轨道确定算法处理的精密轨道参数（PX2，PY2，PZ2，VX2，VY2，VZ2），对比两者可评估预报轨道精度。如图5.20所示，显示了包含检校试验时间的1个小时内的轨道数据差值，横轴表示轨道数据的序号，纵轴表示卫星预报轨道与真实轨道参数（事后精密轨道，误差在5 cm以内）之间的差值（▽PX，▽PY，▽PZ，▽VX，▽VY，▽VZ）。24小时以内轨道预报的最大位置误差在80 m以内，最大速度差在0.8 m/s以内。

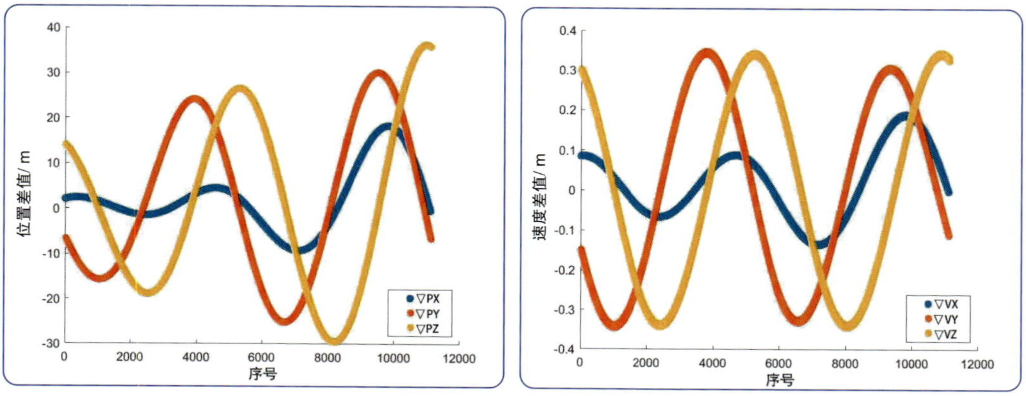

图 5.20　卫星星历预报数据与真实数据之间的差值

5.2.3　基于固有频率的姿态预报

考虑到当前国产遥感卫星平台都有固定频率的姿态变化，采用傅立叶函数拟合的方法对卫星姿态固有的频率进行拟合，从而利用过境前姿态拟合完成过境时姿态外推。

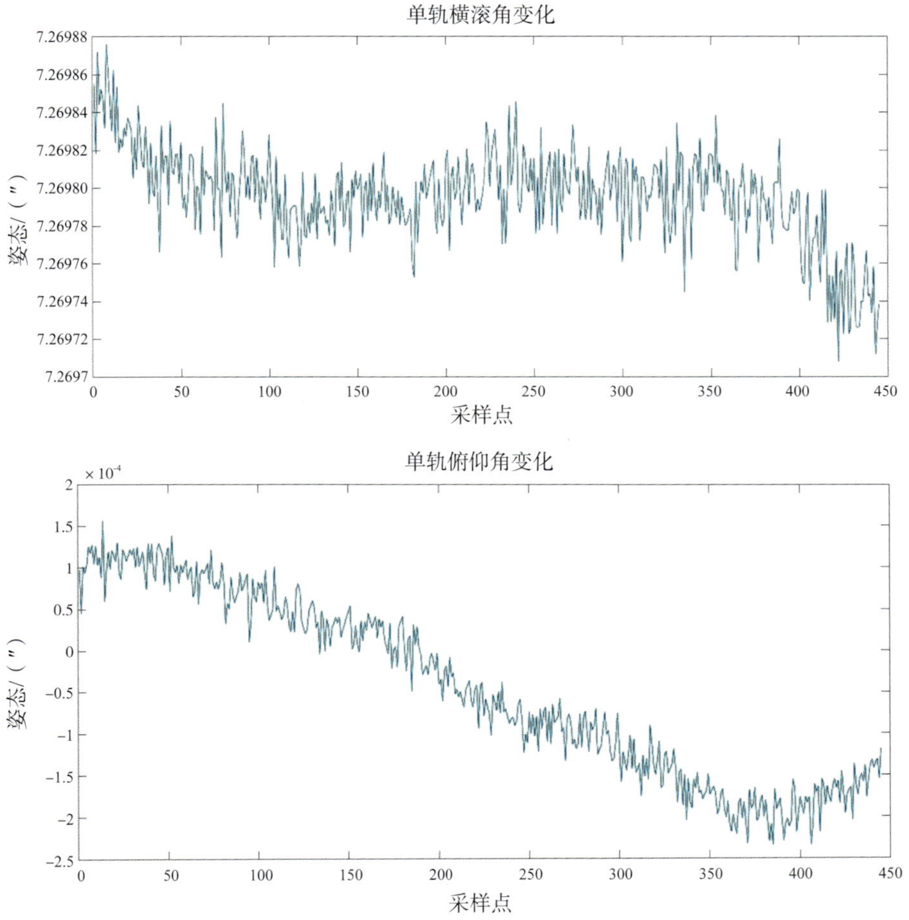

图 5.21　高分七号卫星原始姿态

利用过境前一段时间累积的原始姿态数据，估计卫星平台姿态抖动的一系列固有频率，引入一般多项式和三角多项式对累积姿态进行外推，能够较好地保证姿态精度，其中姿态频域分析预报的公式为（以 roll 为例）

$$\text{roll} = c_0 + 2\sum_{k=1}^{\infty}|c_k|\cos\left(2\pi k F^k t + \theta_k\right) \tag{5.5}$$

式中：roll 为预报的横滚姿态结果；c_0 为常量；k 为频率区段的个数；c_k 为第 k 个频率段的振幅值；F^k 为频率值；t 为时间；θ_k 为初相位。

卫星平台在轨飞行往往呈现某些固定频率的姿态抖动，基本上可以分为高（≥10 Hz 以上）、中（0.1 ~ 10 Hz）、低（0 ~ 0.1 Hz）三个区段的频率。高分七号卫星的中频已得到验证，基本认为其存在0.1 ~ 0.3 Hz、0.5 ~ 0.7 Hz和1.1 ~ 1.2 Hz的姿态抖动，该部分频率是姿态频域的主要部分，在构建姿态外推模型的过程中，需引入该部分信息。由于低频信息的探测需要长期的观测数据，但是通过频域筛选可以发现低频信息在姿态信息中占有较多的能量值，因此建模时通常是将所有的低频信息全部引入。

以高分七号卫星数据为例，计算预报的横滚角和俯仰角与事后精密定姿处理的精密姿态数据之间的差值，如图5.22所示，图中显示了包含检校试验时间点的4.2分钟的姿态数据差值，横轴表示姿态值的序号，纵轴表示角度差值，横滚角能够控制在4″以内，俯仰角能够控制在15″以内。

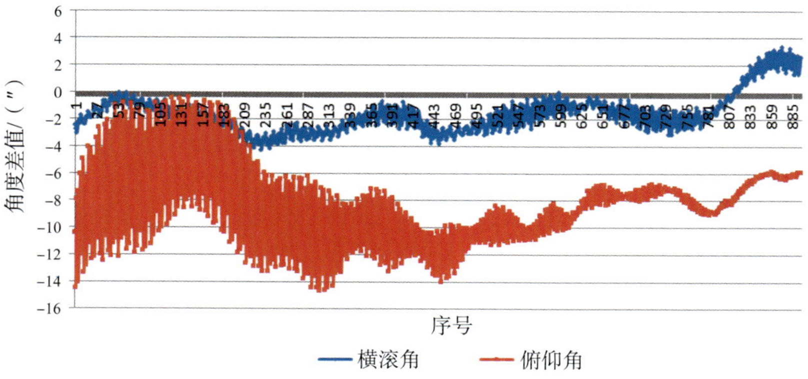

图 5.22　卫星姿态预报数据与真实数据之间的差值

5.3　检校光斑质心定位

激光测高系统采用地面铺设探测器矩阵与位置标识点的方式进行激光检校，利用地面红外探测器捕捉激光足印位置。被触发的探测器大地坐标由差分GNSS（±1m）测量所得。基于已知的探测器地面坐标和探测的信息准确计算激光光斑中心绝对位置，与通过激光严格几何模型解算的光斑质心做比较，从而检校出指向、测距等系统误差。探测器点位阵列及激光光斑捕获如图5.23所示。

卫星激光从大于500 km的太空传输至地面，可能会受到风、云等大气因素影响，同时也存在探测器响应误差，导致激光探测器接收到的能量与实验室中的结果有很大差别：在光斑内部，有的点能量值比较高，有的点比较低；有的点孤立，有的点连成片，有的点却没有发生响应；拟合的曲面复杂多样，并非近似呈现高斯分布，也不是近似对称的形状。因此，为了精确获取激光足印质心坐标，需要对地面探测器捕获的激光足印进行预处理。

激光光斑预处理，主要是将孤立点、缺失点和异常点进行剔除和校正处理：

（1）剔除光斑周围和距离足印光斑较远的孤立点；

（2）在光斑内部，校正个别比较突兀且距离光斑中心较远的点；

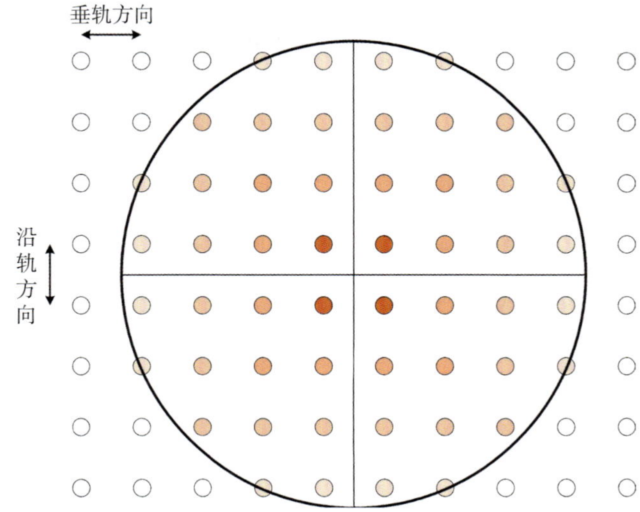

图 5.23　探测器点位阵列及激光光斑捕获示意图

（3）对没有响应的点进行补偿。

光斑内部各点检测方法如图5.24所示，利用距离 d 、足印半径 r 和 I_5 与周围像素的能量大小来确定所述窗口中心元素是否属于孤立点、缺失点或异常点。

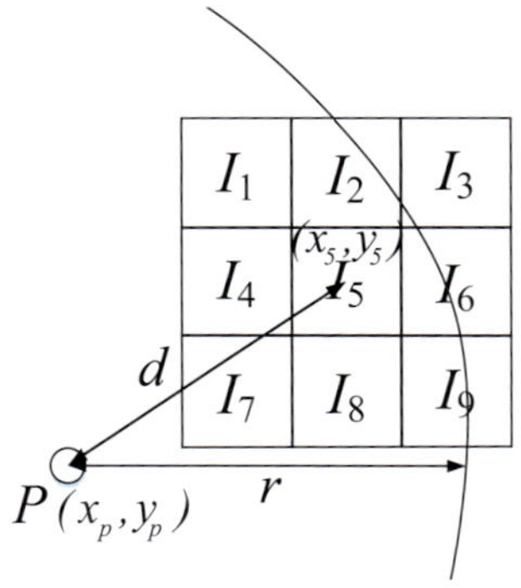

图 5.24　各点检测示意图

检测结果分为两种情况进行处理：

（1）位于足印有效范围之外，由于地面探测器未复位或受探测器一致性、大气扰动等影响而误亮的点为孤立点，则进行剔除处理。

（2）位于足印有效范围之内，距离足印质心比较近，由于地面探测器一致性或者大气等原因而缺省的点为缺失点，采用均值内插的方法进行补偿；对异常点进行处理的方法同缺失点。

在实验室中，观测激光光斑在85%能量分布时近似满足高斯分布，在在轨检校实验中，探测器等级大于2的点的能量总和可达光斑能量总和的85%。光斑质心提取的方法可采用高斯插值法、多项式曲面拟合法，灰度加权法等。

1）高斯差值法

高斯函数为

$$g_{ij}=\frac{A}{2\pi\sigma^2}e^{\left[-\frac{(x_i-x_\mathrm{p}-\Delta x)^2+(y_i-y_\mathrm{p}-\Delta y)^2}{2\sigma^2}\right]} \tag{5.6}$$

式中：g_{ij} 为点 (x_i,y_i) 的能量等级值；$(x_\mathrm{p},y_\mathrm{p})$ 为中心点坐标；Δx ，Δy 为偏移量；A 为探测器捕获的光斑能量最大值；σ 为激光光斑理论脉宽；高斯插值法就是在高斯函数基础上通过变形求取中心的方法。

2）多项式曲面拟合法

$$g_{ij}=a_0x_i^m+a_1x_i^{m-1}y_j+a_2x_i^{m-2}y_j^2+\cdots+a_{m-1}x_iy_j^{m-1}+a_my_j^m+a_{m+1} \quad (5.7)$$

式中：$a_0,a_1,\cdots,a_m,a_{m-1}$ 为方程式的系数；m 为选择的曲面拟合方程式的最高次数。

3）灰度加权法

$$x_{\mathrm{p}}=\frac{\sum x_{ij}g_{ij}}{\sum g_{ij}},y_{\mathrm{p}}=\frac{\sum y_{ij}g_{ij}}{\sum g_{ij}}$$

或

$$x_{\mathrm{p}}=\frac{\sum x_{ij}(g_{ij})^2}{\sum (g_{ij})^2},y_{\mathrm{p}}=\frac{\sum y_{ij}(g_{ij})^2}{\sum (g_{ij})^2} \quad (5.8)$$

式中：x_{ij}，y_{ij} 分别为点（i，j）处的 x，y 坐标值。

5.4 多波束激光几何检校模型构建

5.4.1 双波束激光检校模型构建

在单波束激光检校模型的基础上，引入双波束激光之间的相对旋转关系，构建双波束联合检校模型。以波束1激光检校模型为基准，构建波束2的观测方程，如式（5.9）所示。

$$\begin{bmatrix}X_{\mathrm{spot2}}\\Y_{\mathrm{spot2}}\\Z_{\mathrm{spot2}}\end{bmatrix}_{\mathrm{WGS84}}=\begin{bmatrix}X_{\mathrm{s}}\\Y_{\mathrm{s}}\\Z_{\mathrm{s}}\end{bmatrix}_{\mathrm{WGS84}}+\boldsymbol{R}_{\mathrm{J2000}}^{\mathrm{WGS84}}\boldsymbol{R}_{\mathrm{body}}^{\mathrm{J2000}}\left\{\begin{bmatrix}dx_2\\dy_2\\dz_2\end{bmatrix}+(\rho_2-\Delta\rho_{\mathrm{atm}}-\Delta\rho_{\mathrm{tides}}-\Delta\rho_2)\Delta R(r,a,b)\begin{bmatrix}\cos(\alpha_2)\cos(\beta_2)\\\cos(\beta_2)\sin(\alpha_2)\\\sin(\beta_2)\end{bmatrix}\right\} \quad (5.9)$$

式中：$\begin{bmatrix}X_{\mathrm{spot2}}\\Y_{\mathrm{spot2}}\\Z_{\mathrm{spot2}}\end{bmatrix}_{\mathrm{WGS84}}$ 为WGS84坐标系下激光波束2足印光斑质心地面坐标；$\begin{bmatrix}dx_2\\dy_2\\dz_2\end{bmatrix}$ 为激光波束2相对于GNSS天线中心的偏移量；ρ_2 为激光波束2测距值；$\Delta\rho_2$ 为波束2待求的测距系统误差；$\Delta\boldsymbol{R}(r,a,b)=\begin{bmatrix}\Delta\boldsymbol{R}_1(r,a,b)\\\Delta\boldsymbol{R}_2(r,a,b)\\\Delta\boldsymbol{R}_3(r,a,b)\end{bmatrix}$ 是波束2指向相对于波束1指向的旋转矩阵。

以两波束激光到地面光斑质心 $(X_{\mathrm{GCP1}},Y_{\mathrm{GCP1}},Z_{\mathrm{GCP1}})$ 和 $(X_{\mathrm{GCP2}},Y_{\mathrm{GCP2}},Z_{\mathrm{GCP2}})$ 的地面距离残差最小为原则，将公式（5.9）展开写成误差方程：

$$V = AX - L = \begin{bmatrix} \frac{\partial f_1(X)}{\partial \Delta\alpha_1} & \frac{\partial f_1(X)}{\partial \Delta\beta_1} & \frac{\partial f_1(X)}{\partial \Delta\rho_1} & 0 & 0 & 0 & 0 \\ \frac{\partial f_1(Y)}{\partial \Delta\alpha_1} & \frac{\partial f_1(Y)}{\partial \Delta\beta_1} & \frac{\partial f_1(Y)}{\partial \Delta\rho_1} & 0 & 0 & 0 & 0 \\ \frac{\partial f_1(Z)}{\partial \Delta\alpha_1} & \frac{\partial f_1(Z)}{\partial \Delta\beta_1} & \frac{\partial f_1(Z)}{\partial \Delta\rho_1} & 0 & 0 & 0 & 0 \\ 0 & 0 & 0 & \frac{\partial f_2(X)}{\partial r} & \frac{\partial f_2(X)}{\partial a} & \frac{\partial f_2(X)}{\partial b} & \frac{\partial f_2(X)}{\partial \Delta\rho_2} \\ 0 & 0 & 0 & \frac{\partial f_2(Y)}{\partial r} & \frac{\partial f_2(Y)}{\partial a} & \frac{\partial f_2(Y)}{\partial b} & \frac{\partial f_2(Y)}{\partial \Delta\rho_2} \\ 0 & 0 & 0 & \frac{\partial f_2(Z)}{\partial r} & \frac{\partial f_2(Z)}{\partial a} & \frac{\partial f_2(Z)}{\partial b} & \frac{\partial f_2(Z)}{\partial \Delta\rho_2} \end{bmatrix} \begin{bmatrix} \Delta\alpha_1 \\ \Delta\beta_1 \\ \Delta\rho_1 \\ r \\ a \\ b \\ \Delta\rho_2 \end{bmatrix} - \begin{bmatrix} X_1 - X_{\mathrm{GCP1}} \\ Y_1 - Y_{\mathrm{GCP1}} \\ Z_1 - Z_{\mathrm{GCP1}} \\ X_2 - X_{\mathrm{GCP2}} \\ Y_2 - Y_{\mathrm{GCP2}} \\ Z_2 - Z_{\mathrm{GCP2}} \end{bmatrix} \tag{5.10}$$

以指向粗检校值为初值，利用同时捕获的两波束激光阵列数据，基于最小二乘原理整体求解两波束激光的指向和测距参数，确保检校参数满足全局最优。

5.4.2　多波束激光检校模型构建

根据单波束和双波束模型构建原理，探究多波束间的几何关系，构建N波束在轨几何检校模型，如下式：

$$\begin{bmatrix} X_{\mathrm{spot\_}i} \\ Y_{\mathrm{spot\_}i} \\ Z_{\mathrm{spot\_}i} \end{bmatrix}_{\mathrm{WGS84}} = \begin{bmatrix} X_{\mathrm{s}} \\ Y_{\mathrm{s}} \\ Z_{\mathrm{s}} \end{bmatrix}_{\mathrm{WGS84}} + \boldsymbol{R}_{\mathrm{J2000}}^{\mathrm{WGS84}} \boldsymbol{R}_{\mathrm{body}}^{\mathrm{J2000}} \left\{ \begin{bmatrix} dx_i \\ dy_i \\ dz_i \end{bmatrix} + \left(\rho_i - \Delta\rho_{\mathrm{atm}} - \Delta\rho_{\mathrm{tides}} - \Delta\rho_i\right) \Delta\boldsymbol{R}\left(r_{i-1}, a_{i-1}, b_{i-1}\right) \begin{bmatrix} \cos\alpha_i \cos\beta_i \\ \cos\beta_i \sin\alpha_i \\ \sin\beta_i \end{bmatrix} \right\} \tag{5.11}$$

式中：$\begin{bmatrix} X_i \\ Y_i \\ Z_i \end{bmatrix}_{\mathrm{WGS84}}$ 为WGS84坐标系下激光波束 i 足印光斑质心地面坐标；$\begin{bmatrix} dx_i \\ dy_i \\ dz_i \end{bmatrix}$ 为激光波束 i 相对于GNSS天线中心的偏移量；ρ_i 为激光波束 i 测距值；$\Delta\rho_i$ 为波束 i 待求的测距系统误差；$\Delta\boldsymbol{R}\left(r_{i-1}, a_{i-1}, b_{i-1}\right)$ 为激光波束 i 相对于基准波束1的指向旋转矩阵；上述 $i=2$，3，4，…，N。

激光波束 i 相对于基准波束1的指向旋转矩阵 $\Delta\boldsymbol{R}\left(r_{i-1}, a_{i-1}, b_{i-1}\right)$ 构建包括：以基准波束1激光光轴为基准，先后分别按照 X 轴、Y 轴和 Z 轴进行旋转，得到波束 i 光轴，基准波束1和波束 i 之间旋转矩阵如下：

$$\Delta\boldsymbol{R}(r_{i-1}, a_{i-1}, b_{i-1}) = \begin{bmatrix} \cos r_{i-1} & -\sin r_{i-1} & 0 \\ \sin r_{i-1} & \cos r_{i-1} & 0 \\ 0 & 0 & 1 \end{bmatrix} \begin{bmatrix} \cos a_{i-1} & 0 & \sin a_{i-1} \\ 0 & 1 & 0 \\ -\sin a_{i-1} & 0 & \cos a_{i-1} \end{bmatrix} \begin{bmatrix} 1 & 0 & 0 \\ 0 & \cos b_{i-1} & -\sin b_{i-1} \\ 0 & \sin b_{i-1} & \cos b_{i-1} \end{bmatrix} \tag{5.12}$$

式中：r_{i-1} 为波束1到波束 i 在 X 轴方向的旋转角；a_{i-1} 为波束1到波束 i 在 Y 轴方向的旋转

角；b_{i-1} 为波束1到波束 i 在 Z 轴方向的旋转角；上述 $i=2$，3，4，…，N。

将多波束卫星激光测高仪几何检校模型联立，设多波束卫星激光测高仪共有 N 个波束，将在轨几何检校模型左侧分量移至右侧构建单个新方程式，并将基准波束1至波束 N 的单个方程式联合，得到如下矩阵公式：

$$\begin{cases}\begin{bmatrix}f_1(X)\\f_1(Y)\\f_1(Z)\end{bmatrix}=\begin{bmatrix}X\\Y\\Z\end{bmatrix}_{\text{GPS-WGS84}}-\boldsymbol{R}_{\text{body}}^{\text{WGS84}}\left\{\begin{bmatrix}dx_1\\dy_1\\dz_1\end{bmatrix}+d\rho_1\begin{bmatrix}\cos\alpha_1\cos\beta_1\\\cos\beta_1\sin\alpha_1\\\sin\beta_1\end{bmatrix}\right\}-\begin{bmatrix}X_1\\Y_1\\Z_1\end{bmatrix}_{\text{WGS84}}\\ \cdots\cdots\\ \begin{bmatrix}f_N(X)\\f_N(Y)\\f_N(Z)\end{bmatrix}=\begin{bmatrix}X\\Y\\Z\end{bmatrix}_{\text{GPS-WGS84}}-\boldsymbol{R}_{\text{body}}^{\text{WGS84}}\left\{\begin{bmatrix}dx_N\\dy_N\\dz_N\end{bmatrix}+d\rho_N\Delta R(r_{N-1},a_{N-1},b_{N-1})\begin{bmatrix}\cos\alpha_1\cos\beta_1\\\cos\beta_1\sin\alpha_1\\\sin\beta_1\end{bmatrix}\right\}-\begin{bmatrix}X_N\\Y_N\\Z_N\end{bmatrix}_{\text{WGS84}}\end{cases}\tag{5.13}$$

其中，$\begin{bmatrix}f_N(X)\\f_N(Y)\\f_N(Z)\end{bmatrix}$ 为波束 N 的地面坐标误差项，$d\rho_N=\rho_N-\Delta\rho_{\text{atm}}-\Delta\rho_{\text{tides}}-\Delta\rho_N$，$\boldsymbol{R}_{\text{body}}^{\text{WGS84}}=\boldsymbol{R}_{\text{J2000}}^{\text{WGS84}}\boldsymbol{R}_{\text{body}}^{\text{J2000}}$。

根据联立的多波束卫星激光测高仪几何检校模型，结合待求的未知数，基于误差理论，分别对基准波束1至波束 N 各个分量求偏导数，得到方程式如下：

$$\begin{bmatrix}\frac{\partial f_1(X)}{\partial\alpha_1}&\frac{\partial f_1(X)}{\partial\beta_1}&\frac{\partial f_1(X)}{\partial\rho_1}&\cdots&0&0&0&0\\\frac{\partial f_1(Y)}{\partial\alpha_1}&\frac{\partial f_1(Y)}{\partial\beta_1}&\frac{\partial f_1(Y)}{\partial\rho_1}&\cdots&0&0&0&0\\\frac{\partial f_1(Z)}{\partial\alpha_1}&\frac{\partial f_1(Z)}{\partial\beta_1}&\frac{\partial f_1(Z)}{\partial\rho_1}&\cdots&0&0&0&0\\\cdots&\cdots&\cdots&\cdots&\cdots&\cdots&\cdots&\cdots\\0&0&0&\cdots&\frac{\partial f_N(X)}{\partial r_{N-1}}&\frac{\partial f_N(X)}{\partial a_{N-1}}&\frac{\partial f_N(X)}{\partial b_{N-1}}&\frac{\partial f_N(X)}{\partial\rho_N}\\0&0&0&\cdots&\frac{\partial f_N(X)}{\partial r_{N-1}}&\frac{\partial f_N(X)}{\partial a_{N-1}}&\frac{\partial f_N(X)}{\partial b_{N-1}}&\frac{\partial f_N(X)}{\partial\rho_N}\\0&0&0&\cdots&\frac{\partial f_N(X)}{\partial r_{N-1}}&\frac{\partial f_N(X)}{\partial a_{N-1}}&\frac{\partial f_N(X)}{\partial b_{N-1}}&\frac{\partial f_N(X)}{\partial\rho_N}\end{bmatrix}\begin{bmatrix}\alpha_1\\\beta_1\\\rho_1\\\cdots\\r_{N-1}\\a_{N-1}\\b_{N-1}\\\rho_N\end{bmatrix}-\begin{bmatrix}f_1(X)\\f_1(Y)\\f_1(Z)\\\cdots\\f_N(X)\\f_N(Y)\\f_N(Z)\end{bmatrix}=0\tag{5.14}$$

令

$$A=\begin{bmatrix} \frac{\partial f_1(X)}{\partial \alpha_1} & \frac{\partial f_1(X)}{\partial \beta_1} & \frac{\partial f_1(X)}{\partial \rho_1} & \cdots & 0 & 0 & 0 & 0 \\ \frac{\partial f_1(Y)}{\partial \alpha_1} & \frac{\partial f_1(Y)}{\partial \beta_1} & \frac{\partial f_1(Y)}{\partial \rho_1} & \cdots & 0 & 0 & 0 & 0 \\ \frac{\partial f_1(Z)}{\partial \alpha_1} & \frac{\partial f_1(Z)}{\partial \beta_1} & \frac{\partial f_1(Z)}{\partial \rho_1} & \cdots & 0 & 0 & 0 & 0 \\ \cdots & \cdots & \cdots & \cdots & \cdots & \cdots & \cdots & \cdots \\ 0 & 0 & 0 & \cdots & \frac{\partial f_N(X)}{\partial r_{N-1}} & \frac{\partial f_N(X)}{\partial a_{N-1}} & \frac{\partial f_N(X)}{\partial b_{N-1}} & \frac{\partial f_N(X)}{\partial \rho_N} \\ 0 & 0 & 0 & \cdots & \frac{\partial f_N(X)}{\partial r_{N-1}} & \frac{\partial f_N(X)}{\partial a_{N-1}} & \frac{\partial f_N(X)}{\partial b_{N-1}} & \frac{\partial f_N(X)}{\partial \rho_N} \\ 0 & 0 & 0 & \cdots & \frac{\partial f_N(X)}{\partial r_{N-1}} & \frac{\partial f_N(X)}{\partial a_{N-1}} & \frac{\partial f_N(X)}{\partial b_{N-1}} & \frac{\partial f_N(X)}{\partial \rho_N} \end{bmatrix}$$

$$K=\begin{bmatrix} \alpha_1 & \beta_1 & \rho_1 & \cdots & r_{N-1} & a_{N-1} & b_{N-1} & \rho_N \end{bmatrix} \qquad L=\begin{bmatrix} f_1(X) \\ f_1(Y) \\ f_1(Z) \\ \cdots \\ f_N(X) \\ f_N(Y) \\ f_N(Z) \end{bmatrix}$$

即构建误差方程

$$AK-L=0 \tag{5.15}$$

以各个波束激光到地面光斑质心的地面距离残差最小为原则，根据最小二乘原理求解得到各个波束参数分量，结果如下式所示：

$$K=K^0+(A^{\mathrm{T}}\boldsymbol{P}A)^{-1}A^{\mathrm{T}}\boldsymbol{P}L \tag{5.16}$$

式中：K^0 为 K 的初始值；$\boldsymbol{P}$ 为权矩阵。

5.5　卫星激光在轨几何精检校试验

卫星激光在轨几何精检校试验主要采用基于地面探测器的方法，即在地面提前布设能够捕获激光足印能量信息的红外探测器阵列，在卫星过境且探测器被触发后，对被触发的地面探测器进行预处理，得到卫星激光的光斑中心位置，光斑中心点（不少于2个）作为控制数据对激光指向和测距进行检校。

自2016年起，作者团队先后对资源三号02星、高分七号卫星和资源三号03星装载的激光测高仪进行了业务化在轨几何检校试验，检校后，测高精度远超设计指标，为激光测高产品和影像产品的生产提供了高精度的技术支撑。

资源三号02星激光测高仪是一颗试验性载荷，旨在验证激光对地观测的精度可靠性。为了充分验证资源三号02星激光测高仪的精度水平，作者团队于2016年8月开展了在轨几何检校试验，试验取得圆满成功，检校后，平坦地区的激光测高精度达到0.8 m。高分七号卫星装载了双波束线性体制激光测高仪，旨在辅助光学相机开展复合测绘，以提升立体影像产品的高程精度。自卫星在轨后，作者团队分别于2020年6月、9月，2021年8—9月，2022年9月开展了4次业务化检校，使其激光测高精度达到0.1 m（平坦地区）。同时，分别于2020年9月、2021年8—9月、2022年9月开展了3次资源三号03星业务化检校，使其激光测高精度优于0.3 m（平坦地区）。

5.5.1 激光足印位置预报试验

激光足印位置预报精度决定着基于地面探测器的卫星激光在轨几何检校试验的成败，是获得激光检校试验的关键技术之一。本小节主要介绍资源三号02星、高分七号卫星和资源三号03星的激光足印位置预报结果，并分析其可靠性。

卫星激光足印位置预报要参考卫星过境情况，上述三颗卫星的回归周期约为5 d，地面布设则根据卫星过境情况，每个回归周期更换一次场地，每次场地东西相距约30 km。

5.5.1.1 资源三号02星激光足印位置预报

2016年8月9日至8月29日，自然资源部国土卫星遥感应用中心在内蒙古自治区锡林郭勒盟苏尼特右旗开展了5次资源三号02星激光测距载荷的检校工作，该区域地形平坦，多为草场。基于激光足印位置严格几何预报模型及方案，进行了5次过境预报，预报地面激光探测器布设位置如图5.25所示（Xie et al., 2017）。

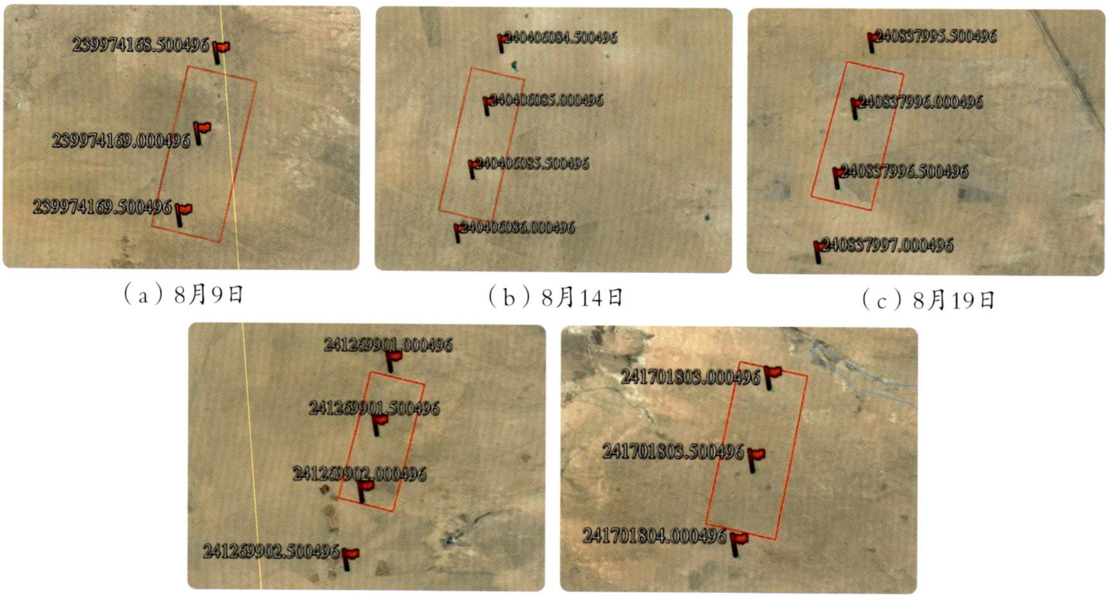

（a）8月9日　（b）8月14日　（c）8月19日

（d）8月24日　（e）8月29日

图 5.25　激光探测器布设位置预报

图5.25中的红框区域为检校初选区域，大小为7 km×3 km，该区域主要根据预报轨道数据计算的卫星质心星下点求得，同时区域内地形较平坦，图中小红旗标识处即为每次预报的地面探测器布设中心点。

按照资源三号02星激光足印预报的位置，进行地面探测器布设，经过多方论证和关键参数研究，2016年8月9日的第一次试验中地面探测器的布设采用了较保守的布设方案，布设示意图如图5.26所示。

该方案的布设区域包含两部分：中央区域和补充区域，中央区域的布设面积大小为400 m×200 m，布设间隔为20 m；四周补充区域在长和宽两个方向上分别向外扩充400 m。

在第一次探测器成功捕获到激光能量的基础上，2016年8月14日第二次布设地面探测器时，采用了多个地面探测器阵列的方式，布设示意图如图5.27所示。该方案的布设区域包含三个等大小的探测器阵列，布设面积大小为300 m×150 m，布设间隔为25 m。

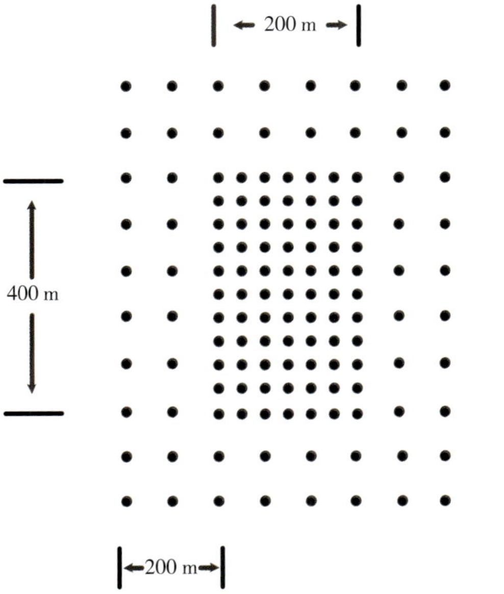

图 5.26　第一次布设方案示意图

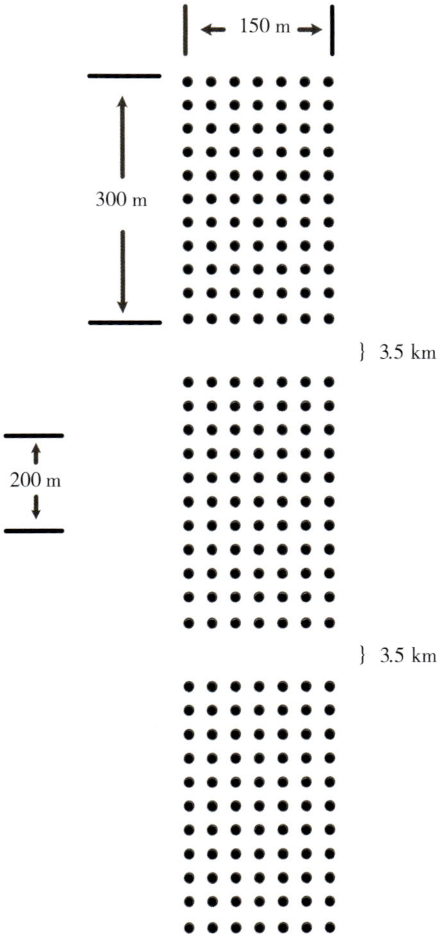

图 5.27　第二次布设方案示意图

5次过境试验探测器布设整体情况如表5.8所示。

表5.8　激光测高仪外业检校试验光斑捕获情况

时间	天气	布设阵型	布设间距	光斑形状
2016年8月9日11时29分29.0秒	空气质量优，微风2～3级，无云，可见度高	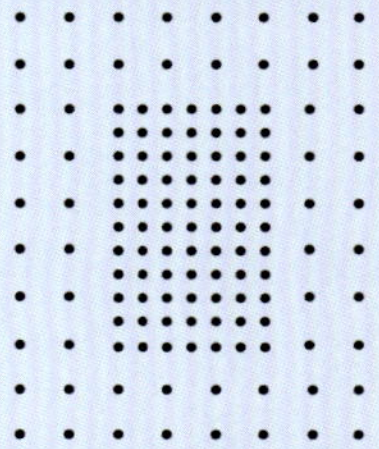	20 m 40 m	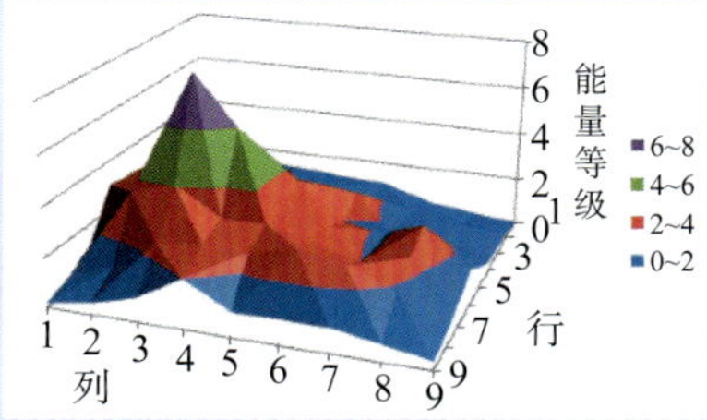
2016年8月14日11时28分5.0秒/5.5秒/6秒	空气质量优，微风3级，有薄云，可见度较高	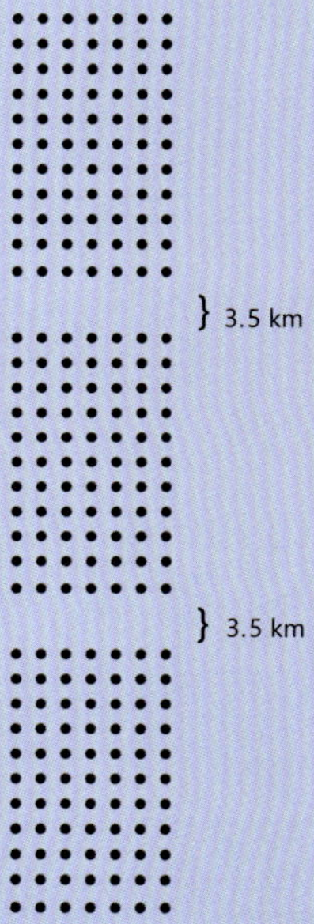	25 m	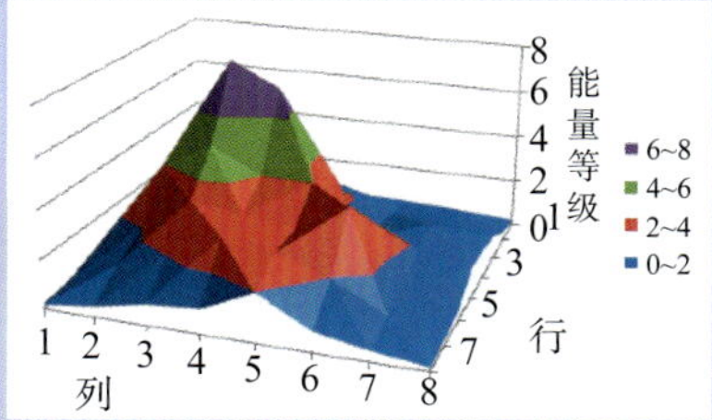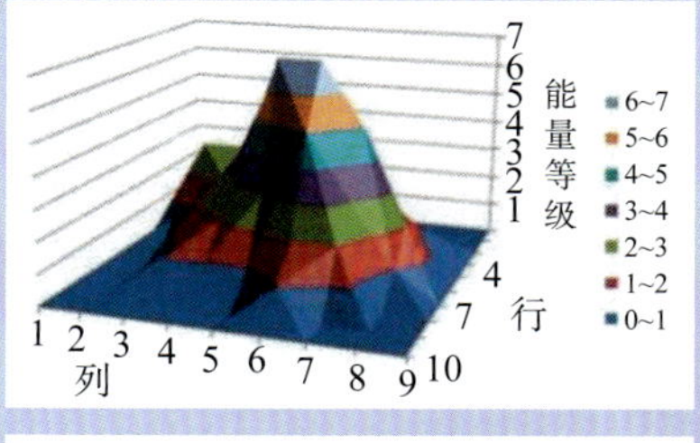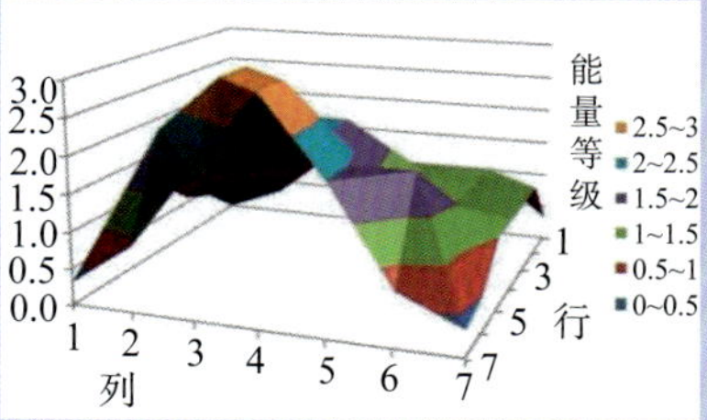
2016年8月19日11时26分36.5秒	空气质量优，微风3级，有云，可见度一般		20 m	天气雨，云层较厚，激光未穿透云层
2016年8月24日11时25分1.5秒	空气质量优，微风3级，有云，可见度一般	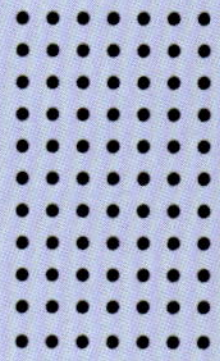	20 m	天气雨，云层较厚，激光未穿透云层

续表

<table>
<tr><th>时间</th><th>天气</th><th>布设阵型</th><th>布设间距</th><th>光斑形状</th></tr>
<tr><td>2016年8月29日11时23分23.5秒</td><td>空气质量优，微风3级，有薄云，可见度一般</td><td>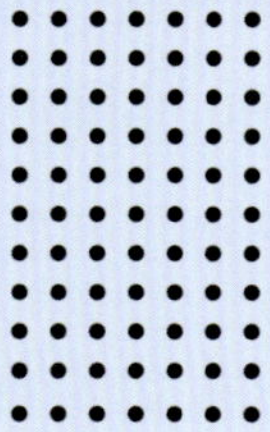</td><td>10 m</td><td>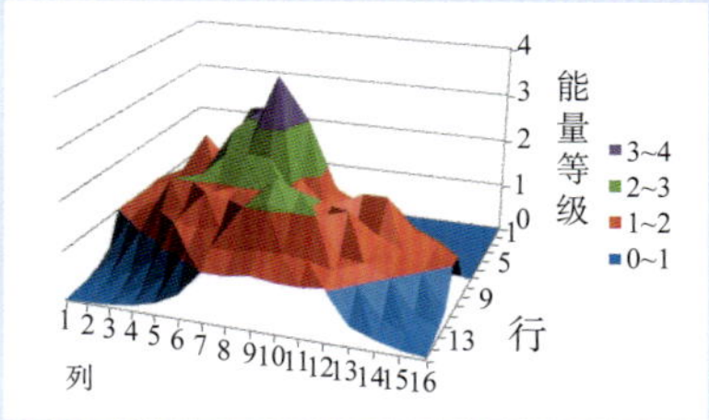
</td></tr>
</table>

经过多次外业检校试验，整体上基于激光足印位置预报结果，探测器可精确捕获到激光光斑。对激光足印位置预报的精度进行统计分析，其中3次试验预报误差如表5.9所示。

表5.9　三次试验预报综合误差情况

日期	沿轨/m	垂轨/m	平面误差/m
2016年8月9日	130.9	22.3	133.3
2016年8月14日	−117.5	38.6	123.7
2016年8月29日	−21.1	38.1	43.5

预报误差的主要来源有指向角预估误差、轨道误差、姿态误差及其他相关误差等，经误差分解如表5.10所示。

表5.10　预报模型精度总体情况

日期	误差方向	误差项/m				
		指向	轨道	姿态	其他	综合
2016年8月9日	平面	68.9	90.7	19.2	11.4	133.3
	沿轨	43.8	90.4	7.4	10.4	131.0
	垂轨	53.2	6.9	17.7	4.6	24.7
2016年8月14日	平面	21.6	149.8	18.6	11.4	126.9
	沿轨	18.0	149.4	8.2	10.7	133.9
	垂轨	11.9	7.1	16.7	3.9	31.8
2016年8月29日	平面	2.6	27.3	20.4	19.0	43.5
	沿轨	1.8	27.2	3.5	0.8	21.1
	垂轨	1.9	0.9	20.1	18.9	38.1

由表5.10可以发现：①轨道预报是激光足印预报的主要误差源，误差大小与方向均具

有较强的随机性，这是因为轨道预报结果主要与卫星所处的空间环境有关，无法通过试验减小或消除。由于近地卫星轨道的特性，沿轨预报误差大于垂轨误差，且误差相差一个数量级。②大气、潮汐等其他误差引起的激光地面足印位置误差较小，不具系统性。

综上，随着预报次数的增加，预报精度不断提高，资源三号02星激光足印预报精度能够有效控制在150 m以内。

5.5.1.2 资源三号03星激光足印位置预报

2020年9月3日至28日，自然资源部国土卫星遥感应用中心在苏尼特右旗组织开展了5场资源三号03星激光测高仪在轨检校试验，5场试验预报点位分布情况如图5.28所示。

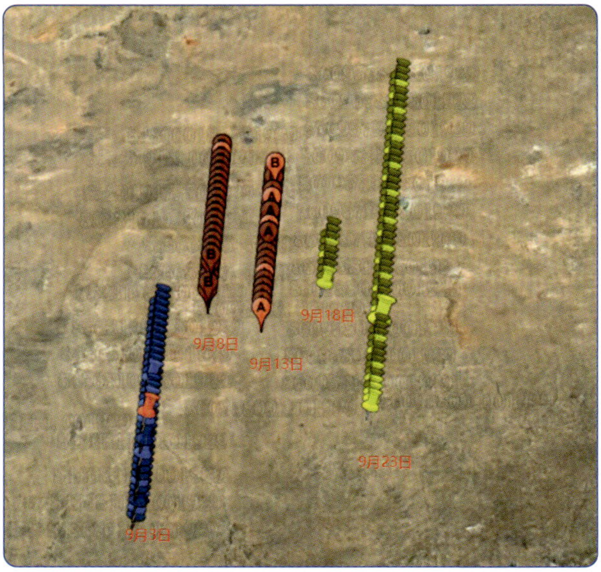

图 5.28 2020 年 9 月资源三号 03 星激光 5 场检校试验预报点位分布

2021年8月23日至9月13日，自然资源部国土卫星遥感应用中心在苏尼特右旗组织开展了5场资源三号03星激光测高仪在轨检校试验，5场试验预报点位分布情况如图5.29所示。

图 5.29 2021 年 8—9 月资源三号 03 星激光 5 场检校试验预报点位分布

2022年9月19日至29日，自然资源部国土卫星遥感应用中心在苏尼特右旗组织开展了3场资源三号03星激光测高仪在轨检校试验，3场试验预报点位分布情况如图5.30所示。

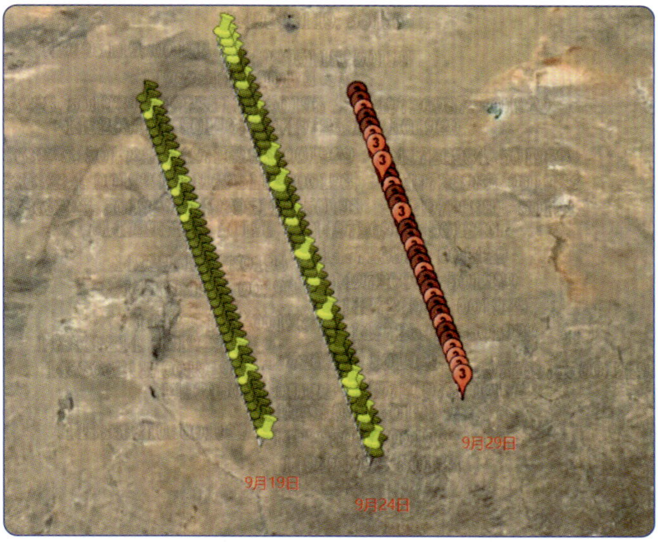

图 5.30　2022 年 9 月资源三号 03 星激光 3 场检校试验预报点位分布

外业现场共布设了约4000套有源探测器阵列，用于捕获卫星过境时激光击中地面的光斑能量值，通过获取激光质心位置，实现激光指向和测距精确标定。作业现场及探测器布设情况如图5.31所示。

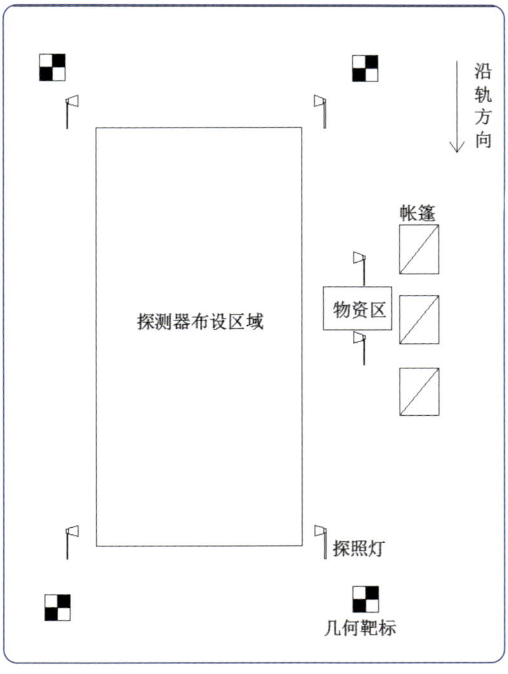

图 5.31　作业现场及探测器布设示意图

以2020年9月8日预报结果为例分析资源三号03星激光光斑位置预报精度，根据现场采集数据和预报数据进行对比，平面误差为57 m，其中沿轨向42 m，垂轨向31 m，如图5.32所示。

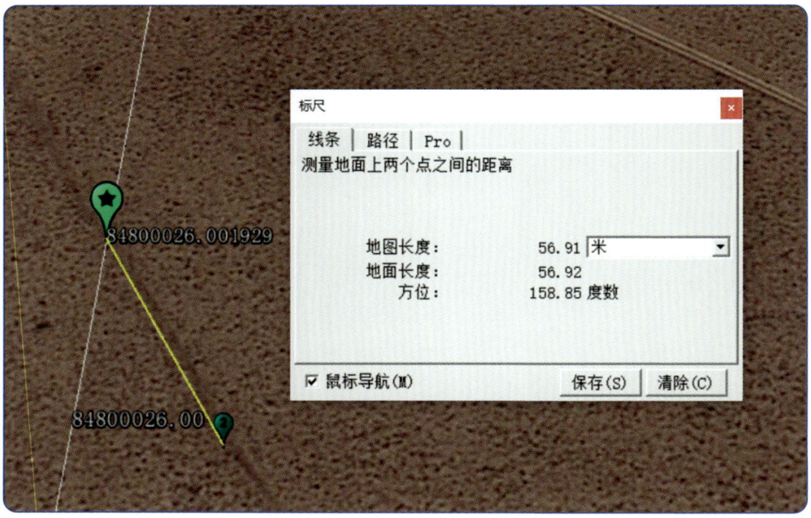

图 5.32　9 月 8 日资源三号 03 星激光光斑位置预报误差

2020年9月8日、13日、23日，2021年8月28日、9月7日和12日，2022年9月24日探测器阵列均捕获到激光能量，其预报精度如表5.11所示。

表5.11　激光足印位置预报精度

日期	平面误差/m	沿轨误差/m	垂轨误差/m
2020年9月8日	56.9	42.3	31.1
2020年9月13日	34.7	26.1	19.2
2020年9月23日	32.7	25.7	14.6
2021年8月28日	50.1	42.4	15.9
2021年9月7日	43.6	31.5	10.6
2021年9月12日	31.4	26.5	17.1
2022年9月24日	85.6	81.9	4.5

2022年资源三号03星激光在轨几何检校前，卫星轨道刚刚完成调轨，激光足印位置预报精度较轨道稳定时期偏低。正常情况下，资源三号03星激光足印预报精度可有效控制在60 m以内。

5.5.1.3　高分七号卫星激光足印位置预报

2020年6月4日至6月29日，在苏尼特右旗开展了6场高分七号卫星激光测高仪在轨几何检校试验。为了使地面探测器有效捕获激光足印能量，针对每场试验均开展了地面探测器布设位置多次迭代预报计算，6场试验预报点位分布情况如图5.33所示。

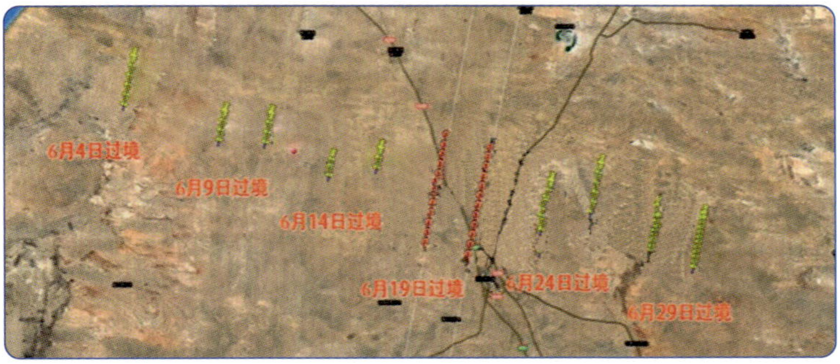

图 5.33　2020 年 6 月高分七号激光 6 场检校试验预报点位分布

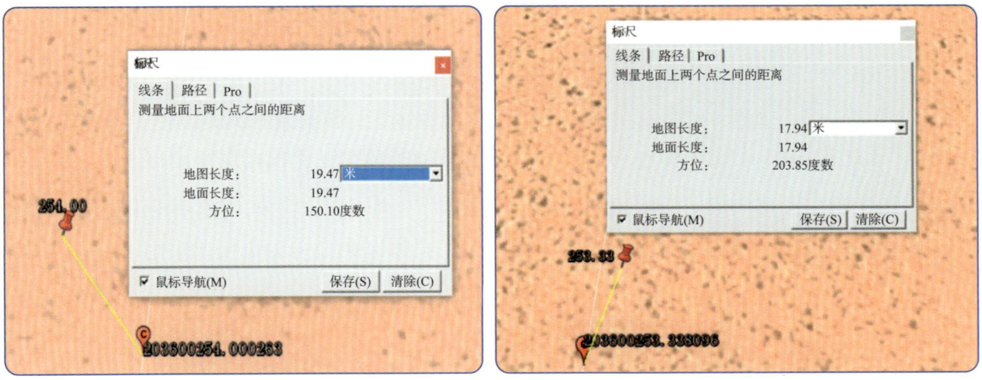

（a）波束1预报误差　　　　（b）波束2预报误差

图 5.34　6 月 14 日两波束预报误差

2020年9月3日至9月24日，在苏尼特右旗开展了5场高分七号卫星激光测高仪在轨几何检校试验，预报点位分布情况如图5.35所示。

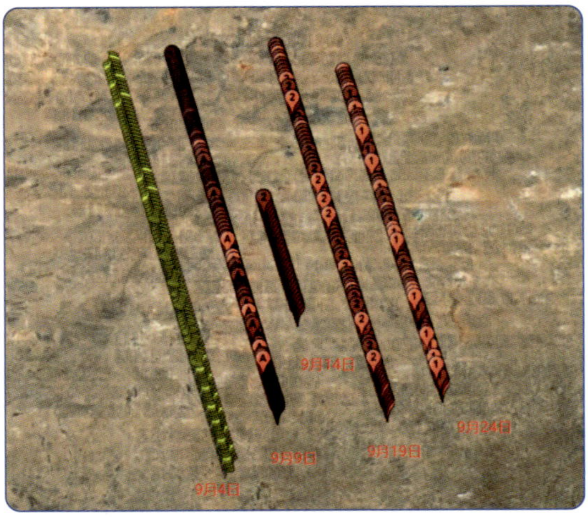

图 5.35　2020 年 9 月高分七号激光 5 场检校试验预报点位分布

2021年8月23日至9月13日，在苏尼特右旗开展了4次高分七号卫星激光测高仪在轨几何检校试验，预报点位分布情况如图5.36所示。

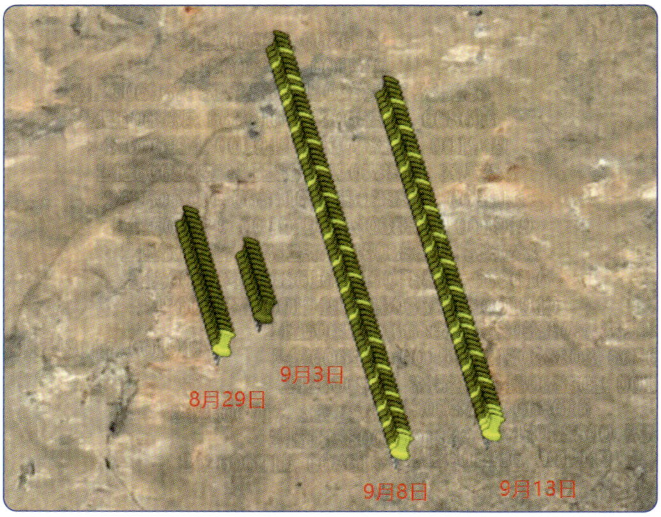

图 5.36　2021 年 8—9 月高分七号激光 4 场检校试验预报点位分布

2022年9月8日至9月28日，在苏尼特右旗开展了4次高分七号卫星激光测高仪在轨几何检校试验，预报点位分布情况如图5.37所示。

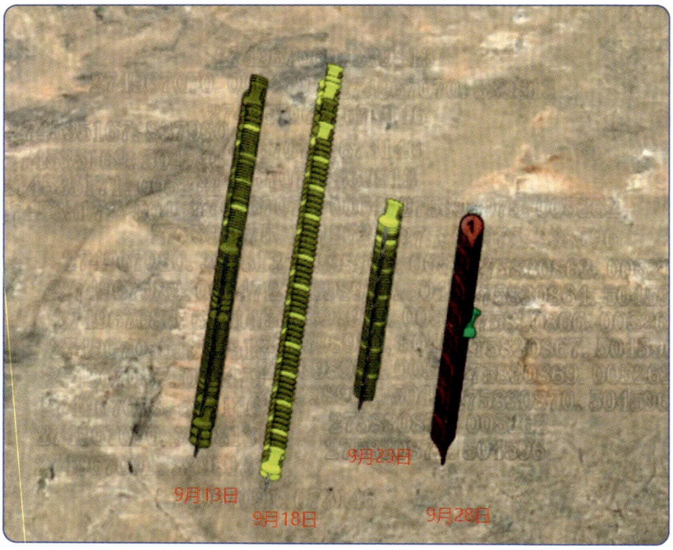

图 5.37　2022 年 9 月高分七号激光 4 场检校试验预报点位分布

激光探测器阵列形状基本沿用资源三号02星的方阵，由于高分七号卫星的预报精度明显高于资源三号02星，因此探测器布设方阵尺寸总体规模缩小，沿轨向小于180 m，垂轨向小于120 m；且高分七号卫星光斑直径小于资源三号02星，因此探测器布设间隔为3 m或4 m。

由于天气等客观因素，2020年6月4日、9日、29日和9月4日、24日地面探测器未捕获到激光能量，6月14日、19日、24日捕获到激光能量，9月9日、14日、19日捕获到激光能量；2021年9月8日未捕获到光斑，8月29日、9月3日、13日捕获到激光能量；2022年9月13日未捕获到光斑，9月18日、23日、28日捕获到激光能量，其预报精度如表5.12所示。

表5.12　高分七号激光足印位置预报精度

日期	波束	平面误差/m	沿轨误差/m	垂轨误差/m
2020年6月14日	1	19.5	14.8	13.1
	2	17.9	13.7	5.9
2020年6月19日	1	34.6	31.2	6.5
	2	21.1	20.8	1.6
2020年6月24日	1	12.5	9.3	5.1
2020年9月9日	1	23.7	18.2	8.5
	2	21.5	17.7	7.3
2020年9月14日	2	17.8	14.6	6.1
2020年9月19日	1	20.1	16.8	5.2
	2	25.8	18.9	4.6
2021年8月29日	1	27.3	25.1	4.2
2021年9月3日	2	19.0	17.1	6.1
2021年9月13日	2	14.2	11.2	5.1
	2	15.7	10.4	6.9
2022年9月18日	2	26.1	20.7	6.4
2022年9月23日	1	34.2	30.1	5.4
2022年9月28日	1	27.5	24.6	5.1
	2	25.8	23.1	6.2

由表5.12可知，经过多次试验验证，基于地面探测器的高分七号激光足印24小时预报定位精度整体优于25 m，大大减少了检校外场作业量。

5.5.2　卫星激光检校控制数据预处理试验

卫星飞过检校探测器布设区域时，对触发的探测器位置，利用RTK进行测量，获取探测器的地理坐标，并记录被触发的各探测器能量等级，受外部环境及探测器本身响应精度的影响，需对探测器捕获的光斑数据进行预处理，以精确确定光斑质心地理位置，为激光在轨检校提供精确的控制数据。本节对资源三号02星/03星及高分七号激光光斑数据的预处理分别开展了试验分析。

5.5.2.1 资源三号02星激光光斑数据预处理

在2016年8月资源三号02星激光检校试验中，根据现场记录的激光探测能量等级，取能量分布区域的正方形网格，其中3次试验的光斑探测的能量分布情况如图5.38所示。

（a）8月9日光斑探测值

（b）8月14日光斑探测值

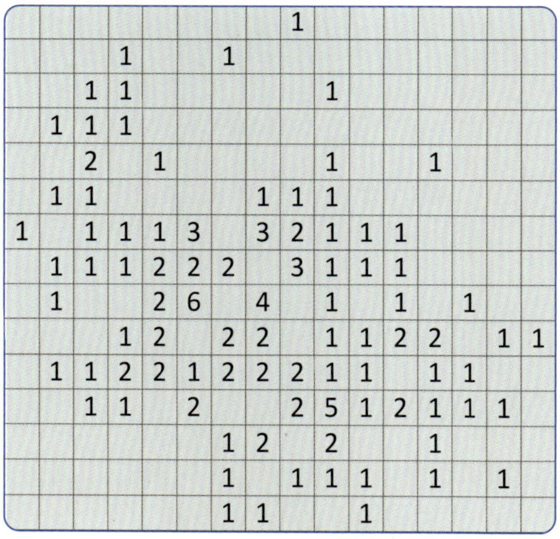

（c）8月29日光斑探测值

图 5.38 光斑探测能量分布情况

8月9日获取的激光足印光斑，探测器之间间隔20 m，光斑大小约130 m；8月14日获取3个足印光斑，探测器之间间隔25 m，光斑大小约125 m；8月29日获取的足印光斑，探测器之间间隔10 m，光斑大小约120 m。整体来说，激光光斑足印大小约为125 m。从3次的能量分布来看，探测光斑形状类似椭圆，光斑中间存在能量空缺情况，但是仍能直观地发现能量峰值区域的存在。

1）孤立点消除

8月9日获取的激光数据中存在1个孤立点，距离中心能量等级比较大的中心点比较远，且周围能量等级近似均为0，将其剔除之后的结果如图5.39所示。

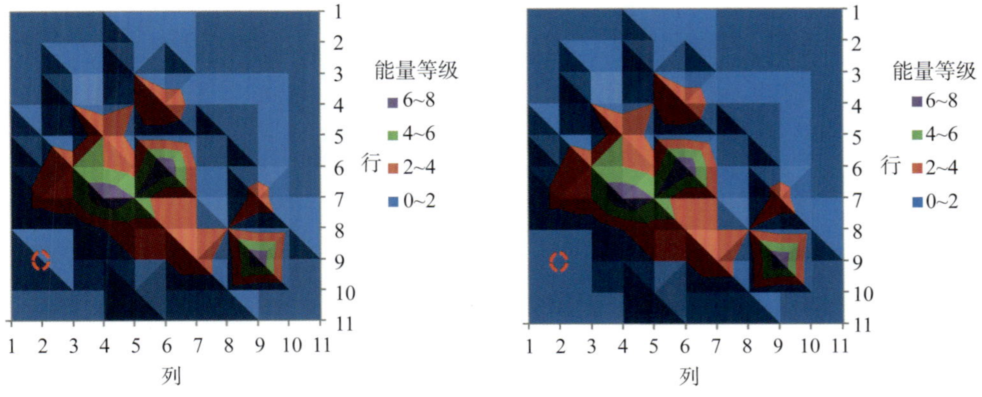

（a）原始数据　　（b）消除孤立点之后

图 5.39　8 月 9 日激光数据孤立点消除结果

孤立点能量等级比较小时，剔除与否对于光斑质心的影响不大，但孤立点能量等级较高时就会有很大的影响，8月9日光斑孤立点的能量等级值为1，剔除与否对中心定位结果影响不大，试验中进行了剔除处理。

2）缺失点补偿

光斑中缺失点对于执行定位的影响比较大，试验基于剔除孤立点之后的数据进行均值内插，得到各个缺失点的补偿值，补偿结果如图5.40所示。

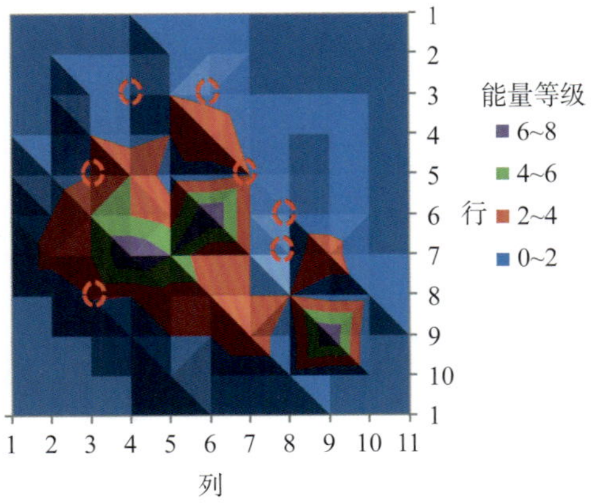

图 5.40　数据缺失点补偿结果

3）异常点校正

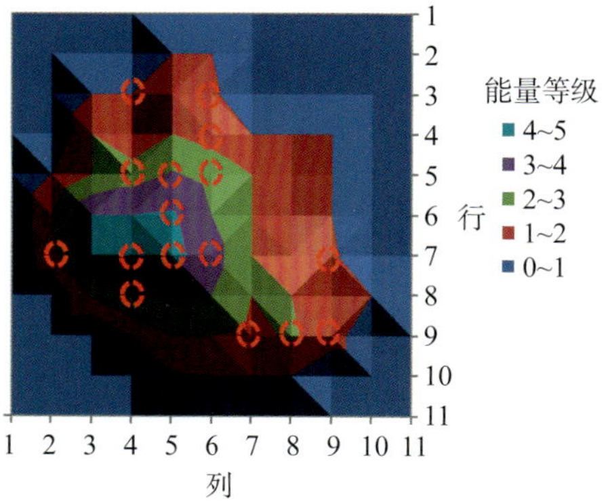

图 5.41　数据异常点校正之后

缺失点补偿之后使得缺失区域的曲面趋向于平滑，特别是能量等级区域变化不大的区域，利用缺失点补偿之后的数据再次进行异常点检测及处理，如图5.41中少数点的能量等级值校正幅度比较大，多数点的能量等级值校正比较小，最终使得光斑恢复近似平滑的形状，得到预处理之后的结果，呈现内高外低的趋势，将噪声有效地控制在小范围内，其三维视图如图5.42所示。

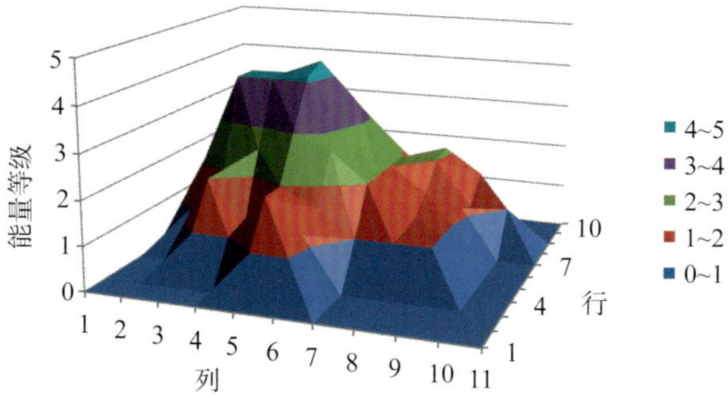

图 5.42　预处理之后的三维视图

经高斯曲面拟合，离散化各点，得到拟合后的三维、平面视图（图5.43）。

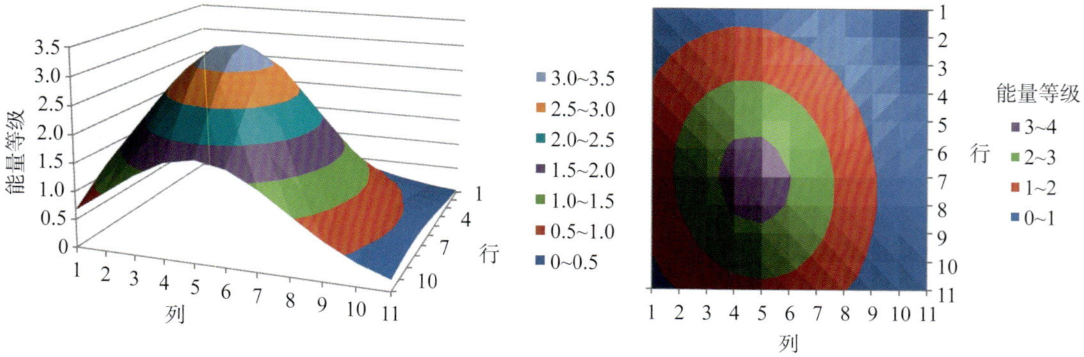

图 5.43　光斑数据高斯曲面拟合之后三维、平面视图

5.5.2.2　资源三号03星激光光斑数据预处理

2020年9月，自然资源部国土卫星遥感应用中心联合国内多家单位在内蒙古自治区锡林郭勒盟连续开展了3次资源三号03星在轨检校试验，3次试验中随着激光指向精度的提升，激光光斑拟合、光斑质心提取也逐步精确。

1）首次试验光斑预处理

2020年9月8日为资源三号03星激光测高仪首次外业检校试验，在预报的激光地面位置布设了红外探测器阵列。试验激光点位于第697轨。将探测器触发的激光点位置与其能量值绘制平面图，如图5.44所示。

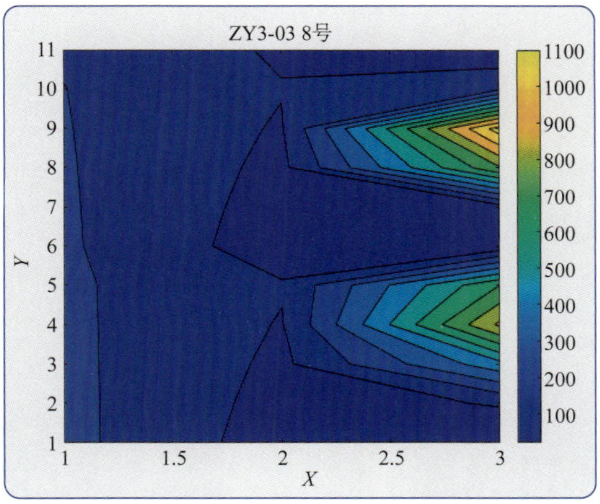

图 5.44　2020 年 9 月 8 日光斑分布图

根据图5.44可看出，该图毫无光斑形状，对比原始触发的探测器情况，仅有两行（每行5个探测器）亮灯，从而导致了上图所示的光斑向一侧偏移，且不全。光斑不全的原因主要是探测器布设间距太大，导致右侧的探测器未能触发。

根据原始触发的探测器，采用高斯曲面拟合的方式对其进行曲面拟合并补全光斑，拟合结果如图5.45所示。

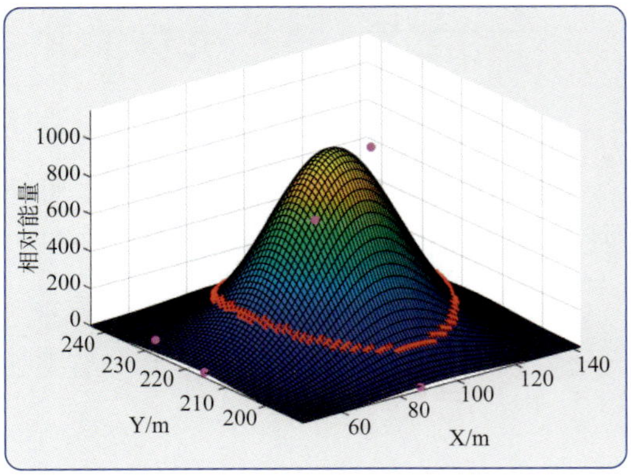

（a）光斑三维分布图

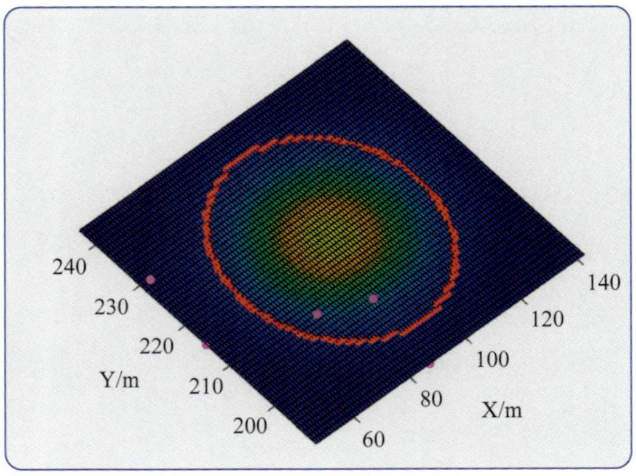

（b）光斑二维分布图

图 5.45　首次试验激光光斑高斯拟合后结果

利用触发后的地面探测器进行高斯曲面拟合后，并提取光斑质心平面坐标，求得光斑内平均高程、距离加权高程、能量加强高程值，结果如表5.13所示。以光斑总能量的86.4%作为光斑边界，如图5.45中红色点围成的椭圆，椭圆长轴与短轴长度如表5.13所示。

表5.13　拟合后的光斑信息表

纬度/(°)	经度/(°)	平均高程/m	距离加权高程/m	能量加权高程/m	光斑长轴/m	光斑短轴/m
43.03×××	111.63×××	1099.309	1099.277	1099.344	61.6	39.8

2）第二次试验光斑预处理

2020年9月18日开展了资源三号03星激光测高仪第二次外业检校试验，在第一次检校成功后，基本确定了激光指向的大致精度，本次试验通过缩小地面探测器布设范围以及布设间距，实现资源三号03星激光两个光斑的同时检校。

试验激光轨道号为第769轨，在预报的激光地面位置布设红外探测器。将探测器触发的激光点位置与其能量值绘制平面图，如图5.46所示。

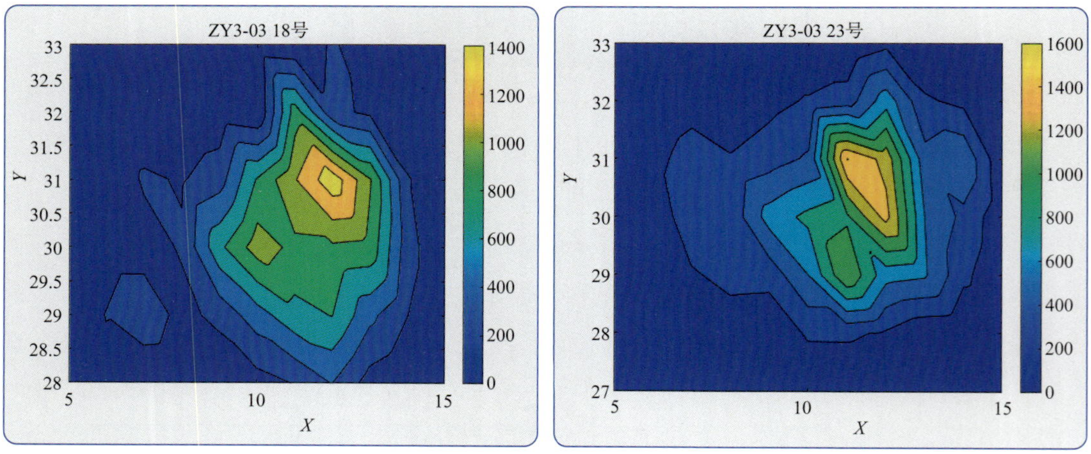

（a）光斑1　　（b）光斑2

图 5.46　二次试验两激光光斑分布图

根据图5.46可看出，通过缩小布设间距后，触发的探测器个数增加，且分布更加均匀，呈现出了一个完整的光斑。但是光斑分布形状并非一个标准的椭圆，且在左侧呈现拖尾的现象。

根据原始触发的探测器，采用高斯曲面拟合的方式对其进行曲面拟合，拟合结果如图5.47所示。

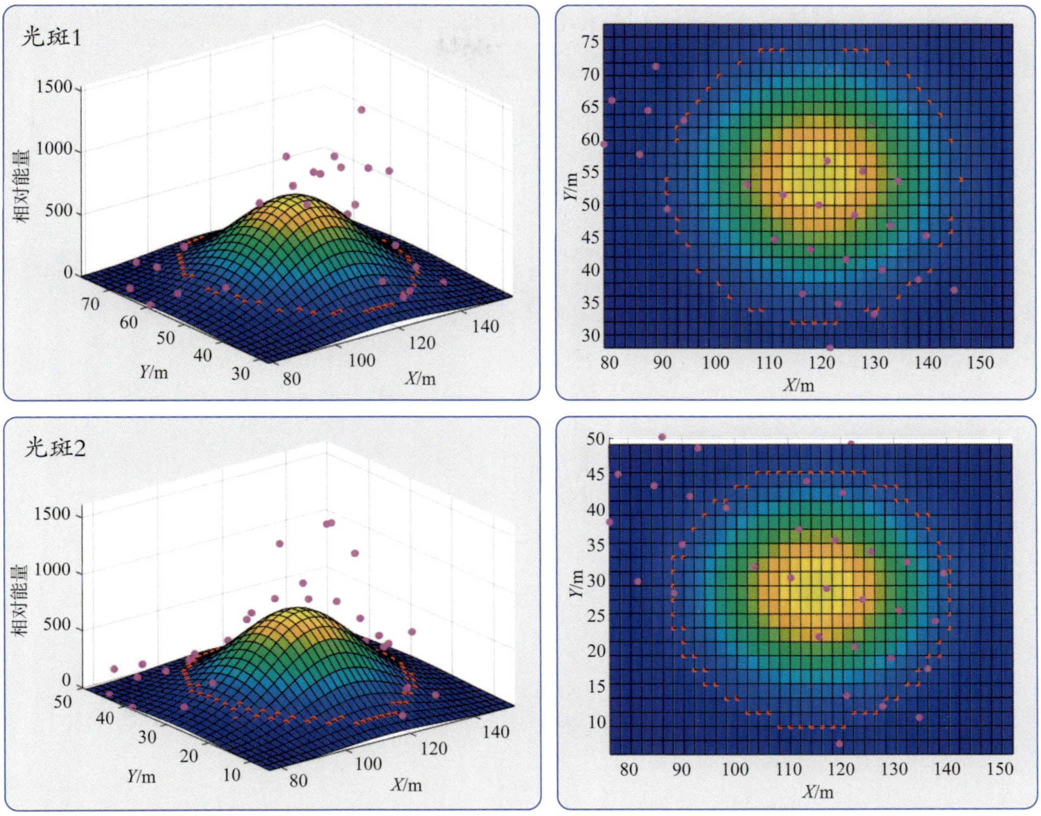

（a）光斑三维分布图　　　　（b）光斑二维分布图

图 5.47　二次试验激光光斑高斯拟合后结果

利用触发后的地面探测器进行高斯曲面拟合后，并提取光斑质心平面坐标，求得光斑内平均高程、距离加权高程、能量加权高程值，结果如表5.14所示。以光斑总能量的86.4%作为光斑边界，如图5.47中红色点围成的椭圆，椭圆长轴与短轴长度如表5.14所示。

表5.14　拟合后的光斑信息表

激光点	纬度/（°）	经度/（°）	平均高程/m	距离加权高程/m	能量加权高程/m	光斑长轴/m	光斑短轴/m
1	42.91 ××	112.32 ××	1065.043	1065.050	1065.024	54.84	42.82
2	42.94 ××	112.32 ××	1030.807	1030.830	1030.759	52.222	36.422

3）第三次试验光斑预处理

2020年9月23日开展了第三次外业检校试验，在前两次检校成功后，基本确定了激光指向，本次试验进一步缩小地面探测器布设范围以及布设间距，再次实现了资源三号03星激光两个光斑的同时检校。

试验激光轨道号为第925轨，在预报的激光地面位置布设红外探测器。将探测器触发的激光点位置与其能量值绘制平面图，如图5.48所示。

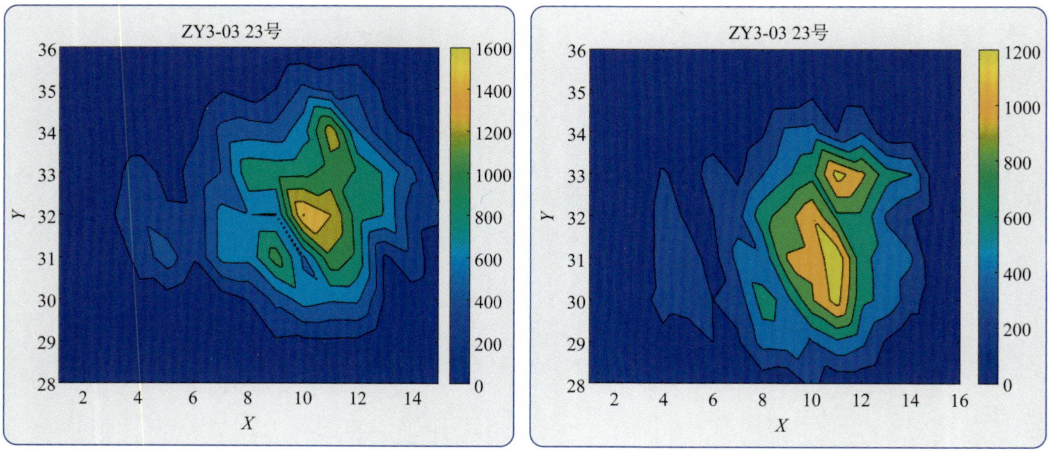

（a）光斑1　　（b）光斑2

图 5.48　三次试验两激光光斑分布图

根据图5.48所示，第三次外业检校试验通过进一步缩小布设间距后，触发的探测器个数增加，且分布更加均匀，两个光斑分布基本一致，光斑分布形状并非一个标准的椭圆，左侧仍呈现出拖尾的现象。

根据原始触发的探测器，采用高斯曲面拟合的方式对其进行曲面拟合，拟合结果如图5.49所示。

利用触发后的地面探测器进行高斯曲面拟合后，提取光斑质心平面坐标，求得光斑内平均高程、距离加权高程、能量加权高程值，结果如表5.15所示。以光斑总能量的86.4%作为光斑边界，如图5.49中红色点围成的椭圆，椭圆长轴与短轴长度如表5.15所示。

表5.15　拟合后的光斑信息表

激光点	纬度/（°）	经度/（°）	平均高程/m	距离加权高程/m	能量加权高程/m	光斑长轴/m	光斑短轴/m
1	42.66××	112.60××	1110.191	1110.210	1110.183	54.82	37.02
2	42.63××	112.59××	1131.723	1131.722	1131.722	49.22	35.42

2021年8月和9月，自然资源部国土卫星遥感应用中心联合国内多家单位在内蒙古自治区锡林郭勒盟开展了资源三号03星在轨检校试验，成功捕获3个光斑，对试验获取的探测器响应的激光足印能量阵列预处理，提取激光能量的中心，并计算其地面位置和高程。

捕获的3个激光点中的3号点虽然地面激光探测器被触发，但是星上未接收到激光能量回波，因此测量结果不参与检校。1号点共触发探测器96个，其中2个探测器值为0。触发的探测器地面能量值，及拟合的光斑形状如图5.50所示，行（13～21）为探测器布设行号，列（3～18）为探测器布设列号。

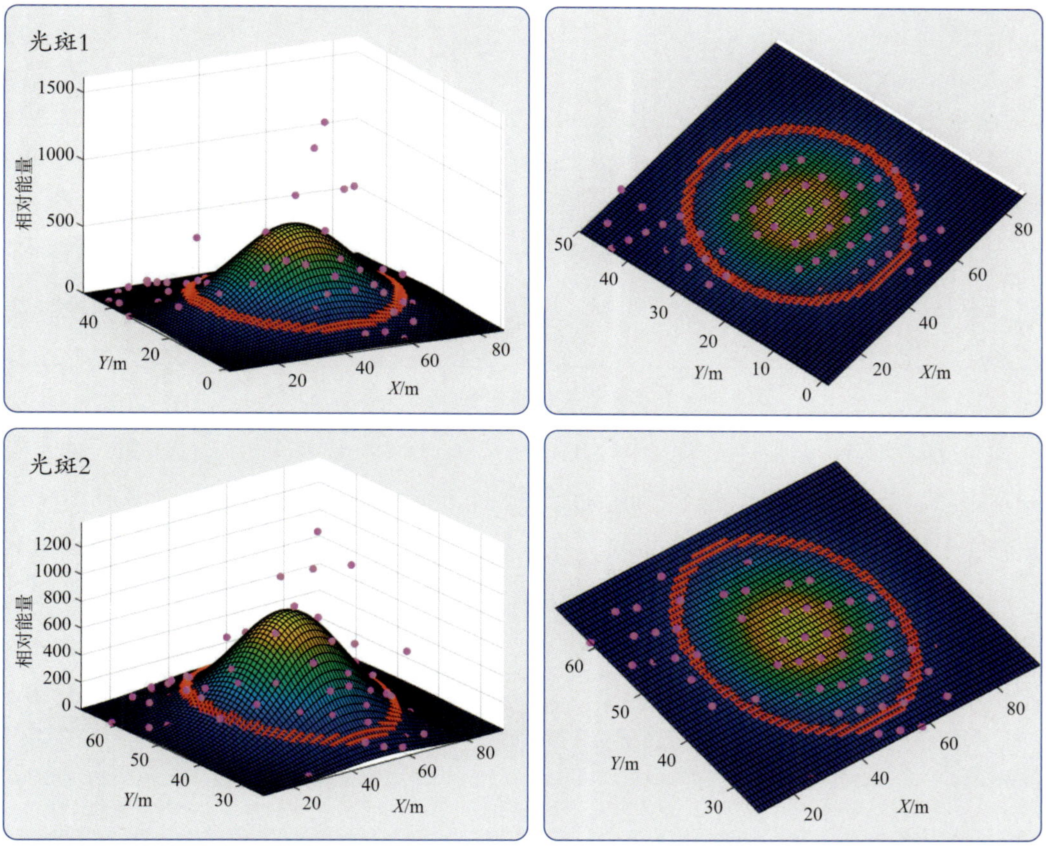

（a）光斑三维分布图　　　　（b）光斑二维分布图

图 5.49　三次试验激光光斑高斯拟合后结果

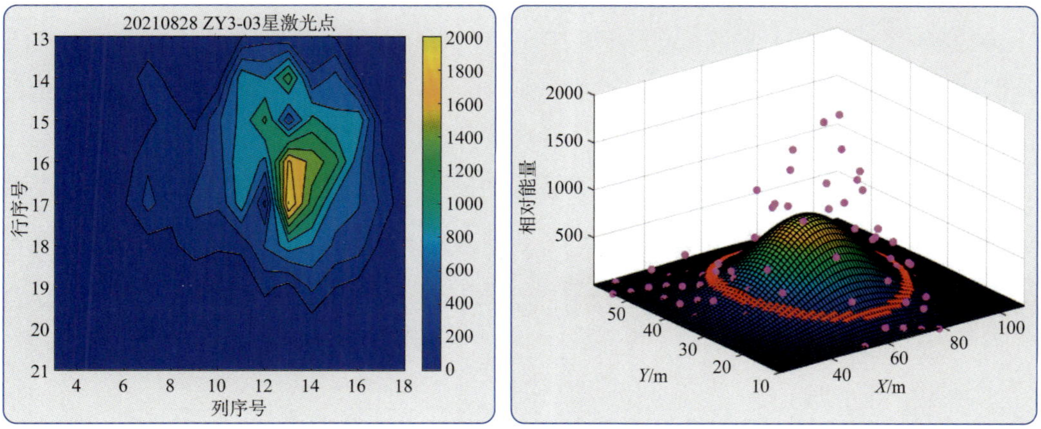

图 5.50　1 号激光点拟合的光斑形状

ZY3-03星激光存在明显的拖尾现象，拖尾能量较低，并非光斑中心处，连同拖尾数据一同拟合光斑形状或是光斑质心，会导致结果出现一定偏差，滤除原始探测器数据列号小于9的探测器数据，剔除拖尾后的拟合光斑形状如图5.51所示。

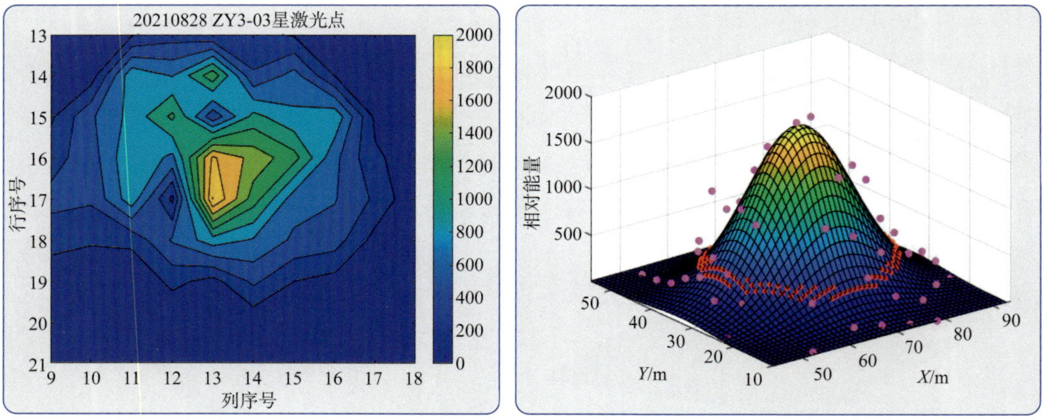

图 5.51　1 号激光点剔除拖尾后拟合的光斑形状

根据上述实测数据估计光斑大小为70 m（长轴）× 40 m（短轴）。原因是长轴方向存在一定拖尾，滤除拖尾后，光斑更加接近于圆形，此时光斑大小为：45 m（长轴）× 40 m（短轴）。

通过对上述成功试验进行精确的光斑分析后，得到每次试验光斑质心坐标、光斑尺寸如表5.16所示。

表5.16　光斑质心信息表

序号	纬度/（°）	经度/（°）	高程/m	光斑长轴/m	光斑短轴/m
1	43.15 ××	111.77 ××	989.922	33.222	27.422
2	42.60 ××	112.52 ××	1165.267	34.062	28.042

综上，ZY3-03星激光光斑地面大小为：33.64 m（长轴）× 27.73 m（短轴）。

2022年9月，自然资源部国土卫星遥感应用中心联合国内多家技术优势单位在内蒙古自治区锡林郭勒盟开展了ZY3-03星在轨检校试验，对试验获取的探测器响应的激光足印能量阵列预处理，提取激光能量的中心，并计算其地面位置和高程。

试验的2个激光点位于第12046轨，在预报的激光地面位置布设红外探测器。将探测器触发的激光点位置与其能量值绘制平面图，如图5.52所示。两个光斑分布基本一致，光斑分布形状并非一个标准的椭圆，左侧仍呈现出拖尾的现象。根据原始触发的探测器，采用高斯曲面拟合的方式对其进行曲面拟合，拟合结果如图5.53所示。

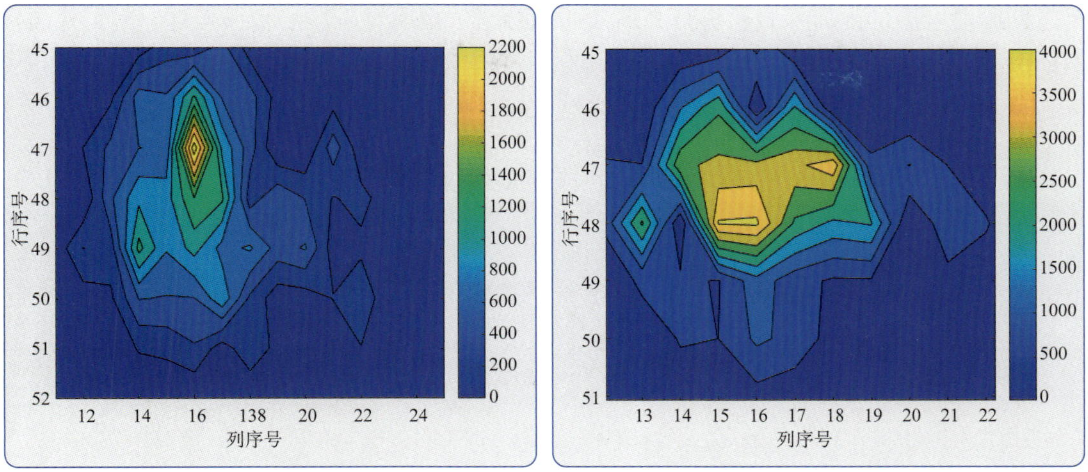

（a）光斑1　　（b）光斑2

图 5.52　三次试验两激光光斑分布图

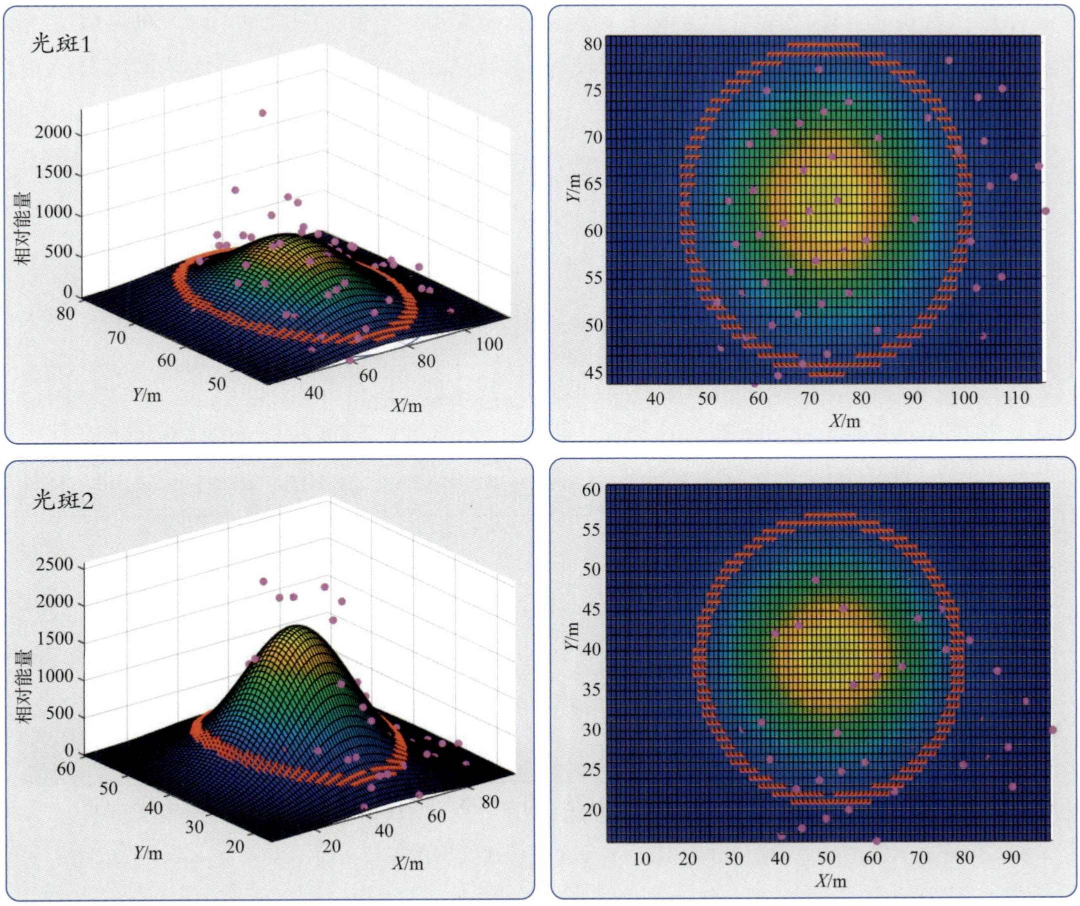

（a）光斑三维分布图　　（b）光斑二维分布图

图 5.53　三次试验激光光斑高斯拟合后结果

利用触发后的地面探测器进行高斯曲面拟合后，提取光斑质心平面坐标，求得光斑内平均高程、距离加权高程、能量加强高程值，结果如表5.17所示。以光斑总能量的86.4%作为光斑边界，如上图中红色点围成的椭圆，椭圆长轴与短轴长度如表5.17所示。

表5.17　拟合后的光斑信息表

点号	纬度/（°）	经度/（°）	平均高程/m	距离加权高程/m	能量加权高程/m	光斑长轴/m	光斑短轴/m
1	42.95××	111.81××	1077.811	1077.811	1077.809	54.22	34.42
2	42.92××	111.82××	1087.110	1087.106	1087.113	55.22	35.42

5.5.2.3　高分七号卫星激光光斑数据预处理

高分七号激光地面探测器阵列布设现场如图5.54（a）和（b）所示，图5.54（c）至（e）为卫星过境时布设的不同型号的激光地面探测器。为至少保证可触发9个地面有源探测器，首次布设范围约为400 m×160 m（沿轨×垂轨），布设间距为5 m。对首次试验获取的探测器响应的激光足印能量阵列预处理，提取激光能量的中心，并计算其地面位置和高程。

（a）地面探测器布设　　（b）地面探测器整平操作

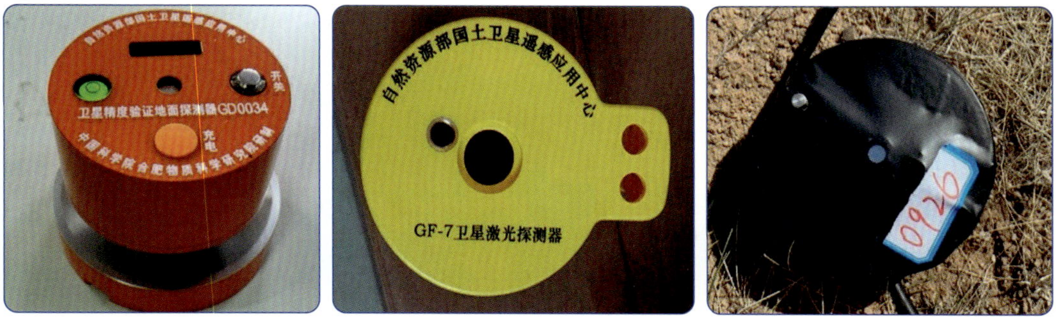

（c）地面探测器型号I　　（d）地面探测器型号II　　（e）地面探测器型号III

图 5.54　高分七号激光检校探测器阵列布设

2020年试验的两波束激光足印能量预处理结果如图5.55所示。

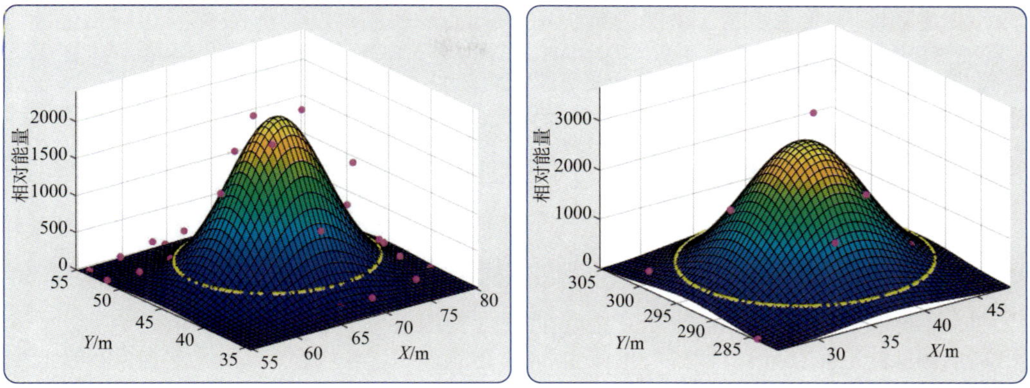

（a）波束1　　（b）波束2

图 5.55　激光光斑能量分布三维图

对触发后的地面探测器进行高斯曲面拟合，分析探测器阵列触发情况及光斑能量分布，基于拟合后的二、三维分布图（图5.56），提取光斑质心，以光斑总能量的86.4%作为光斑边界，按1/8顶部能量粗略计算本次试验探测到的两波束光斑的直径如表5.18所示。

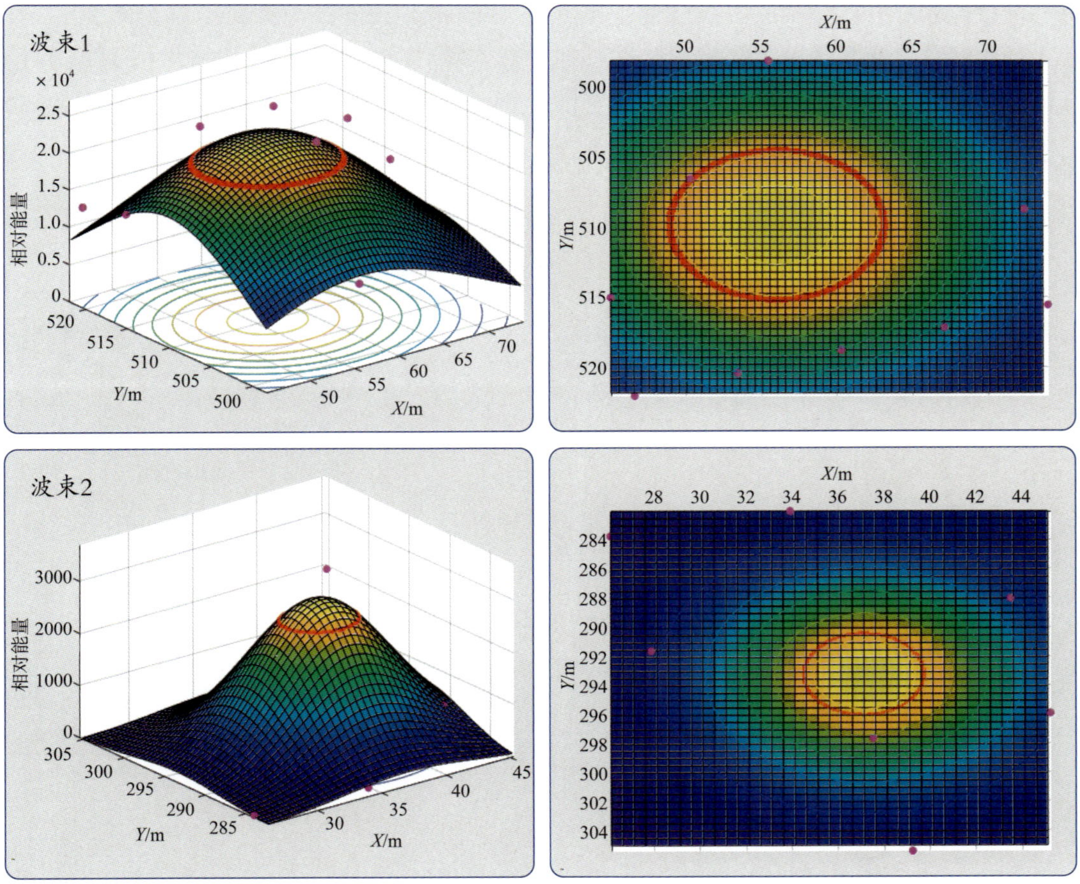

图 5.56　波束 1/2 质心提取能量环（86.4%）分布三维、二维图

图中玫红色点为探测器触发点，红圆环为拟合能量86.4%的能量环

表5.18　光斑直径

波束	光斑长轴/m	光斑短轴/m
1	41.50	32.12
2	21.17	19.71

2021年8月和9月，自然资源部国土卫星遥感应用中心联合国内多家技术优势单位在内蒙古自治区锡林郭勒盟开展了高分七号卫星激光测高仪在轨检校试验，成功捕获3个光斑，对试验获取的探测器响应的激光足印能量阵列预处理，提取激光能量的中心，并计算其地面位置和高程。

捕获的5个激光点中的3号点虽然地面激光探测器被触发，但是星上未接收到激光能量回波，因此测量结果不参与检校。1号点共触发探测器24个，其触发的探测器地面能量值及拟合的光斑形状如图5.57所示，行（7～14）为探测器布设行号，列（42～48）为探测器布设列号。

对原始探测器数据结果进行高斯曲面拟合，拟合后结果如图5.58所示。

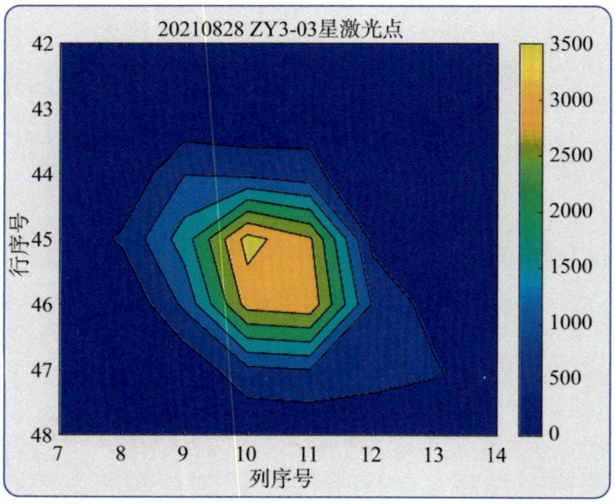

图 5.57　光斑形状图

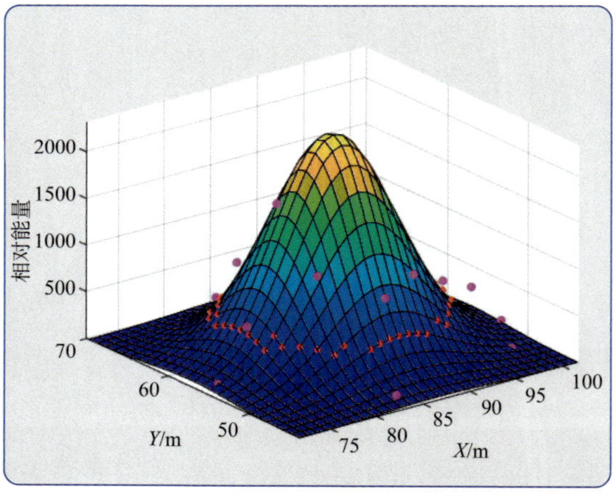

图 5.58　高斯曲面拟合图

通过对上述每次成功试验进行精确的光斑分析后，得到每次试验光斑质心坐标、光斑尺寸如表5.19所示。

表5.19　光斑质心信息

波束	序号	纬度/（°）	经度/（°）	高程/m	光斑长轴/m	光斑短轴/m
波束1	1	43.03××	111.62××	1097.738	20.6	16.8
	2	43.05××	111.61××	1092.923	19.262	17.462
波束2	3	42.70××	112.58××	1100.680	16.262	16.242
	4	42.72××	112.58××	1095.737	17.022	16.822

根据表5.19可得，GF7-01卫星激光波束1光斑地面大小为19.93 m（长轴）×17.13 m

（短轴），波束2光斑地面大小为16.64 m（长轴）× 16.53 m（短轴）。

2022年试验选取的两波束激光足印能量预处理结果如图5.59所示。

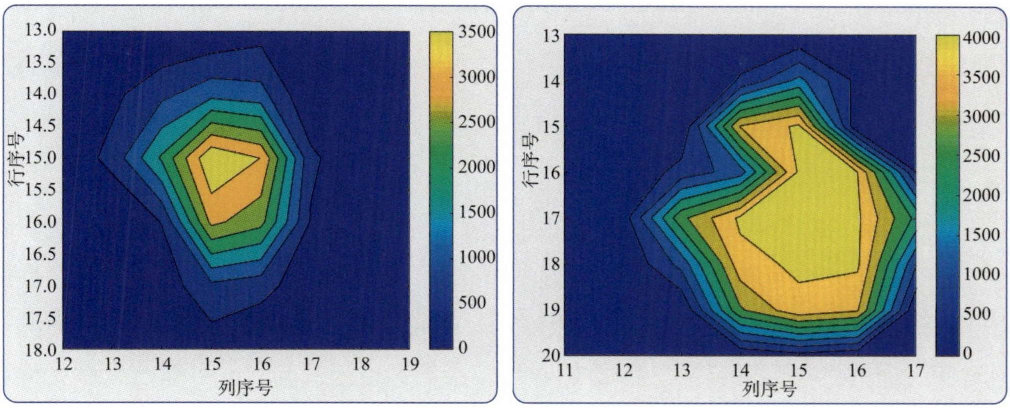

（a）波束1　　（b）波束2

图 5.59　激光光斑能量分布二维图

对触发后的地面探测器进行高斯曲面拟合，分析探测器阵列触发情况及光斑能量分布，基于拟合后的二、三维分布图，提取光斑质心（图5.60），以光斑总能量的86.4%作为光斑边界，按1/8顶部能量粗略计算本次试验探测到的两波束光斑的直径如表5.20所示。

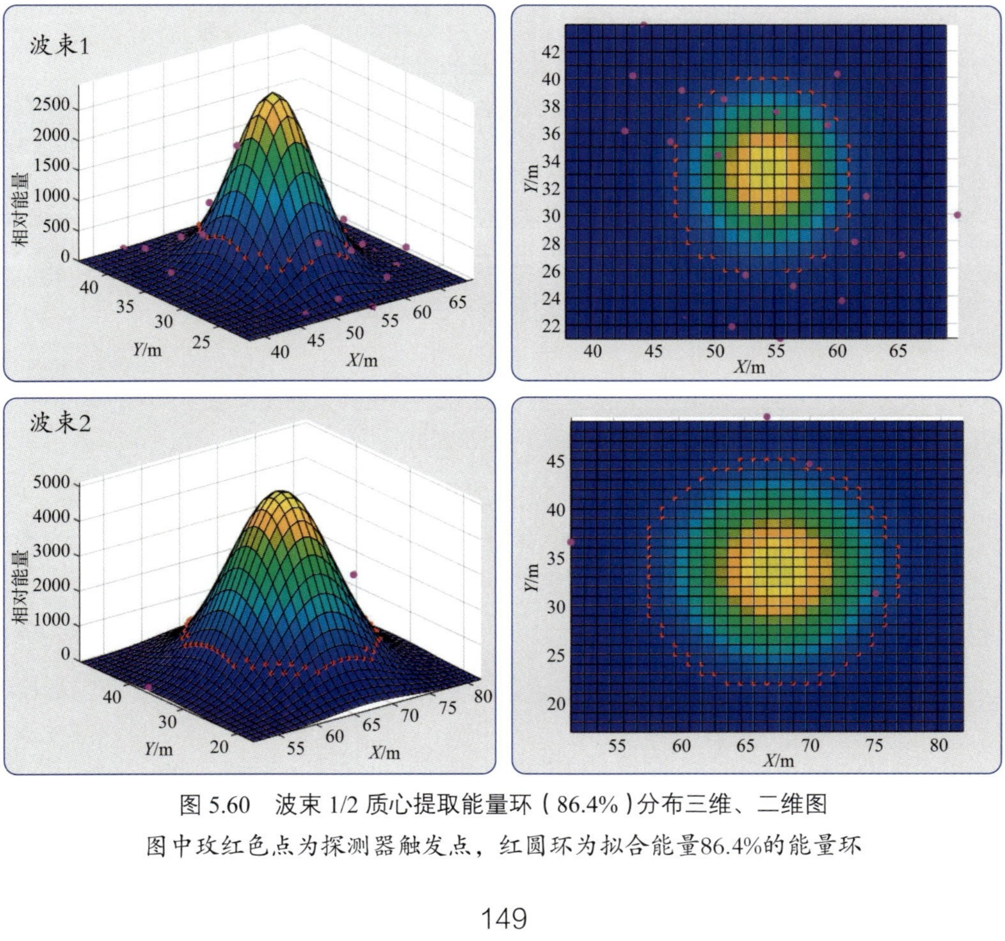

图 5.60　波束 1/2 质心提取能量环（86.4%）分布三维、二维图

图中玫红色点为探测器触发点，红圆环为拟合能量86.4%的能量环

表5.20 光斑直径

波束	光斑长轴/m	光斑短轴/m
1	14.68	14.48
2	23.24	19.26

5.5.3 基于有源探测器的激光检校试验

基于有源探测器的激光检校试验，在完成激光足印位置预报、地面探测器布设、探测器捕获光斑、光斑预处理等流程后，重点结合单波束/双波束激光检校严密几何模型进行激光测高系统参数标定，并采用检校参数外推、RTK野外实测等验证方法开展激光测高相对/绝对精度评估。本节对资源三号02/03星单波束激光检校及高分七号双波束激光检校分别开展了试验及验证分析。

5.5.3.1 资源三号02星激光检校

采用2016年8月9日、8月14日和8月29日三个检校场获取的激光足印中心坐标作为地面控制，采用单检校场独立以及多检校场联合等不同组合方式对资源三号02星激光测高系统参数进行标定，并利用三个检校场数据对检校结果进行外推验证，从而反映各参数的检校精度，试验结果如表5.21所示。

表5.21 三个检校区域的相互验证结果

外推参数	验证数据	平面位置误差/m		高程误差/m
		经度方向	纬度方向	
2016年8月9日检校结果	2016-08-14	6.25	−11.84	−0.39
	2016-08-29	−17.56	−9.260	0.779
2016年8月14日检校结果	2016-08-09	−5.710	12.556	0.851
	2016-08-29	−23.50	−2.670	0.891
2016年8月29日检校结果	2016-08-09	18.164	9.145	0.861
	2016-08-14	−24.158	5.211	0.360
多检校场联合检校结果	2016-08-09	8.780	−0.235	0.491
	2016-08-14	7.7783	6.138	0.49
	2016-08-29	9.890	−4.998	−0.689

从表5.21可以看出，基于单个检校场数据检校后，利用其他检校场参考数据进行验证，平面精度优于20 m，最大高程精度优于0.9 m。三个检校场数据联合检校后进行验证，平面精度优于10 m，最大高程精度优于0.7 m，平面和高程精度较单场检校均有明显提升。经分析，单个检校场观测数据少，且无法兼顾系统误差参数随时间变化部分，导致检校精度相对较低，因此本试验将联合检校参数作为最终检校结果。

以高程精度优于5 m的AW3D30 DSM（Takaku et al., 2014）数据为参考，随机挑选8轨资源三号02星激光数据，对比分析在不同地形坡度下激光高程精度在检校前后的变化情况，试验结果如表5.22所示，抽取其中第944和1081两轨检校前后结果对比如图5.61所示。

表5.22　不同地形坡度下激光测高数据的相对高程精度统计

轨道号	对比	激光测高数据误差（均值 ± 中误差）/m			
		坡度＜2°	2°＜坡度＜5°	5°＜坡度＜10°	坡度＞10°
382	检校前	108.42 ± 135.52	95.6 ± 126.94	67.21 ± 140.63	−23.2 ± 157.53
	检校后	0.11 ± 2.45	−0.71 ± 3.33	−1.82 ± 4.28	−1.05 ± 5.76
914	检校前	92.3 ± 111.38	73.89 ± 114.68	91.2 ± 158.65	9.31 ± 211.65
	检校后	−0.72 ± 2.02	−1.11 ± 2.45	−3.12 ± 5.04	0.80 ± 5.31
944	检校前	99.1 ± 106.62	107.6 ± 116.18	83.53 ± 143.85	23.5 ± 172.64
	检校后	0.18 ± 3.44	−1.11 ± 4.24	−1.13 ± 4.80	−0.56 ± 4.80
960	检校前	99.54 ± 141.12	76.38 ± 151.36	−13.39 ± 147.43	29.12 ± 205.37
	检校后	−1.43 ± 3.15	−1.79 ± 3.58	−1.84 ± 4.97	0.50 ± 6.86
1005	检校前	72.11 ± 93.81	70.69 ± 91.49	35.85 ± 97.87	43.89 ± 159.84
	检校后	1.10 ± 2.24	0.24 ± 2.63	−0.87 ± 4.64	1.82 ± 5.29
1081	检校前	105.38 ± 121.47	100.84 ± 130.14	92.82 ± 149.2	56.29 ± 142.1
	检校后	0.40 ± 2.83	−0.61 ± 3.33	−2.16 ± 5.10	0.89 ± 5.57
1157	检校前	104.58 ± 131.93	83.71 ± 125.29	67.08 ± 149.0	9.31 ± 192.91
	检校后	1.09 ± 2.51	−0.26 ± 3.03	−2.20 ± 4.95	−0.30 ± 4.80
1385	检校前	92.75 ± 122.14	85.34 ± 127.11	58.14 ± 153.74	45.29 ± 189.07
	检校后	1.38 ± 2.85	0.31 ± 3.33	−2.17 ± 4.76	0.77 ± 5.92

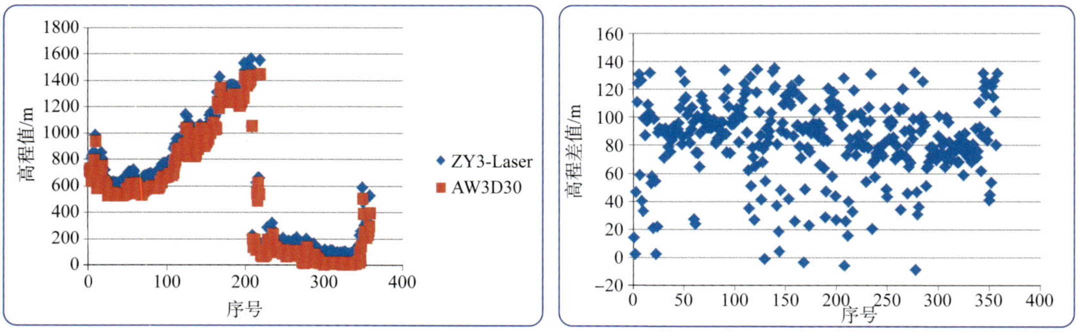

（a）第944轨ZY3-02星激光测高与AW3D30高程对比（检校前）

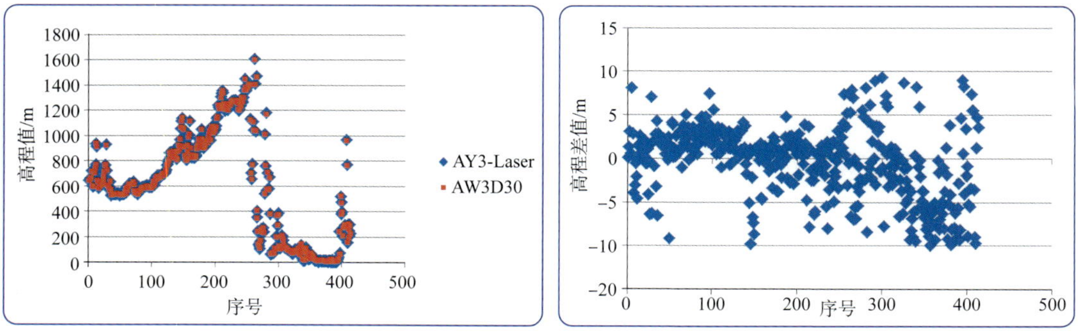

（b）第944轨ZY3-02星激光测高与AW3D30高程对比（检校后）

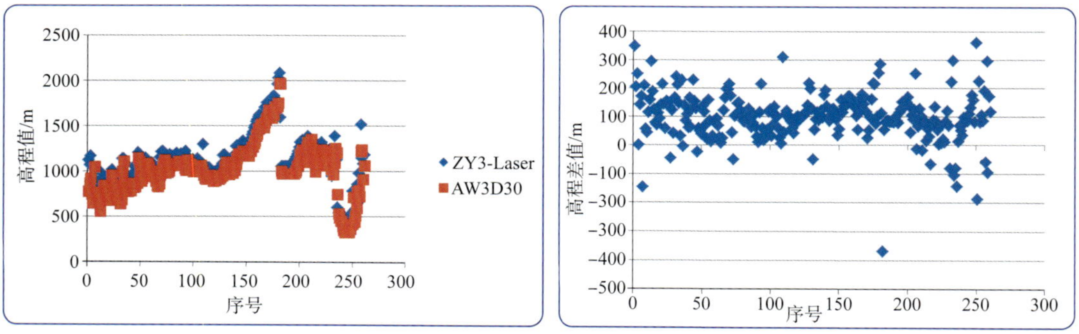

（c）第1081轨ZY3-02星激光测高与AW3D30高程对比（检校前）

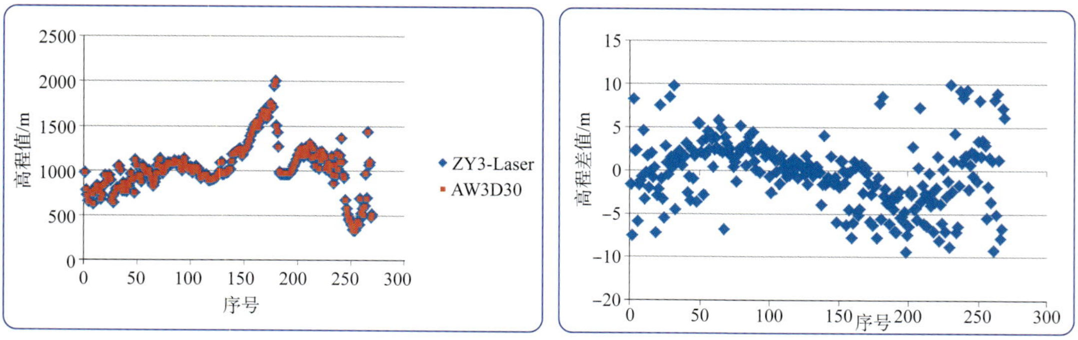

（d）第1081轨ZY3-02星激光测高与AW3D30高程对比（检校后）

图 5.61　检校前后 ZY3-02 星激光测高与 AW3D30 高程对比

为进一步确定激光测高精度，试验采用外业实测的方式，利用RTK测量平坦地区激光足印范围内的地面高程信息，进行激光测高数据的绝对精度验证。本试验测量了第1081轨9个激光光斑内的验证点数据，精度在5 cm以内，能够更精确地评价检校后的激光测高精度。

由于检校前后平面位置变化较大，检校前激光测量高程精度由AW3D30参考评价，检校后以实测的控制点作为参考评价。检校前后激光高程数据与各自参考数据的高程差值如图5.62所示，统计结果如表5.23所示。

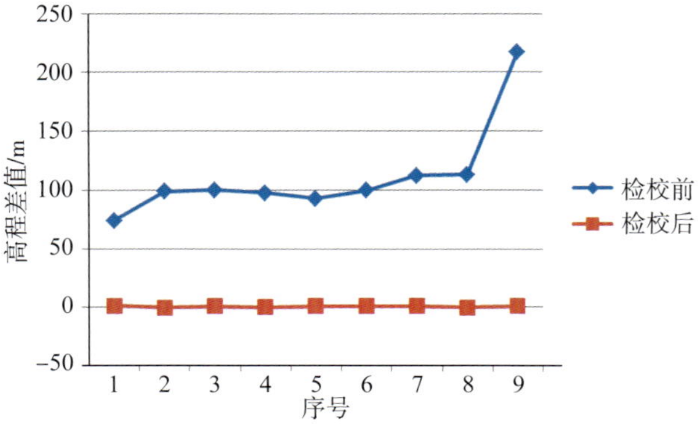

图 5.62　检校前后激光高程及其差值变化

表5.23　检校前后激光测高值统计

序号	激光测量高程值/m		高程差值/m	
	检校前	检校后	检校前	检校后
1	980.92	892.95	74.34	1.38
2	985.71	897.74	99.14	−0.02
3	990.23	902.27	100.27	0.96
4	994.24	906.30	97.88	0.13
5	998.64	910.69	92.96	1.03
6	1007.49	919.54	99.56	0.84
7	1035.77	947.82	112.2	1.04
8	1052.10	964.16	113.07	−0.4
9	1178.04	1090.10	217.49	0.92
均值/m			111.88	0.65
中误差/m			41.48	0.60

从图5.62可以很明显看出，检校后激光高程测量值精度有大幅提升。表5.23给出了9个激光测量高程值与验证点相比较情况，激光高程均值和中误差由检校前的111.88 ± 41.48 m降

低到检校后0.65 ± 0.60 m，精度提升了2个数量级。结果表明，检校后在平坦地区激光绝对高程精度优于1 m。

5.5.3.2 资源三号03星激光检校

2020年9月开展的3次资源三号03星激光测高在轨几何检校，均成功获取激光测高技术参数。联合3次外业成功检校结果，通过修正大气、潮汐误差、实现了对资源三号03星激光指向的在轨标定，标定后的指向角与安装指向角的差值结果如表5.24所示，Angle_X、Angle_Y、Angle_Z为三轴指向修正参数，Dis为距离修正参数。

表5.24 激光测高参数检校结果

检校阶段	Angle_X/（°）	Angle_Y/（°）	Angle_Z/（°）	Dis/m
地形检校	0.562	−0.046	−0.411	—
外业检校	0.557	−0.043	−0.412	0.2

上述结果可以看出，初始安装指向与外业检校指向相差甚大，经外业精检校后，激光指向相对更加接近于真实指向值。

外业检校期间，在非检校区域的平坦地形上（坡度小于2°，地表为平地且没有地物或植被覆盖），采用RTK采集激光足印地面高程作为地面验证控制数据，用于评估卫星激光绝对测高精度。先后在苏尼特右旗附近选取了三轨激光，共9个激光点，与4.3.1节中开展金字塔地形匹配激光检校试验所采用的9个激光验证点一致，激光点分布位置如图4.12所示。

如图5.63所示，以每个激光点为中心，在其周围 ± 24 m范围内，利用RTK按照3 m间隔实测81个地面控制点（黄色为地面控制点，红色为资源三号03星激光点）。

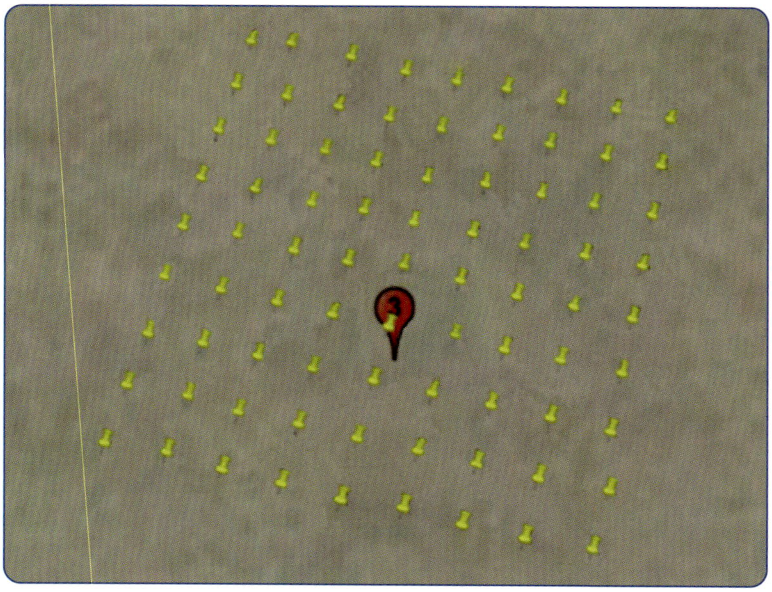

图 5.63 资源三号 03 星激光点及其周围地面控制点分布图

基于每个激光点周围的控制点实测数据，采用三次样条内插获取激光点实际高程的方式进行精度验证，计算检校后激光点高程与控制点内插高程的差值，9个激光点验证结果如表5.25所示。

表5.25　激光测高绝对精度验证结果

日期	点号	激光高程/m	实测高程/m	高程差/m
2020年9月8日	1	1007.388	1007.218	0.170
	2	1052.425	1052.183	0.242
2020年9月13日	3	1031.746	1031.270	0.476
	4	1071.313	1070.866	0.447
2020年9月23日	5	1073.457	1073.316	0.141
	6	1079.233	1079.174	0.059
	7	1074.747	1074.405	0.342
	8	1086.250	1086.500	−0.250
	9	1094.669	1094.992	−0.323
中误差/m				0.281

上述结果可以看出，经地面布设有源探测器的方法进行几何精检校后，资源三号03星激光在平地地形高程精度优于0.3 m。

2021年9月开展的3次资源三号03星激光测高在轨几何检校，均顺利获取激光测高技术参数。联合3次外业成功检校结果，通过修正大气、潮汐误差，实现了对资源三号03星激光指向的在轨标定，标定后的指向角与2020年指向角的差值结果如表5.26所示，Angle_X、Angle_Y、Angle_Z为三轴指向修正参数，Dis为距离修正参数。

表5.26　激光测高参数检校结果

检校阶段	Angle_X/（°）	Angle_Y/（°）	Angle_Z/（°）	Dis/m
外业检校	0.10003	0.00101	−0.03405	−0.16

外业检校期间，在非检校区域的平坦地形上（坡度小于2°，地表为平地且没有地物或植被覆盖），采用RTK采集激光脚点地面高程作为地面验证控制数据，用于评估卫星激光绝对测高精度。先后在苏尼特右旗附近选取了3轨激光，共12个激光点，激光点分布位置如图5.64所示。

如图5.64所示，以每个激光点为中心，在其周围 ± 24 m范围内，利用RTK按照3 m间隔实测81个地面控制点（绿色为地面控制点，红色为资源三号03星激光点）。

图 5.64 资源三号 03 星激光点及其周围地面控制点分布图

基于每个激光点周围的控制点实测数据，采用三次样条内插获取激光点实际高程的方式进行精度验证，计算检校后激光点高程与控制点内插高程的差值，12个激光点验证结果如表5.27所示。

表5.27 激光测高绝对精度验证结果

日期	点号	激光高程/m	实测高程/m	高程差/m
2021年8月28日	1	1037.862764	1037.9137	−0.050936
	2	1055.983218	1055.726	0.257218
2021年9月7日	3	1075.752044	1075.7115	0.040544
	4	1081.269003	1081.3355	−0.066497
	5	1090.426604	1090.4472	−0.020596
	6	1096.768926	1096.6438	0.125126
	7	1106.332258	1106.2953	0.036958
	8	1118.443346	1118.3952	0.048146
	9	1118.443346	1118.3952	0.048146
	10	1142.092697	1141.9178	0.174897
	11	1153.475477	1153.331	0.144477
	12	1134.86629	1134.8028	0.06349
中误差/m				0.0948

上述结果可以看出，经地面布设有源探测器的方法进行几何精检校后，资源三号03星激光在平地地形高程精度优于0.1 m。

2022年9月开展了2次资源三号03星激光测高在轨几何检校，均顺利获取激光测高技术参数。联合2次外业成功检校结果，通过修正大气、潮汐误差、实现了对资源三号03星激光指向的在轨标定，标定后的指向角与2021年指向角的差值结果如表5.28所示，Angle_X、Angle_Y、Angle_Z为三轴指向修正参数，Dis为距离修正参数。

表5.28　激光测高参数检校结果

检校阶段	Angle_X/（°）	Angle_Y/（°）	Angle_Z/（°）	Dis/m
外业检校	0.000092	0.001225	−0.001078	0.119338

上述结果可以看出，初始安装指向与外业检校指向相差甚大，经外业精检校后，激光指向相对更加接近于真实指向值。

外业检校期间，在非检校区域的平坦地形上（坡度小于2°，地表为平地且没有地物或植被覆盖），采用RTK采集激光脚点地面高程作为地面验证控制数据，用于评估卫星激光绝对测高精度。先后在苏尼特右旗附近选取了4轨激光，共5个激光点，与4.3.1节中开展金字塔地形匹配激光检校试验所采用的5个激光验证点一致，激光点分布位置如图5.65所示。

如图5.65所示，以每个激光点为中心，在其周围 ± 24 m范围内，利用RTK按照5 m间隔实测81个地面控制点（黄色为地面控制点，红色为资源三号03星激光点）。

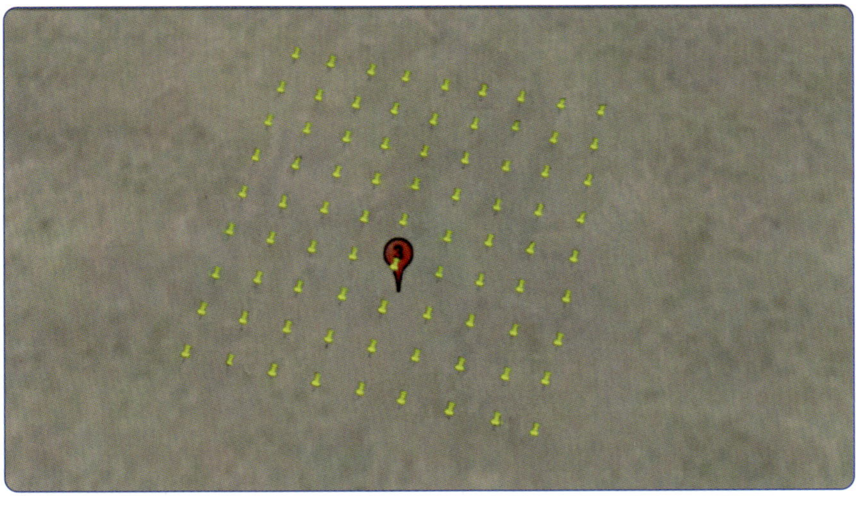

图 5.65　资源三号 03 星激光点及其周围地面控制点分布图

基于每个激光点周围的控制点实测数据，采用三次样条内插获取激光点实际高程的方式进行精度验证，计算检校后激光点高程与控制点内插高程的差值，5个激光点验证结果如表5.29所示。

表5.29 激光测高绝对精度验证结果

点号	激光高程/m	实测高程/m	高程差/m
1	698.804	698.671	-0.133
2	659.254	659.362	0.108
3	693.033	693.122	0.089
4	1087.137	1087.11	-0.027
5	1077.848	1077.811	-0.038
中误差/m			0.099

上述结果可以看出，经地面布设有源探测器的方法进行几何精检校后，资源三号03星激光在平地地形高程精度达到0.1 m，检校后实现优于0.3 m的精度要求。

5.5.3.3 高分七号卫星双波束激光检校

1）在轨几何检校结果

高分七号双波束激光测高仪采用由粗到精的“两步法”在轨几何检校，首先采用基于波形分析的方法进行单波束激光粗检校，进而利用地面探测器获取的激光足印能量质心位置，在大气延迟改正、潮汐值改正后，基于双波束激光测高仪在轨几何检校模型，对激光检校参数进行整体迭代解算，双波束参数改正数迭代过程中残差变化如图5.66所示。可以看出，迭代3次即可收敛，验证了模型的稳健性。

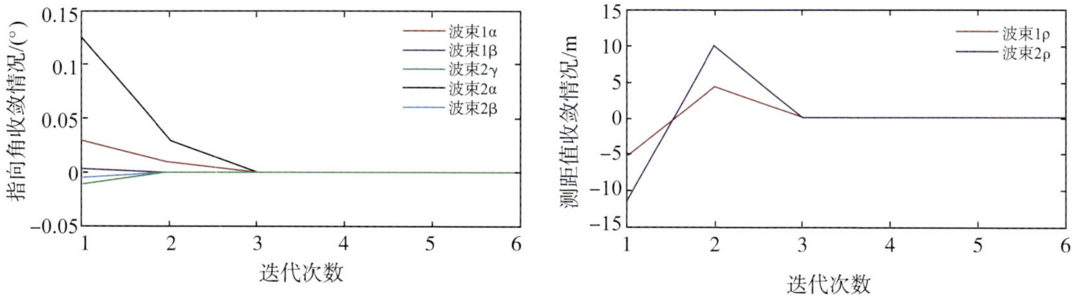

（a）双波束激光指向参数收敛情况　（b）双波束激光测距参数收敛情况

图 5.66 双波束激光检校参数收敛结果图

2020年6月高分七号双波束激光以“两步法”获得的激光检校参数（三轴指向修正参数Angle_X、Angle_Y、Angle_Z和距离修正参数Dis），结果如表5.30所示。

表5.30　激光检校后指向与原始指向参数差值结果

检校阶段	波束	Angle_X/（°）	Angle_Y/（°）	Angle_Z/（°）	Dis/m
粗检校	1	0.032	−0.037	0.032	—
	2	0.019	−0.021	−0.021	—
精检校	1	0.031	−0.038	0.033	−1.011
	2	0.107	−0.044	−0.414	−1.256

2）高分七号双波束激光测高精度验证

a.相对测高精度验证

选取2019年12月2日高分七号卫星第446轨激光数据，该轨激光数据过我国南方鄱阳湖地区，考虑到冬季南方湖面较为平静，可用于验证激光测高仪高程相对精度。试验区域以及试验数据分布如图5.67所示。

图 5.67　相对测高精度验证区域示意图

选取湖面上的激光点进行相对精度验证，其中波束1位于湖面共7个点，波束2共4个点。统计各波束测高中误差，结果如表5.31所示。

表5.31　鄱阳湖试验区激光测高相对精度验证

波束类型	点号	纬度/（°）	经度（/°）	激光高程/m	中误差/m
波束1	1	28.××	116.××	10.745765	0.047
	2	28.××	116.××	10.796222	
	3	28.××	116.××	10.695410	
	4	28.××	116.××	10.671369	
	5	28.××	116.××	10.720160	
	6	28.××	116.××	10.730290	
	7	28.××	116.××	10.659727	

结果表明，经大气、潮汐等误差修正后，高分七号激光波束1相对测高精度优于0.05 m，波束2相对测高精度优于0.06 m，表明高分七号激光测高数据稳定性较好。

b.卫星激光检校后激光足印平面精度验证

以高分七号卫星激光为试验对象，基于检校后的激光指向，分别应用其他外业检校激光点，计算每个激光点的平面位置。随后将探测器捕获的激光光斑平面位置作为真实位置，计算检校后计算的激光点与其真实位置的平面距离，用于衡量检校后的平面精度。图5.68为2020年6月14日第3402轨激光数据验证结果，其中红色图标为探测器确定的激光真实位置，蓝色图标为检校后的激光指向计算的地面位置。

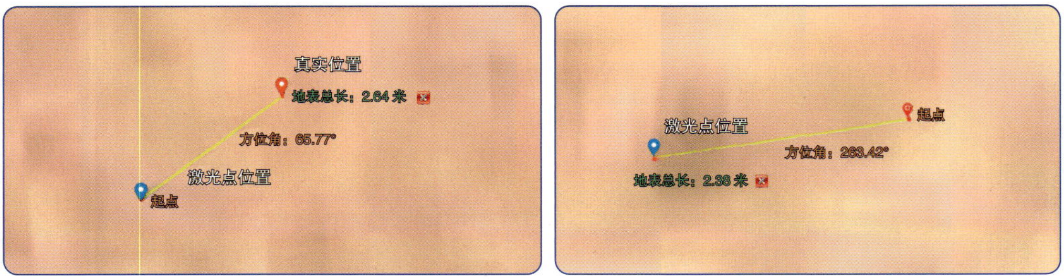

（a）波束1激光平面精度　　（b）波束2激光平面精度

图 5.68　第 3402 轨激光平面精度

基于该方法，分别验证了2020年6月19日、24日，9月19日的检校激光点的平面位置精度，结果如表5.32所示。

表5.32　高分七号卫星激光检校后平面精度

日期	轨道号	波束1平面精度/m	波束2平面精度/m	探测器格网间距/m	光斑提取精度波束1/（间隔）	光斑提取精度波束1/（间隔）
2020年6月14日	3402	2.61	2.38	8	0.33	0.30
2020年6月19日	3478	1.40	1.28	4	0.35	0.32
2020年6月24日	3555	0.81		3	0.27	—
2020年9月19日	4884		0.91	3	—	0.30
均值		1.61	1.52	—	0.32	0.31

由上述结果可以看出，若以探测器布设间隔为单位，检校后高分七号卫星激光平面精度达到了0.32个间隔左右。

c.绝对测高精度验证

外业检校期间，在非检校区域的平坦地形上（坡度小于2°，地表为平地且没有地物或植被覆盖），采用RTK采集了激光地面高程验证控制数据，其中，波束1验证数据22个，波束2验证数据24个，与检校处理后的激光测量高程数据对比结果如表5.33所示。

表5.33　激光测高绝对精度验证

单位：m

波束1				波束2			
序号	激光高程	控制高程	高程差值	序号	激光高程	控制高程	高程差值
1	1046.096	1045.923	0.173	1	1053.565	1053.690	−0.125
2	1043.427	1043.244	0.183	2	1056.531	1056.717	−0.186
3	1029.180	1029.043	0.137	3	1066.209	1066.471	−0.262
4	1074.190	1074.216	−0.026	4	1045.172	1045.254	−0.082
5	1084.580	1084.636	−0.056	5	1071.721	1071.717	0.004
6	1092.217	1092.287	−0.070	6	1079.265	1079.289	−0.024
7	1091.810	1091.818	−0.008	7	1080.026	1080.103	−0.077
8	1038.952	1038.865	0.087	8	1081.481	1081.606	−0.125
9	1040.736	1040.625	0.111	9	1088.015	1088.007	0.008
10	1040.756	1040.631	0.125	10	1076.137	1076.071	0.066
11	1050.801	1050.652	0.149	11	1074.432	1074.345	0.087
12	1050.023	1049.865	0.158	12	1078.353	1078.240	0.113
13	1051.554	1051.558	−0.004	13	1084.606	1084.564	0.042
14	1067.047	1066.953	0.094	14	1084.376	1084.315	0.061
15	1075.073	1074.972	0.101	15	1093.792	1093.675	0.117
16	1076.360	1076.292	0.068	16	1092.944	1092.921	0.023
17	1086.001	1086.007	−0.006	17	1101.480	1101.343	0.137
18	1089.925	1089.961	−0.036	18	1109.663	1109.637	0.026
19	1088.877	1089.012	−0.135	19	1118.486	1118.360	0.126
20	1118.686	1118.790	−0.104	20	1094.082	1093.979	0.103
21	1133.556	1133.612	-0.056	21	1121.161	1121.061	0.100
22	1136.435	1136.469	−0.034	22	1125.901	1125.848	0.053
				23	1128.618	1128.691	−0.073
				24	1124.473	1124.414	0.059
均值：0.039 m　中误差：0.097 m				均值：0.007 m　中误差：0.106 m			

由表5.33可以看出，经过双波束激光在轨几何检校后，高程系统误差抑制效果明显，波束1测高误差均值为0.039 m，中误差为0.097 m，波束2测高误差均值为0.007 m，中误差为0.106 m，验证点高程误差曲线如图5.69所示。

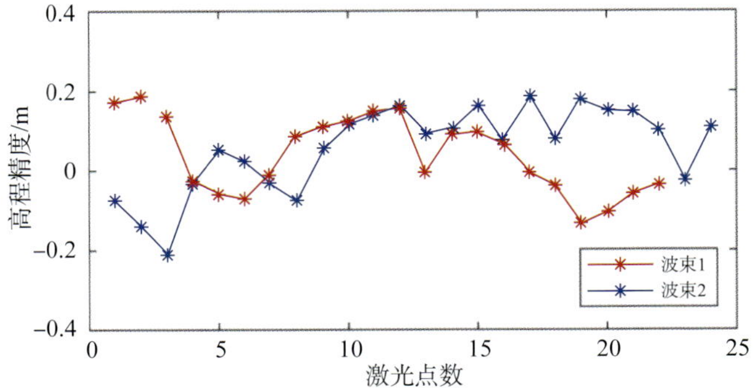

图 5.69　激光测高数据绝对精度验证

2021年9月外业检校期间，在非检校区域的平坦地形上（坡度小于2°，地表为平地且没有地物或植被覆盖），采用RTK采集了激光高程地面验证控制数据，先后在苏尼特右旗附近选取了三轨激光，共21个激光点，其中，波束1验证数据11个，波束2验证数据10个，与检校处理后的激光测量高程数据对比结果如表5.34所示。

表5.34　激光测高绝对精度验证　　单位：m

波束1				波束2			
序号	激光高程	控制高程	高程差值	序号	激光高程	控制高程	高程差值
1	1024.106631	1024.1495	0.043	1	999.348	999.333	−0.016
2	1009.492315	1009.599	0.107	2	979.772	979.760	−0.012
3	995.806152	995.64825	−0.158	3	973.295	973.275	−0.020
4	996.734476	996.72375	−0.011	4	1031.071	1031.102	0.030
5	989.865357	989.87325	0.008	5	1053.830	1053.843	0.013
6	1003.199549	1003.21375	0.014	6	1093.268	1093.362	0.094
7	1041.223906	1041.25425	0.030	7	1078.522	1078.574	0.052
8	1077.156205	1077.15425	−0.002	8	1066.358	1066.416	0.058
9	1074.23762	1074.15425	−0.083	9	1081.449	1081.425	−0.024
10	1046.494083	1046.43275	−0.061	10	1068.135	1068.213	0.078
11	1045.556853	1045.5335	−0.023				
均值：−0.012　中误差：0.070				均值：0.025　中误差：0.044			

由表5.32可以看出，经过双波束激光在轨几何检校后，高程系统差抑制效果明显，波束1误差均值为−0.012 m，中误差为0.070 m，波束2误差均值为0.025 m，中误差为0.044m，验证点高程误差曲线如图5.70所示。

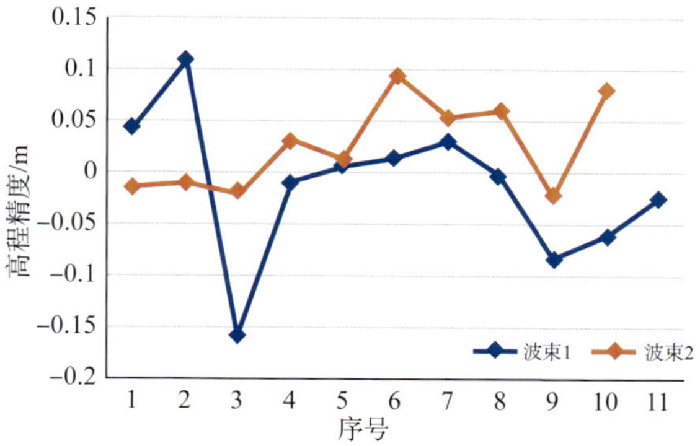

图 5.70　激光测高数据绝对精度验证

2022年9月外业检校期间，在非检校区域的平坦地形上（坡度小于2°，地表为平地且没有地物或植被覆盖），采用RTK采集了激光高程地面验证控制数据，其中，波束1验证数据7个，波束2验证数据7个，与检校处理后的激光测量高程数据对比结果如表5.35所示。

表5.35　激光测高绝对精度验证　　单位：m

波束1				波束2			
序号	激光高程	控制高程	高程差值	序号	激光高程	控制高程	高程差值
1	1039.906	1040.000	0.094	1	1055.691	1055.775	−0.084
2	1034.435	1034.538	0.103	2	1063.440	1063.506	−0.066
3	1038.666	1038.732	0.066	3	1067.584	1067.683	−0.099
4	1091.695	1091.581	−0.114	4	1058.322	1058.271	0.051
5	1095.526	1095.597	0.071	5	1055.939	1055.915	0.024
6	1096.924	1096.924	0	6	1060.430	1060.415	0.015
7	1093.104	1093.212	0.108	7	1035.308	1035.305	0.003
均值：0.047　中误差：0.080				均值：−0.022　中误差：0.059			

由表5.33可以看出，经过双波束激光在轨几何检校后，高程系统差抑制效果明显，波束1误差均值为0.047 m，中误差为0.080 m，波束2误差均值为−0.022 m，中误差为0.059 m，验证点高程误差曲线如图5.71所示。

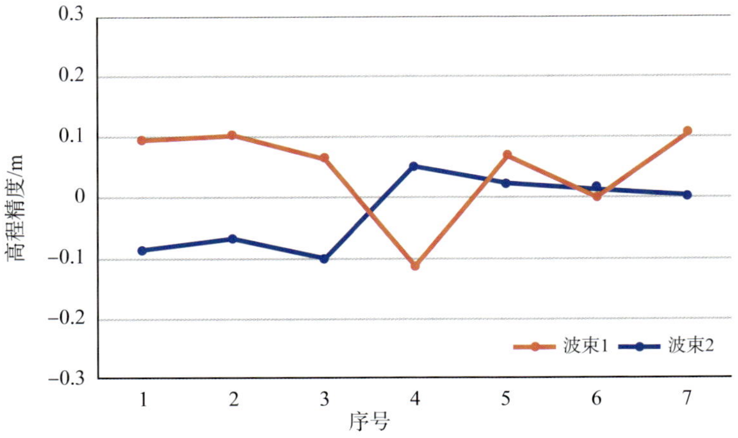

图 5.71　激光测高数据绝对精度验证

5.6　卫星激光几何检校处理与精度验证系统介绍

在国产卫星激光测高仪在轨几何检校多年技术积累的基础上，作者团队自主研制开发了一套卫星激光在轨几何检校处理与精度验证系统，软件界面如图5.72所示。

图 5.72　卫星激光在轨几何检校、处理与验证软件界面

软件包含基于地形匹配的卫星激光指向检校、卫星激光足印位置预报、基于地面探测器的卫星激光足印质心定位、基于地面探测器的卫星激光检校、卫星激光几何定位与高程精度粗验证、基于足印影像的卫星激光指向稳定性分析、卫星激光大气延迟改正、GF7-01卫星激光足印相机几何检校与处理等模块。

5.6.1　基于地形匹配的卫星激光指向检校模块

图5.73为基于地形匹配的卫星激光指向检校软件模块，该模块需根据右侧的输入项，依次选择激光测距数据文件，激光初始指向文件，卫星姿态数据文件卫星轨道数据文件，存放大气数据的文件夹目录，存放参考地形数据的文件夹目录，以及最后选取存储结果的文件路径。当右侧文件数据选取后，左侧“中心位置激光指向角参数”表格会自动填写，用户同样可修改此4行数据，改变试验的中心初始指向。“地形匹配试验范围参数”分别为激光指向的试验范围和步长，用户根据需求自行设置。“激光类型与地形数据参数”分别为卫星类型与参考地形类型，用户可根据试验数据进行自行选择。

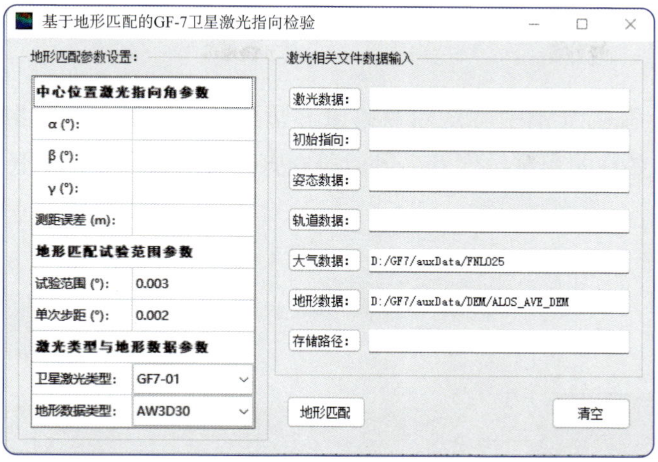

图 5.73　基于地形匹配的卫星激光指向检验程序界面

5.6.2　卫星激光足印位置预报模块

图5.74为卫星激光足印位置预报软件模块，该模块从上至下依次需选择卫星激光指向预估文件，卫星轨道预估文件，卫星姿态外推文件，存放参考地形数据的文件夹目录，以及最后选取存储结果的文件路径。最后设置需要预估的卫星过境时间，这里时间采用的是卫星激光的累计秒。

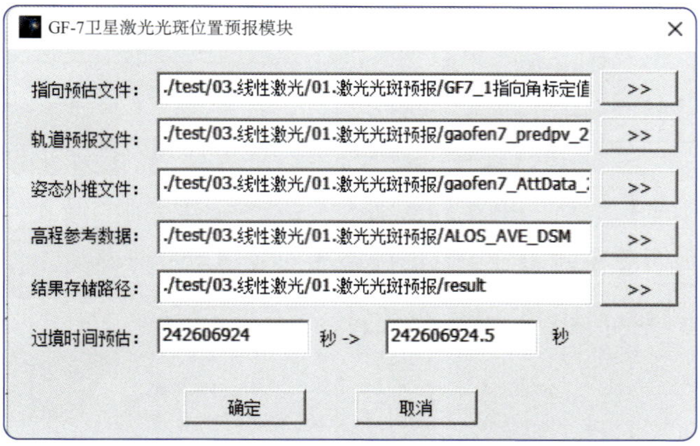

图 5.74　卫星激光足印位置预报程序界面

5.6.3　基于地面探测器的卫星激光足印质心定位

图5.75为基于地形匹配的卫星激光指向检校软件模块，该模块界面分为两部分，上半部分为输入数据选择，点击选择探测器文件，选取外业探测器捕获的激光光斑信息文件。下半部分为数据显示与结果显示，当选取了外业探测器数据后，下半部分表格将显示触发的探测器信息，每一行为一个探测器信息，包含序号、探测器的 X 坐标、探测器的 Y 坐标、探测器的 Z 坐标，以及探测器触发的能量值。同时，程序根据探测器坐标信息，还可计算初探测器布设间距。

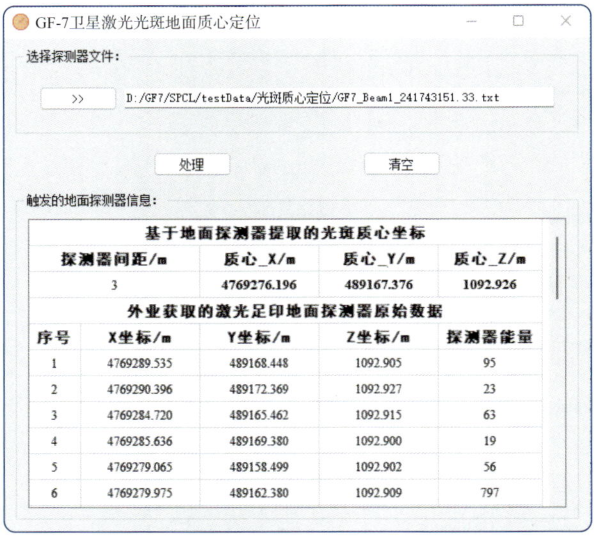

图 5.75　基于地面探测器的卫星激光足印质心定位程序界面

5.6.4　基于地面探测器的卫星激光几何检校

图5.76为基于地形匹配的卫星激光指向检校软件模块，该模块左侧为基于地面探测器检校所需数据输入界面，右侧为检校参数设置界面。首先根据左侧的输入项，依次选择根据探测器捕获激光光斑提取的激光光斑质心数据文件（认为是控制点数据）、激光测距数据文件、卫星姿态数据文件卫星轨道数据文件、存放大气数据的文件夹目录、激光初始指向文件，以及最后选取存储结果的文件路径。

当左侧选择控制点文件后，右侧“检校控制点信息”表格会自动填写为第一个控制点数据信息。选择激光指向后，会在界面下方表格填写检校前的激光指向数据，检校后结果，以及检校前后指向变化差值。“检校激光类型”用户可根据试验数据进行自行选择。

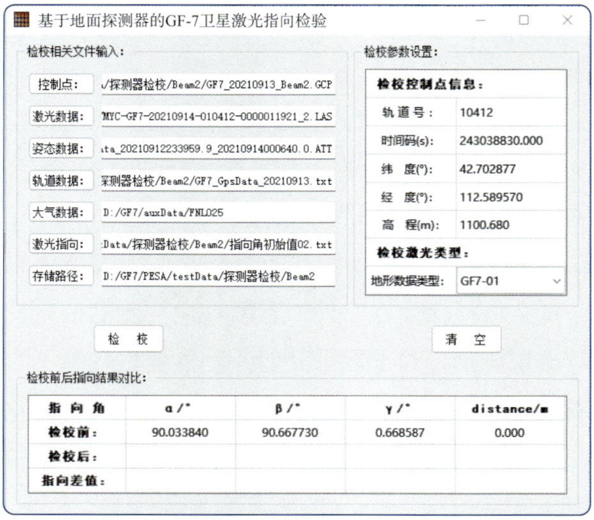

图 5.76　基于地面探测器的卫星激光几何检校程序界面

5.6.5　卫星激光几何定位与高程精度初检验

图5.77为基于地形匹配的卫星激光指向检校软件模块，该模块左侧为卫星激光几何定位与高程精度初检验所需数据输入界面，右侧为对应参数设置界面。首先根据左侧的输入项，依次选择激光测距数据文件、卫星姿态数据文件、卫星轨道数据文件、存放大气数据的文件夹目录、存放参考地形数据的文件夹目录、激光初始指向文件，以及最后选取存储结果的文件路径。完成了数据输入后，用户根据试验数据情况，选取右侧卫星类型、激光的波束类型以及参考地形数据类型。

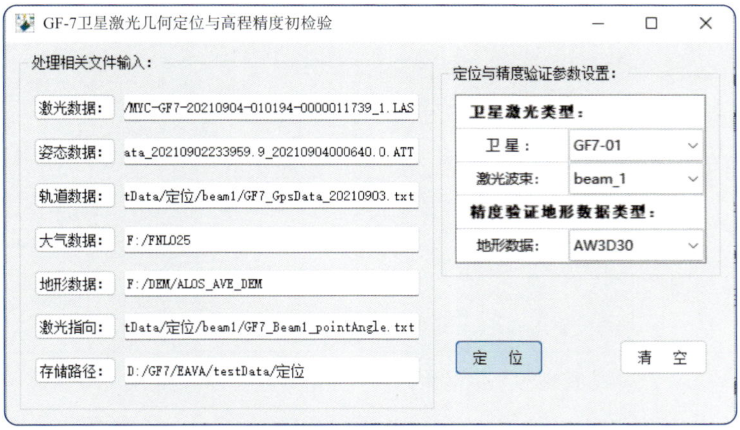

图 5.77　GF7-01 卫星激光几何定位与高程精度初检验程序界面

5.6.6　基于足印影像的卫星激光指向稳定性分析

图5.78为基于地形匹配的卫星激光指向检校软件模块，该模块界面上半部分为基于足印相机影像的GF7-01卫星激光指向稳定性分析，下半部分为基于光轴监视相机影像的GF7-01卫星激光指向稳定性分析。选取足印影像存储文件夹，根据选取的影像类型设置为GF7-01卫星激光波束1或者波束2，根据足印影像曝光的模式选择1次曝光和3次曝光。

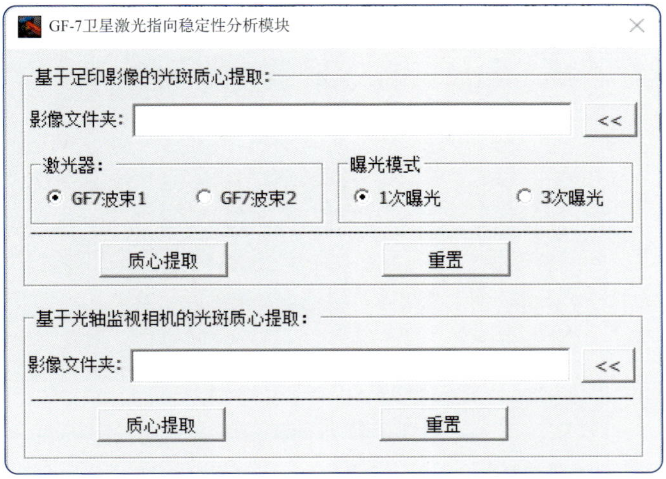

图 5.78　GF7-01 卫星激光指向稳定性分析程序界面

5.6.7 卫星激光大气延迟改正

图5.79为基于地形匹配的卫星激光指向检校软件模块，该模块要求输入大气文件夹（原始大气文件存储于该文件夹内），卫星激光脚点的纬度、经度、高程、激光天底角、测量时刻（精确到秒）。处理后，将直接输出激光脚点位置对应时刻时的气压值、降水量值、干项延迟、湿项延迟、天底改正值因子以及总体大气延迟改正值。

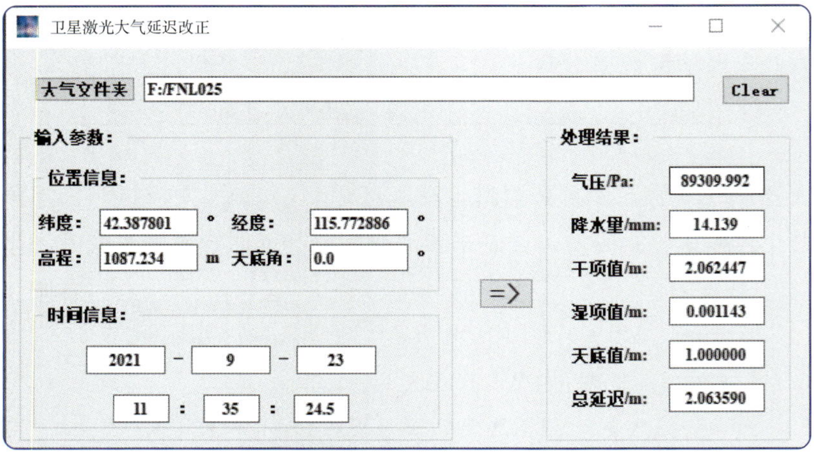

图 5.79 卫星激光大气延迟改正程序界面

5.6.8 GF7-01卫星激光足印相机几何检校与处理

图5.80为GF7-01卫星激光足印相机几何检校与处理软件模块界面，该模型需要通过文件菜单项批量导入项目工程文件，其中包含卫星激光姿态、轨道数据，足印影像数据，影像控制点数据，实验室相机畸变文件。读入的数据文件根据足印影像基本信息进行匹配，并直观显示于软件模块界面。经菜单栏上“处理”菜单项点击处理后，完成对足印相机的检校与数据处理。

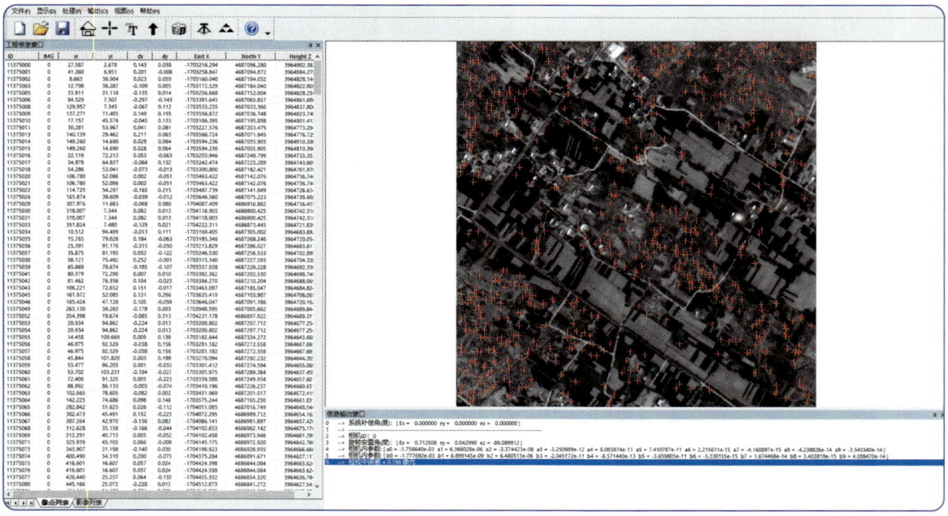

图 5.80 GF7-01 卫星激光足印相机几何检校与处理程序界面

第6章

足印影像与激光几何关联及复合测绘应用

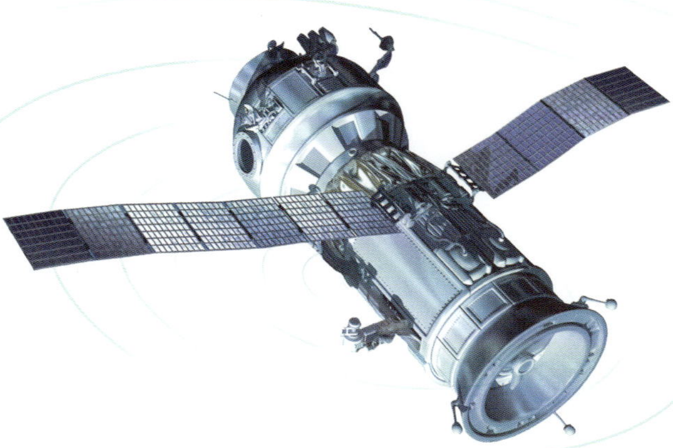

为了更好地辅助卫星上其他载荷（如光学相机）的对地观测，高分七号等卫星的激光测高系统配备了面阵成像的激光足印相机，在激光对地观测时可同步捕获地面激光光斑和周围地物的影像。激光发射光路与面阵相机成像几何关系稳定，激光光斑在足印影像上的像点位置相对稳定，可以精确确定激光在足印影像上的位置，以足印影像为桥梁，可为激光、足印影像、线阵影像等多传感器数据的联合处理提供基础。

由于面阵足印相机长焦距、窄视场的成像模式获取的影像噪声和畸变相对较大，需对其进行高精度的辐射、几何校正以满足激光位置高精度关联，同时开展基于足印影像辅助激光光学复合测绘处理示范应用。本章介绍了足印相机相对/绝对辐射校正、在轨分步检校几何标定、足印影像传感器校正处理、基于足印影像辅助激光与线阵立体影像复合测绘处理等方法，并以高分七号卫星为例，开展相应的试验验证与分析。

6.1　足印相机工作原理

以高分七号卫星为例，平台装载了2台CMOS器件的小面阵足印相机用于捕获激光地面光斑。两台足印相机的安装方式如图6.1所示，其中+x轴为飞行方向，+z轴为接收系统光轴方向。两台足印相机横置于卫星飞行方向上，分别命名为波束1和波束2，用于捕获激光测高仪左、右两侧的激光光斑。两波束足印相机主光轴夹角为0.7°，足印相机成像中心视场（0，±0.7°）为探测器中心坐标原点，成像x轴视场角是-0.1°～+0.1°范围，y轴视场角是±0.6°～±0.8°范围，属于典型的长焦距、窄视场成像模式。

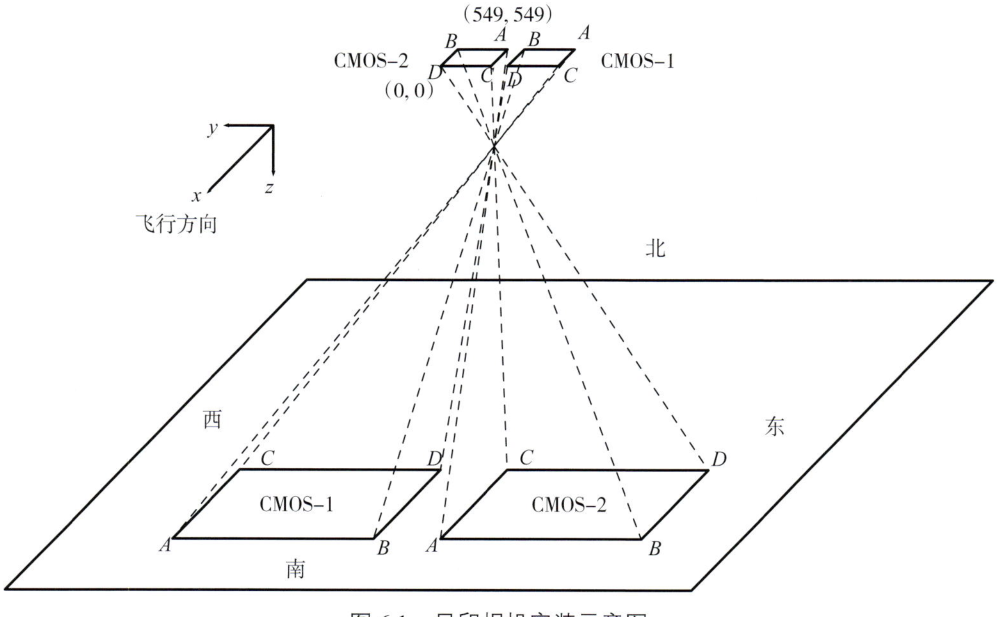

图 6.1　足印相机安装示意图

足印相机地物成像光谱范围为500～720 nm，被测激光波长为1064±1.7 nm，激光能量可以调节以保证相机探头高质量成像。CMOS探测器采取3×3像元合并方式成像，等效像元尺寸16.5 μm× 16.5 μm，对应地面分辨率3.2 m。足印相机的系统参数如表6.1所示。

表6.1　GF7-01足印相机工作参数

项目	波束1	波束2
焦距/mm	2500	2500
光谱范围/nm	500 ~ 720	500 ~ 720
像元大小/μm	16.5	16.5
地面分辨率/m	3.2	3.2
倾角/（°）	+0.7	−0.7
X 轴视场角/（°）	+0.1	−0.1
Y 轴视场角/（°）	+0.6 ~ +0.8	−0.6 ~ −0.8
单景影像尺寸/像元	550 × 550	550 × 550
单景影像范围/（km × km）	1.76 × 1.76	1.76 × 1.76

高分七号卫星足印相机具有两种作业模式：同步曝光、异步曝光。其中，同步曝光模式下，激光测高仪激光发射时刻足印相机曝光，此时足印相机可以同时捕获地物和激光光斑，如图6.2（a）所示。异步曝光时，足印相机采用三次毗邻曝光模式。其中Ⅰ、Ⅲ次曝光为全模式曝光，采集图幅大小为550 × 550像元的足印影像，构成同轨立体，Ⅱ次曝光与激光发射时刻对应，用于捕获激光测高仪足印光斑图像，图幅大小为84 × 84像元。

（a）同步曝光

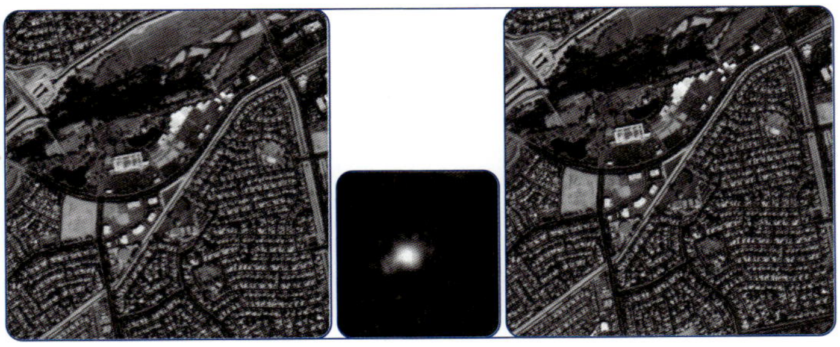

（b）异步曝光（左为足印影像Ⅰ，中为光斑影像Ⅱ，右为足印影像Ⅲ）

图 6.2　足印相机影像

6.2　足印相机辐射定标

卫星载荷的原始数据由于相机不同探元的响应不一致，会造成足印影像上出现条带，包括探测器之间、扫描线之间及多个扫描行的条带，也会造成不同探测器间的色差。卫星在轨获取的面阵足印影像，需开展相对辐射校正以消除由于探测器在空间上的响应不一致、在时间上的不稳定性，以及电路噪声等所引起的非均匀性辐射失真（徐文 等，

2016），并开展绝对辐射校正，获取像元的绝对辐射亮度。本节主要基于实验室辐射定标系数开展足印相机业务化辐射校正处理。

6.2.1 相对辐射校正

6.2.1.1 相对辐射校正基本原理

根据高分七号卫星面阵足印相机CMOS响应特性，通过对足印相机地面试验数据的分析，确定足印相机的CMOS模型为一次线性模型。即：

$$\begin{cases} Y_i = \mathrm{Gain}_i \cdot I_i + \mathrm{Offset}_i \\ I_i = (Y_i - \mathrm{Offset}_i) / \mathrm{Gain}_i \end{cases} \tag{6.1}$$

式中：Y_i，I_i 分别为第 i 个CMOS像元的图像输出和输入光强；Gain_i，Offset_i 分别为第 i 个像元的光电响应特性的增益和偏置。

实验室积分球以均匀光源照射时，由式（6.1）中的反函数得到：

$$(Y_i - \mathrm{Offset}_i) / \mathrm{Gain}_i = (Y_j - \mathrm{Offset}_j) / \mathrm{Gain}_j = \cdots\cdots = (Y_n - \mathrm{Offset}_n) / \mathrm{Gain}_n \tag{6.2}$$

由式（6.2）可以看出，在相机的成像模型是线性的条件下，当入射能量相同时，各像元输出之间也呈线性关系，即若以某个像元的输出作为标准输出，其他像元输出通过一个线性关系校正，即可与标准输出相同。

$$Y_{\mathrm{std}} = k_i \cdot Y_i + b_i = k_j \cdot Y_j + b_j = \cdots\cdots = k_n \cdot Y_n + b_n \tag{6.3}$$

式中：Y_{std} 为标准的像元输出；(k_i, b_i)，(k_j, b_j)，(k_n, b_n) 分别为第 i，j，n 个像元的校正模型。

式（6.3）即为遥感影像相对辐射校正的基本模型，首先通过定标方法得到每个像元的校正模型参数 (k_i, b_i)；当获得卫星的在轨影像时，利用校正模型对影像每一行相应的像元输出值进行修正。即：

$$Y_{i,\mathrm{out}} = k_i \cdot Y_{i,\mathrm{in}} + b_i \tag{6.4}$$

式中：$Y_{i,\mathrm{out}}$ 为经相对辐射校正后的像元i输出值；$Y_{i,\mathrm{in}}$ 为在轨获得的影像真实像元值。

6.2.1.2 GF7-01卫星足印相机实验室相对辐射定标

足印相机实验室相对辐射定标主要是以积分球为基准。在实验室内，用相机对积分球成像，通过调整积分球亮度获取一系列不同亮度的图像，将相机视为一个系统，建立相机输出的数字量化输出DN（Digital Number）值与其所对应视场中辐射亮度值之间的定量关系。

相机实验室辐射定标主要采用积分球、相机支架、相机等设备，详见表6.2。其中积分球由美国蓝菲（Labsphere）光学公司生产，口径800 mm，积分球辐射亮度光谱见图6.3，通过不同编号的灯组合实现不同能级。待定标的足印相机的量化位数为14 bit，单个波段，影像大小为550 × 550个像元，足印相机光谱响应函数曲线如图6.4所示。

表6.2　足印相机实验室辐射定标设备

设备	用途	注意事项
积分球	模拟地物入射光，提供均匀光源	积分球辐射亮度光谱应尽量与地物相似，积分球口径应大于相机镜头尺寸
相机支架	支撑相机	与相机重量相匹配
相机	获取图像	保证镜头清洁

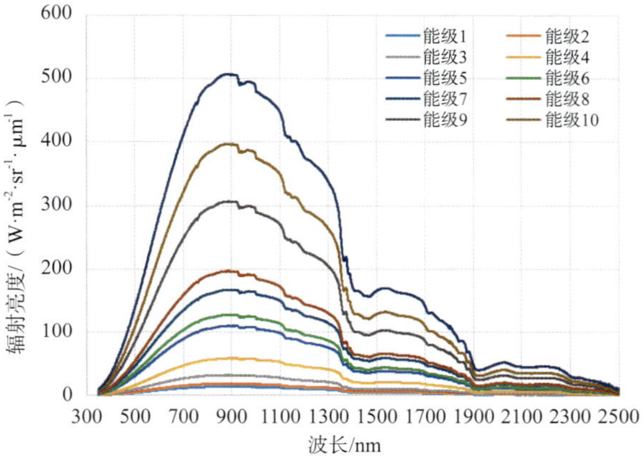

图 6.3　积分球辐射亮度光谱

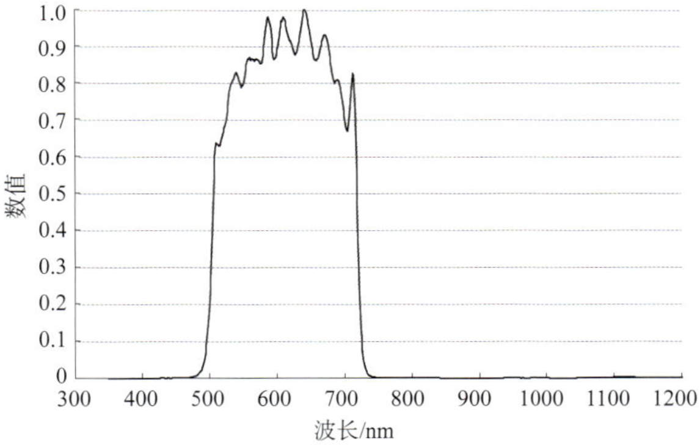

图 6.4　足印相机光谱响应函数

在实验室测试环境下（图6.5），利用积分球多级能级成像试验，获取相对辐射校正系数的斜率和截距。采用最小二乘法一次拟合计算实验室相对辐射定标系数，设 DN_k 为第 k 级辐亮度级下所有有效探元的 DN 均值，$DN_{i,k}$ 为第 k 级辐亮度级下第 i 探元的 DN 均值，一次拟合的方程如下：

$$\begin{cases} DN_1 = a_i \times DN_{i,1} + b_i \\ DN_2 = a_i \times DN_{i,2} + b_i \\ \cdots\cdots \\ DN_k = a_i \times DN_{i,k} + b_i \end{cases} \tag{6.5}$$

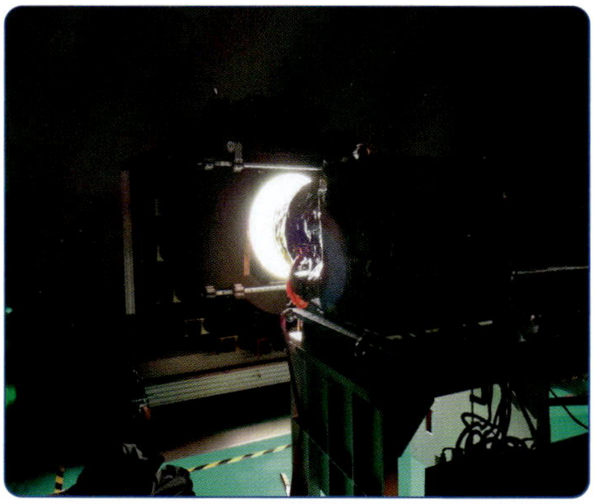

图 6.5　足印相机实验室辐射定标实验

按最小二乘原理对式（6.5）中 k 个一次方程求解，即可得到相对辐射定标系数 a_i 和 b_i。

实验室相对辐射定标的误差源主要来源于相对辐射定标时所使用的定标系统（参考光源）的非均匀性和载荷自身噪声。因此，由参考光源的非均匀性和载荷噪声造成的误差综合得到相对辐射定标误差，计算公式为

$$e = \sqrt{\overline{e}_{\mathrm{r}}^2 + e_{\mathrm{U}}^2} \tag{6.6}$$

式中：e_{U} 为定标系统的非均匀性造成的误差，积分球定标系统均匀性指标优于0.46%；$\overline{e}_{\mathrm{r}}$ 为由自身噪声造成的相对辐射定标误差，计算公式为

$$\overline{e}_{\mathrm{r}} = \frac{1}{N_t}\sum_t \frac{e_{\mathrm{r}}(t)}{\overline{\widehat{DN}}(t)} \tag{6.7}$$

$$e_{\mathrm{r}}(t) = \frac{1}{M \times N}\sum\left[\frac{\left|\widehat{DN}(i,j,t) - \overline{\widehat{DN}}(t)\right|}{\overline{\widehat{DN}}(t)}\right] \times 100\% \tag{6.8}$$

式中：$e_{\mathrm{r}}(t)$ 为积分球为 t 能级时的校正误差；$\overline{\widehat{DN}}(t)$ 为校正积分球为 t 能级时，像元 DN 值的均值；M，N 为列、行数。

从表6.3可以看出，在考虑定标系统非均匀性误差项后，足印相机1和足印相机2的实验室相对辐射定标误差均在1%以内。

表6.3　足印相机实验室相对辐射定标误差分析　　单位：%

相机	定标系统非均匀性误差项	算法和模型误差项	总误差
足印相机1	0.5	0.3	0.6
足印相机2	0.5	0.3	0.6

6.2.1.3　GF7-01卫星足印相机相对辐射校正处理

针对本节提出的足印相机相对辐射定标方法，基于实验室测试的暗电流数据和相对辐射定标系数对足印相机进行了暗背景去除和相对辐射校正处理，从图6.6中可以看出校正

后的影像数据辐射均一性更高，影像光斑更明显，能更加有效地识别地物。

GF7-01卫星面阵足印相机相对辐射校正处理采用两点法进行，两点法可以表示为

$$\widehat{DN}(i,j)=A(i,j)\times\widetilde{DN}(i,j)+B(i,j) \tag{6.9}$$

式中：i，j 为相机像元行列号；$\widehat{DN}(i,j)$ 为校正之后的像元 DN（Digital Number）值；$\widetilde{DN}(i,j)$ 为原始图像扣除暗电流之后的 DN 值；$A(i,j)$，$B(i,j)$ 分别为相对辐射定标系数的斜率和截距。

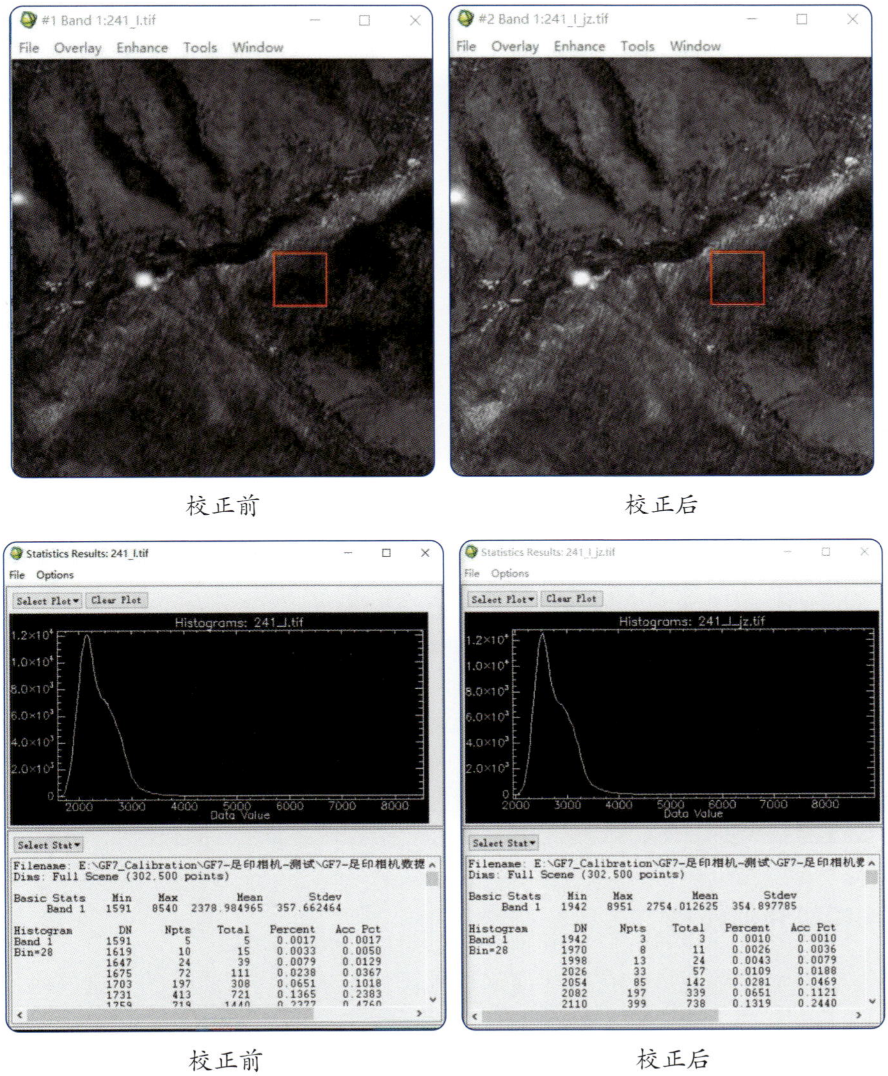

图 6.6　足印相机相对辐射校正测试结果

6.2.2　绝对辐射校正

足印相机的实验室绝对辐射定标方法可以表示为

$$L=a\times \mathrm{DN} \tag{6.10}$$

式中：L 为辐射亮度；DN 为经过相对辐射校正后的，并扣减暗背景的像元 DN 值；a 为辐射定标系数。L 为相机光谱响应函数与积分球辐射亮度光谱的积分，计算方法为

$$L = \int srf(\lambda) L_t(\lambda) \mathrm{d}\lambda \tag{6.11}$$

式中：L 为辐射亮度；λ 为波长；$L_t(\lambda)$ 为能级为 t 时积分球辐射亮度；$srf(\lambda)$ 为光谱响应函数。

实验室绝对辐射定标精度由标准传递的准确度和定标核心设备——积分球的均匀性与稳定性决定。除此之外，绝对辐射定标模型误差、相对辐射定标误差、载荷自身的非线性和非稳定性也是重要影响因子。根据上述因子合成后，绝对辐射定标误差的计算方法为

$$\varepsilon=\sqrt{\varepsilon_{\mathrm{P}}^2 + e_{\mathrm{U}}^2 + \varepsilon_{\mathrm{M}}^2 + e^2} \tag{6.12}$$

式中：ε 为绝对辐射定标精度；ε_{P} 为定标系统不确定度，光谱辐射亮度不确定度为3.82%；e_{U} 为定标系统的非均匀性造成的误差，积分球定标系统均匀性指标优于0.46%；ε_{M} 为非线性和模型造成的误差；e 为相对辐射定标误差。ε_{M} 的计算方法为

$$\varepsilon_{\mathrm{M}} = \frac{1}{N_t}\sum_t \frac{\left|\hat{L}_t - L_t\right|}{L_t} \times 100\% \tag{6.13}$$

式中：ε 为绝对辐射定标误差；t 为积分球能级；$\hat{L}_t$ 为估算的辐射亮度值；L_t 为积分球辐射亮度；N_t 为能级数量。

根据实验室测试结果，高分七号卫星足印相机1的绝对辐射定标误差≤4.0%，足印相机2的绝对辐射定标误差≤4.5%。

表6.4　足印相机实验室绝对辐射定标误差分析　　单位：%

相机	定标系统非均匀性误差项	辐射定标系统稳定性误差项	相对辐射定标误差项	算法模型误差项	总误差
足印相机1	0.5	3.0	0.6	2.5	4.0
足印相机2	0.5	3.0	0.6	2.9	4.2

6.3　足印相机几何检校

高分辨率光学遥感卫星的在轨几何定标是确保其成像几何质量的关键技术（Teshima et al., 2008；Takaku et al., 2009； Poli et al., 2012；蒋永华 等, 2013；曹金山 等, 2014）。尽管高分七号卫星发射前，足印相机已经经过地面实验室严格标定，获取了足印相机的畸变曲线及相对于姿态控制系统的安装关系角，在卫星发射过程中，由于应力释放、材料出气、空间环境变化等各种因素的影响，相机安装角会发生变化（徐文 等, 2016），相机成像内参数（主点、主距、光学畸变等）与地面实验室标定也有一定差异，因此需要对足印相机内外参数重新进行在轨几何检校。

6.3.1 足印相机严密成像几何模型

光学卫星的成像几何模型可建立其影像像素坐标与地面坐标的对应关系，模型的精度将直接影响影像产品的定位精度和影像内容的几何精度。成像几何模型一般分为两类：严密成像几何模型和广义成像几何模型。广义成像几何模型不需要考虑传感器成像的物理意义，直接采用数学函数描述物方点与像点之间的几何关系，如广泛使用的有理多项式（RPC模型）等；严密成像几何模型是从轨道模型、姿态模型、成像几何等方面出发来建立卫星遥感影像的构像模型，不同类型的传感器的成像模型不同，对于卫星的在轨高精度检校不可或缺。针对GF7-01卫星轨道、姿态及面阵足印相机的数据获取特点，建立足印相机严密成像几何模型如下：

$$\begin{bmatrix} x-x_0-\Delta x \\ y-y_0-\Delta y \\ -f \end{bmatrix} = \lambda \times \boldsymbol{R}_{\text{body}}^{\text{cam}}\left(e_x,e_y,e_z\right) \times \left[\boldsymbol{R}_{\text{J2000}}^{\text{body}} \times \left[\boldsymbol{R}_{\text{wgs84}}^{\text{J2000}} \times \begin{bmatrix} X_{\text{g}}-X_{\text{s}} \\ Y_{\text{g}}-Y_{\text{s}} \\ Z_{\text{g}}-Z_{\text{s}} \end{bmatrix} \right] + \begin{bmatrix} d_x \\ d_y \\ d_z \end{bmatrix} \right] \tag{6.14}$$

式中：λ 为成像比例；$\begin{bmatrix} X_{\text{s}} & Y_{\text{s}} & Z_{\text{s}} \end{bmatrix}^{\text{T}}$ 为成像时卫星本体坐标系在WGS84坐标系（地球固定地面参考系，CTS）下的位置矢量，可由轨道数据根据时间插值而得；$\begin{bmatrix} X_{\text{g}} & Y_{\text{g}} & Z_{\text{g}} \end{bmatrix}^{\text{T}}$ 为像点对应地物的WGS84坐标系下的物方坐标；$\boldsymbol{R}_{\text{body}}^{\text{cam}}$ 为卫星本体坐标系到相机坐标系的转换矩阵；$\left(e_x,e_y,e_z\right)$ 为足印相机的安装角，用于确定相机的安装关系；$\boldsymbol{R}_{\text{J2000}}^{\text{body}}$ 为J2000坐标系到卫星本体坐标系的转换矩阵，为姿态控制系统的量测矩阵，可由姿态数据根据时间插值而得；$\boldsymbol{R}_{\text{wgs84}}^{\text{J2000}}$ 为WGS84坐标系到J2000（空间固定惯性参考系，CIS）的转换矩阵；$\begin{bmatrix} d_x & d_y & d_z \end{bmatrix}^{\text{T}}$ 为相机坐标系相对于卫星本体坐标系的原点偏移；$\left(x_0,y_0\right)$ 为相机主点；f 为相机主距；$\left(\Delta x,\Delta y\right)$ 为相机像元畸变。公式6.7中的旋转矩阵 $\boldsymbol{R}_{\text{body}}^{\text{cam}}$ 定义了足印相机相对卫星本体系的安装角元素，实验室安装角 $\left(e_{x_0},e_{y_0},e_{z_0}\right)$ 在轨运行时的变化引起的系统偏差称为偏置角 $\left(\Delta e_x,\Delta e_y,\Delta e_z\right)$，相机的外参数检校主要是加入偏置矩阵 $\boldsymbol{R}_{\text{U}}$ 进行补偿。

$$\begin{bmatrix} x-x_0-\Delta x \\ y-y_0-\Delta y \\ -f \end{bmatrix} = \lambda \times \boldsymbol{R}_{\text{U}}\left(\Delta e_x,\Delta e_y,\Delta e_z\right) \times \boldsymbol{R}_{\text{body}}^{\text{cam}} \times \left[\boldsymbol{R}_{\text{J2000}}^{\text{body}} \times \left[\boldsymbol{R}_{\text{wgs84}}^{\text{J2000}} \times \begin{bmatrix} X_{\text{g}}-X_{\text{s}} \\ Y_{\text{g}}-Y_{\text{s}} \\ Z_{\text{g}}-Z_{\text{s}} \end{bmatrix} \right] + \begin{bmatrix} d_x \\ d_y \\ d_z \end{bmatrix} \right] \tag{6.15}$$

偏置矩阵 $\boldsymbol{R}_{\text{U}}$ 为正交旋转矩阵，其详细定义为：

$$\boldsymbol{R}_{\text{U}}\left(\Delta e_x,\Delta e_y,\Delta e_z\right) = \begin{bmatrix} a_1 & a_2 & a_3 \\ b_1 & b_2 & b_3 \\ c_1 & c_2 & c_3 \end{bmatrix} =$$

$$\begin{bmatrix} \sin\Delta e_x \cos\Delta e_z - \cos\Delta e_x \sin\Delta e_z \sin\Delta e_y & -\sin\Delta e_x \sin\Delta e_z - \cos\Delta e_x \cos\Delta e_z \sin\Delta e_y & -\cos\Delta e_x \cos\Delta e_y \\ -\cos\Delta e_x \cos\Delta e_z - \sin\Delta e_x \sin\Delta e_z \sin\Delta e_y & \cos\Delta e_x \sin\Delta e_z - \sin\Delta e_x \cos\Delta e_z \sin\Delta e_y & -\sin\Delta e_x \cos\Delta e_y \\ \cos\Delta e_y \sin\Delta e_z & \cos\Delta e_y \cos\Delta e_z & -\sin\Delta e_y \end{bmatrix} \tag{6.16}$$

内方位元素描述了像平面坐标系到相机坐标系的转换关系，决定了各探元在相机坐标系下的光线矢量，为了避免严格物理模型公式的过度参数化导致解的不稳定性，构建二维指向角模型作为GF7-01卫星足印相机的内参数检校模型，如图6.7所示（王密 等, 2017），$OXYZ$ 为传感器坐标系，V_{Image} 为某个探元指向，ψ_x 、ψ_y 即为探元指向角。

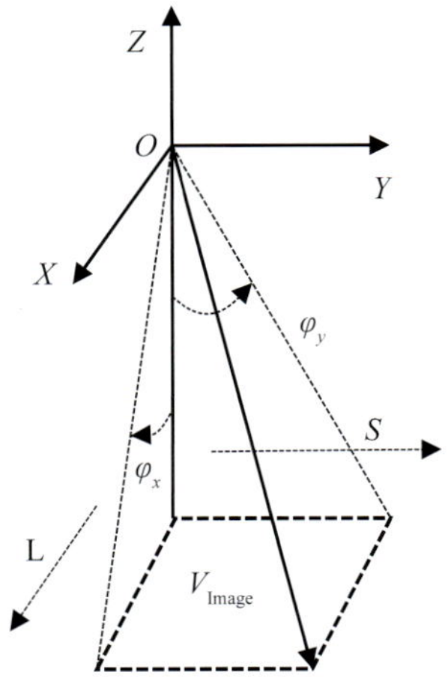

图 6.7　面阵相机的二维探元指向角

定义探元坐标 (t_x, t_y) 如式（6.17）所示：

$$\begin{cases} t_x = \tan\psi_x = \dfrac{x - x_0 - \Delta x}{f} \\ t_y = \tan\psi_y = \dfrac{y - y_0 - \Delta y}{f} \end{cases} \tag{6.17}$$

这样，内方位元素检校即为解求每个探元的指向角矢量。通过检校每个探元在足印相机空间坐标系下指向角恢复每个探元在相机空间坐标系下的光线矢量。进而构建基于二维探元指向角的足印相机几何检校模型如下：

$$\begin{bmatrix} t_x \\ t_y \\ -1 \end{bmatrix} = \lambda \times \boldsymbol{R}_{\text{U}} \times \boldsymbol{R}_{\text{body}}^{\text{cam}} \times \left[\boldsymbol{R}_{\text{J2000}}^{\text{body}} \times \left[\boldsymbol{R}_{\text{wgs84}}^{\text{J2000}} \times \begin{bmatrix} X_{\text{g}} - X_{\text{s}} \\ Y_{\text{g}} - Y_{\text{s}} \\ Z_{\text{g}} - Z_{\text{s}} \end{bmatrix} \right] + \begin{bmatrix} d_x \\ d_y \\ d_z \end{bmatrix} \right] \tag{6.18}$$

6.3.2　足印相机内外参数检校

高分七号足印相机在轨几何检校采用分步检校方法。首先完成外参数检校，在轨检校出足印相机的载荷安装偏差，解求偏置矩阵的3个偏置角 $\Delta e_x, \Delta e_y, \Delta e_z$ ；然后进行内参数检校，确定探元指向与像点坐标之间的转换关系。

6.3.2.1　外参数解算

具体解算时内外方位初值采用实验室标定参数值，令

$$\begin{bmatrix} B_x \\ B_y \\ B_z \end{bmatrix} = \boldsymbol{R}_{\text{body}}^{\text{cam}} \times \left[\boldsymbol{R}_{\text{J2000}}^{\text{body}} \times \left[\boldsymbol{R}_{\text{wgs84}}^{\text{J2000}} \times \begin{bmatrix} X_{\text{g}} - X_{\text{s}} \\ Y_{\text{g}} - Y_{\text{s}} \\ Z_{\text{g}} - Z_{\text{s}} \end{bmatrix} \right] + \begin{bmatrix} d_x \\ d_y \\ d_z \end{bmatrix} \right] \tag{6.19}$$

则

$$\begin{bmatrix} t_x \\ t_y \\ -1 \end{bmatrix} = \lambda \times \begin{bmatrix} a_1 & a_2 & a_3 \\ b_1 & b_2 & b_3 \\ c_1 & c_2 & c_3 \end{bmatrix} \times \begin{bmatrix} B_x \\ B_y \\ B_z \end{bmatrix} \tag{6.20}$$

构建误差方程

$$\begin{cases} V_x = -\dfrac{a_1 B_x + a_2 B_y + a_3 B_z}{c_1 B_x + c_2 B_y + c_3 B_z} - t_x \\ V_y = -\dfrac{b_1 B_x + b_2 B_y + b_3 B_z}{c_1 B_x + c_2 B_y + c_3 B_z} - t_y \end{cases} \tag{6.21}$$

式中：V_x 为沿轨指向角残差；V_y 为垂轨指向角残差。

将所有控制点坐标及其对应的探元坐标带入式（6.21），并构建每个控制点误差方程进行线性化处理，可以得到总误差方程，如式（6.22）所示：

$$\boldsymbol{V}_i = \boldsymbol{A}_i \boldsymbol{X} - \boldsymbol{L}_i \tag{6.22}$$

式中：$\boldsymbol{L}_i$ 为第 i 景影像外定标参数得到的误差向量；$\boldsymbol{A}_i$ 是第 i 景影像误差方程的系数矩阵；$\boldsymbol{X}=\begin{bmatrix} \Delta e_x & \Delta e_y & \Delta e_z \end{bmatrix}^{\text{T}}$ 为当前外检校参数的改正值。

按照最小二乘平差原理，平差解算可得：

$$\boldsymbol{X} = \left(\sum_{i=1}^{K} \boldsymbol{A}_i^{\text{T}} \boldsymbol{A}_i \right)^{-1} \left(\sum_{i=1}^{K} \boldsymbol{A}_i^{\text{T}} \boldsymbol{L}_i \right) \tag{6.23}$$

6.3.2.2 内参数解算

完成外检校后，将检校后的足印相机安置矩阵 $\boldsymbol{R}_{\text{U}} \times \boldsymbol{R}_{\text{body}}^{\text{cam}}$ 视为“真值”，如果直接利用式（6.18）求解每个探元的指向角，则需要大量的地面控制点，实际中难以操作，因此，采用三次多项式来描述各探元坐标。

$$\begin{cases} t_x(s,l) = a_0 + a_1 s + a_2 l + a_3 sl + a_4 s^2 + a_5 l^2 + a_6 s^2 l + a_7 sl^2 + a_8 s^3 + a_9 l^3 \\ t_y(s,l) = b_0 + b_1 s + b_2 l + b_3 sl + b_4 s^2 + b_5 l^2 + b_6 s^2 l + b_7 sl^2 + b_8 s^3 + b_9 l^3 \end{cases} \tag{6.24}$$

式中：$(a_0, a_1, a_2, \cdots, a_9; b_0, b_1, b_2, \cdots, b_9)$ 为多项式系数；s，l 为影像的行列号。

利用一些均匀分布的控制点，根据式（6.18）计算各控制点的探元坐标，将所有探元坐标及其对应的像点坐标带入式（6.24），并通过最小二乘法求解多项式系数，即可实现内参数检校。

6.4 足印影像数据处理

6.4.1 足印影像有理函数模型介绍

有理函数模型（Rational Function Model，RFM）是一种与传感器成像几何无关的、非严格的广义成像数学模型，其通用性相对较强，将RPC（Rational Polynomial Coefficients）参数作为遥感产品的辅助数据提供给用户，易用性较强。利用卫星严密几何模型构建的有理多项式模型（Rational Function Model, RFM）是目前公认的替代精度较高、最具代表性的卫星影像通用几何模型，在卫星影像几何处理领域得到了极为广泛的应用。当前绝大多数主流的商业卫星运营商均为其影像产品提供有理函数模型，如Pleaides、SPOT-6、WorldView 1&2&3、SPOT 6、Quickbird和ALOS等卫星影像均采用有理函数模型。

有理函数模型定义如式（6.25）所示：

$$\begin{cases} r = \dfrac{P_1(X,Y,Z)}{P_2(X,Y,Z)} \\ c = \dfrac{P_3(X,Y,Z)}{P_4(X,Y,Z)} \end{cases} \tag{6.25}$$

式中，P_1，P_2，P_3，P_4为如下形式：

$$\begin{aligned} P_1 = {} & a_0 + a_1 Z + a_2 Y + a_3 X + a_4 ZY + a_5 ZX + a_6 YX + a_7 Z^2 + a_8 Y^2 \\ & + a_9 X^2 + a_{10} ZYX + a_{11} Z^2 Y + a_{12} Z^2 X + a_{13} Y^2 Z + a_{14} Y^2 X \\ & + a_{15} ZX^2 + a_{16} YX^2 + a_{17} Z^3 + a_{18} Y^3 + a_{19} X^3 \end{aligned}$$

$$\begin{aligned} P_2 = {} & b_0 + b_1 Z + b_2 Y + b_3 X + b_4 ZY + b_5 ZX + b_6 YX + b_7 Z^2 + b_8 Y^2 \\ & + b_9 X^2 + b_{10} ZYX + b_{11} Z^2 Y + b_{12} Z^2 X + b_{13} Y^2 Z + b_{14} Y^2 X \\ & + b_{15} ZX^2 + b_{16} YX^2 + b_{17} Z^3 + b_{18} Y^3 + b_{19} X^3 \end{aligned}$$

$$\begin{aligned} P_3 = {} & c_0 + c_1 Z + c_2 Y + c_3 X + c_4 ZY + c_5 ZX + c_6 YX + c_7 Z^2 + c_8 Y^2 \\ & + c_9 X^2 + c_{10} ZYX + c_{11} Z^2 Y + c_{12} Z^2 X + c_{13} Y^2 Z + c_{14} Y^2 X \\ & + c_{15} ZX^2 + c_{16} YX^2 + c_{17} Z^3 + c_{18} Y^3 + c_{19} X^3 \end{aligned}$$

$$\begin{aligned} P_4 = {} & d_0 + d_1 Z + d_2 Y + d_3 X + d_4 ZY + d_5 ZX + d_6 YX + d_7 Z^2 + d_8 Y^2 \\ & + d_9 X^2 + d_{10} ZYX + d_{11} Z^2 Y + d_{12} Z^2 X + d_{13} Y^2 Z + d_{14} Y^2 X \\ & + d_{15} ZX^2 + d_{16} YX^2 + d_{17} Z^3 + d_{18} Y^3 + d_{19} X^3 \end{aligned}$$

具体地，(X,Y,Z)为标准化后的地面控制点坐标（纬度φ，经度λ和高程h），(r,c)为标准化后的像点坐标(R,C)，如式（6.26）所示：

$$\begin{cases} X = (\varphi - \varphi_0) / \varphi_s \\ Y = (\lambda - \lambda_0) / \lambda_s \\ Z = (h - h_0) / h_s \end{cases} \quad \begin{cases} r = (R - R_0) / R_s \\ c = (C - C_0) / C_s \end{cases} \tag{6.26}$$

式中：$(\varphi_0 \quad \lambda_0 \quad h_0 \quad R_0 \quad C_0)$为标准化平移参数；$(\varphi_s \quad \lambda_s \quad h_s \quad R_s \quad C_s)$为标准化比例参数，它们与式（6.25）中的80个系数共同组成RPC参数文件。

根据控制点的不同获取方式，RPC模型参数求解可分为“地形相关”和“地形无关”两种方案（Tao et al., 2001）。“地形相关”方案是指从地图上采集或野外实测等手段获取的地面控制点直接解算RPC参数，“地形无关”方案则是首先利用卫星姿轨参数建立严密的几何模型，利用严密模型生成大量均匀分布的虚拟地面控制点来计算RPC模型参数，通过对严密模型生成的三维控制格网的最小二乘拟合，计算出RPC参数（姜云玉 等, 2013）。

完成基于严密成像几何模型的足印相机在轨几何检校后，即建立了足印相机严密几何成像关系，根据轨道位置和姿态数据即可进行RPC参数生成。

6.4.1.1　RPC参数解算方法

足印相机RPC参数解算采用最小二乘平差原理求解RPC参数。

首先将式（6.25）改写成如下形式：

$$\begin{cases} r=\dfrac{\begin{bmatrix}1 & Z & \cdots & X^3\end{bmatrix}\begin{bmatrix}a_0 & a_1 & \cdots & a_{19}\end{bmatrix}^{\mathrm{T}}}{\begin{bmatrix}1 & Z & \cdots & X^3\end{bmatrix}\begin{bmatrix}b_0 & b_1 & \cdots & b_{19}\end{bmatrix}^{\mathrm{T}}} \\ c=\dfrac{\begin{bmatrix}1 & Z & \cdots & X^3\end{bmatrix}\begin{bmatrix}c_0 & c_1 & \cdots & c_{19}\end{bmatrix}^{\mathrm{T}}}{\begin{bmatrix}1 & Z & \cdots & X^3\end{bmatrix}\begin{bmatrix}d_0 & d_1 & \cdots & d_{19}\end{bmatrix}^{\mathrm{T}}} \end{cases} \tag{6.27}$$

式中：b_0、d_0一般取值为1。

对式（6.27）线性化后可得到误差方程如下：

$$\begin{cases} v_r=\begin{bmatrix}\dfrac{1}{B} & \dfrac{Z}{B} & \cdots & \dfrac{Y^3}{B} & \dfrac{X^3}{B} & -\dfrac{rZ}{B} & \cdots & -\dfrac{rX^3}{B}\end{bmatrix}^{\mathrm{T}}\boldsymbol{J}-\dfrac{r}{B} \\ v_c=\begin{bmatrix}\dfrac{1}{D} & \dfrac{Z}{D} & \cdots & \dfrac{Y^3}{D} & \dfrac{X^3}{D} & -\dfrac{cZ}{D} & \cdots & -\dfrac{cX^3}{D}\end{bmatrix}^{\mathrm{T}}\boldsymbol{K}-\dfrac{c}{D} \end{cases} \tag{6.28}$$

式中：

$$\boldsymbol{B}=\begin{bmatrix}1 & Z & Y & \cdots & X^3\end{bmatrix}\begin{bmatrix}1 & b_1 & b_2 & \cdots & b_{19}\end{bmatrix}^{\mathrm{T}};$$

$$\boldsymbol{D}=\begin{bmatrix}1 & Z & Y & \cdots & X^3\end{bmatrix}\begin{bmatrix}1 & d_1 & d_2 & \cdots & d_{19}\end{bmatrix}^{\mathrm{T}};$$

$$\boldsymbol{J}=\begin{bmatrix}a_0 & a_1 & \cdots & a_{19} & b_1 & b_2 & \cdots & b_{19}\end{bmatrix}^{\mathrm{T}};$$

$$\boldsymbol{K}=\begin{bmatrix}c_0 & c_1 & \cdots & c_{19} & d_1 & d_2 & \cdots & d_{19}\end{bmatrix}^{\mathrm{T}}。$$

利用式（6.28）可获得总体误差方程，如式（6.29）所示：

$$\begin{bmatrix}\boldsymbol{V}_r \\ \boldsymbol{V}_c\end{bmatrix}=\begin{bmatrix}\boldsymbol{W}_r & \boldsymbol{O} \\ \boldsymbol{O} & \boldsymbol{W}_c\end{bmatrix}\begin{bmatrix}\boldsymbol{M} & \boldsymbol{O} \\ \boldsymbol{O} & \boldsymbol{M}\end{bmatrix}\begin{bmatrix}\boldsymbol{J} \\ \boldsymbol{K}\end{bmatrix}-\begin{bmatrix}\boldsymbol{W}_r & \boldsymbol{O} \\ \boldsymbol{O} & \boldsymbol{W}_c\end{bmatrix}\begin{bmatrix}\boldsymbol{R} \\ \boldsymbol{C}\end{bmatrix} \tag{6.29}$$

式中：

$$\boldsymbol{R}=\begin{bmatrix}r_1 & r_2 & \cdots & r_m\end{bmatrix}^{\mathrm{T}};$$

$$\boldsymbol{C}=\begin{bmatrix}c_1 & c_2 & \cdots & c_m\end{bmatrix}^{\mathrm{T}};$$

$$\boldsymbol{W}_r=\begin{bmatrix}1/B_1 & 0 & \cdots & 0 \\ 0 & 1/B_2 & \cdots & 0 \\ \vdots & \vdots & \ddots & \vdots \\ 0 & 0 & 0 & 1/B_m\end{bmatrix};$$

$$
\boldsymbol{W}_c=\begin{bmatrix} 1/D_1 & 0 & \cdots & 0 \\ 0 & 1/D_2 & \cdots & 0 \\ \vdots & \vdots & \ddots & \vdots \\ 0 & 0 & 0 & 1/D_m \end{bmatrix};
$$

$$
\boldsymbol{M}=\begin{bmatrix} 1 & Z_1 & \cdots & Y_1^3 & X_1^3 & -r_1Z_1 & \cdots & -r_1Y_1^3 & -r_1Z_1^3 \\ 1 & Z_2 & \cdots & Y_2^3 & X_2^3 & -r_2Z_2 & \cdots & -r_2Y_2^3 & -r_2Z_2^3 \\ \vdots & \vdots & \ddots & \vdots & \vdots & \vdots & \ddots & \vdots & \vdots \\ 1 & Z_m & \cdots & Y_m^3 & X_m^3 & -r_mZ_m & \cdots & -r_mY_m^3 & -r_mZ_m^3 \end{bmatrix}。
$$

按照式（6.29）进行迭代求解，即可求出各RPC参数。

6.4.1.2 RPC参数解算流程

解算足印相机RPC参数时的控制点格网，采用“地形无关”方案生成。主要包含以下四步：

（1）影像平面格网点的选取。格网点均匀分布于整个足印相机像面内，且影像格网大小为22 × 22，即在足印相机像面内共生成了22行、22列共计484个格网点。

（2）地面三维格网点获取。对于影像上均匀分布的格网点，给定其高程，然后利用严密几何成像模型解算出各格网点所对应地面点的平面坐标。由于地面控制点应该在平面和高程上遍布影像覆盖的整个区域，因此可以通过估计地形起伏确定高差，并将高差等分为若干层，如图6.8所示。本方案中将足印相机的高程差等分为10层，即总共生成22 × 22 × 10=4840个地面三维格网点。

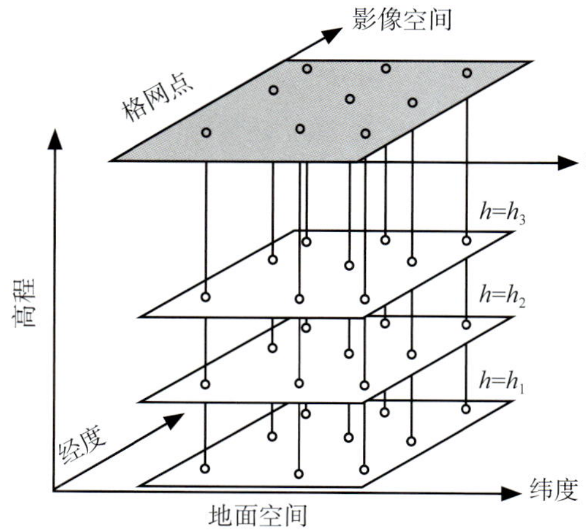

图 6.8 虚拟控制格网示意图

（3）RPC参数解算。用所生成的控制格网点按照本节方法求解RPC参数。

（4）检查点精度评定。可按照（1）（2）步相同的方法获取一组检查格网点，然后依据解算出的RPC参数利用式（6.25）计算各检查点的像平面坐标；最后将其与选取的像平面坐标比较，计算检查点的坐标残差中误差，从而获取RPC参数的解算精度。

6.4.2 激光影像无畸变校正与激光光斑像方位置确定

足印相机作为星载激光测高系统全新的载荷，可同步捕获激光地面足印，为防止激光光斑在影像上遮住地物，通常情况会使激光偏离足印相机中心，从而使得足印影像上可视光斑位置并非真实光斑位置，因此，需开展激光相对足印影像位置的理论推算，以实现足印影像与激光的高精度几何关联。

卫星上天前，通过在实验室内测量激光光斑在足印影像上的落点位置及其真实位置，并根据足印相机与激光器在卫星平台内的安装固连关系，构建GF7-01卫星足印影像激光光斑质心像平面坐标转换模型。

$$P(x,y)=P(x_0,y_0)+\Delta d\cos\alpha \tag{6.30}$$

式中：$P(x,y)$ 为激光光斑质心在足印影像真实像平面位置坐标；$P\left(x_0,y_0\right)$ 为足印影像中照亮的激光光斑质心像平面原始位置坐标；Δd 为实验室测得原始光斑质心与实际光斑质心偏移量；α 为实验室测得实际光斑质心到原始光斑质心方位角。

利用大量地面控制点完成足印相机的在轨几何检校后，可以获得足印相机高精度的几何畸变分布规律。然而，由于不同轨道之间足印相机的直接定位仍存在少量系统性误差。为避免该系统性误差降低激光测高足印在足印影像上的投影坐标精度，对于任意轨获取的足印影像，可利用少量高精度地面靶标对在轨几何检校模型（式3.4）的外参数进一步修正，进而根据激光足印的地理坐标及式（6.24），精确获取激光足印的像点投影位置。

生成足印影像有理函数模型产品影像时，需要对足印相机进行畸变纠正，以生成无畸变影像，激光相对足印影像的位置定位，也需要计算激光足印在无畸变影像上的像点坐标。

足印相机畸变纠正，主要是建立理想的不含畸变的像点位置与探元坐标之间的几何转换关系，式（6.24）建立了原始像点坐标至探元坐标的几何转换关系，而探元坐标至理想坐标的转换关系可以定义为二维仿射变换，如式（6.31）所示。

$$\begin{cases} t_x = s_x + p\cdot ud_x \\ t_y = s_y + p\cdot ud_y \end{cases} \tag{6.31}$$

式中：$\begin{bmatrix} s_x & s_y \end{bmatrix}^{\mathrm{T}}$ 为理想的不含畸变影像的像平面坐标起始点；p 为足印影像的像素大小；$\begin{bmatrix} ud_x & ud_y \end{bmatrix}^{\mathrm{T}}$ 为探元坐标 $\begin{bmatrix} t_x & t_y \end{bmatrix}^{\mathrm{T}}$ 对应的理想像点坐标。

理想像点坐标起始点 $\begin{bmatrix} s_x & s_y \end{bmatrix}^{\mathrm{T}}$ 可定义为足印影像四个角点在探元平面的投影位置最小内接正方形起始点，如图6.9所示。

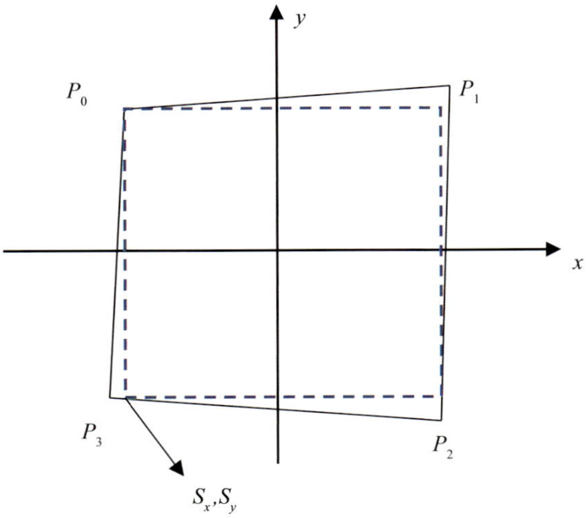

图 6.9　理想像点坐标与探元坐标转换示意图

图6.9中，P_0，P_1，P_2，P_3为原始足印影像四个角点按照三次多项式（6.24）计算的探元位置，基于四个角点的探元坐标计算其最小内接正方形，并将正方形左下定义为理想像点坐标的起始点。根据式（6.31）依次获取理想像点坐标的探元坐标，进而将其带入式（6.24）获取其对应的原始像点坐标，再在原始足印影像上进行重采样，获取理想像点坐标的灰度值。当完成像幅内所有像元重采样后，即可获取足印相机的无畸变影像，最终实现激光足印质心在无畸变影像上的精确定位。

6.5　基于足印影像辅助的线阵立体影像与激光复合测绘处理

利用激光测高点作为辅助，提升高分辨率光学立体影像的无控制高程精度，是资源三号03星、高分七号等国产测绘卫星的重要设计。其中，资源三号03星激光系统不含足印相机，下面以高分七号卫星为例，阐述其利用足印影像作为桥梁，联合激光测高数据来提升立体影像几何精度的方法。

（1）将同轨连续多景或大区域的立体影像构建平差区域网，设计一个适合高分七号卫星影像和激光测高点的联合区域网平差模型。

（2）在每景立体影像内部自动匹配密集连接点，在相邻景立体影像重叠区域自动匹配适量公共连接点。连接点可采用影像自动匹配和人工判读/量测两种方法获取，优先采用影像自动匹配方法获取连接点，当自动匹配的连接点分布不均匀或数量不足时，应采用人工判读/量测方法补测连接点。利用连接点针对立体影像开展自由网平差，实现立体影像的高精度相对定向。

（3）获取激光高程点在立体影像上的准确像点坐标。利用足印影像，开展激光测高点在立体影像上的量测。分为两种情况：一是针对足印地表平坦的激光测高点，通过6.5.2.1节所述方法，可从每一个激光测高点中最多提取一个高程控制点；二是针对足印地表起伏的激光测高点，通过6.5.2.2节所述方法，可从每一个激光测高点中提取两个高程控制点。

（4）采用前述联合区域网平差模型、连接点以及利用激光测高点获取的高程控制点，针对立体影像开展区域网平差，实现立体影像高程定位精度的有效提升。最后根据区域网平差结果更新立体影像的RFM。

具体流程如图6.10所示。

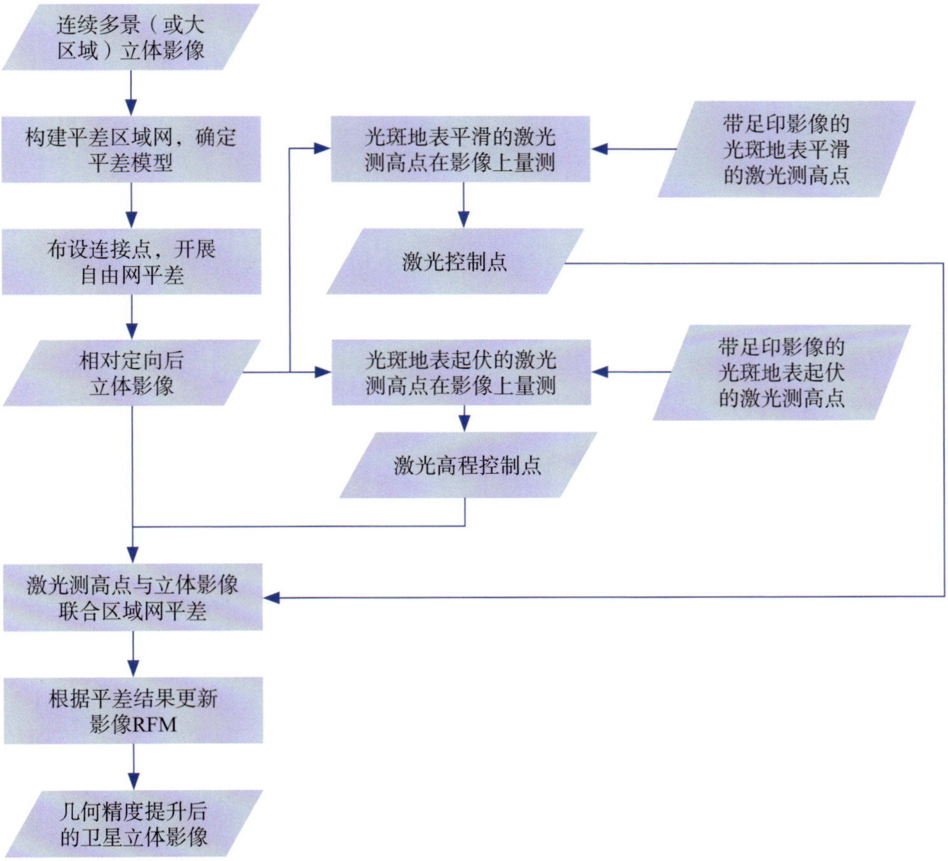

图 6.10　激光测高点与光学立体影像复合测绘处理流程示意图

6.5.1　联合区域网平差模型构建

国产光学测绘卫星的基础影像产品（主要指传感器校正影像）采用了RFM。因此立体影像与激光测高点的联合区域网平差需基于RFM开展。

如6.4.1节所述，RFM是利用有理多项式建立影像的像素坐标 (r,c) 与其对应的地面点的大地坐标 (X,Y,Z) 之间的数学映射关系，其基本方程定义如下：

$$
\begin{aligned}
r &= \frac{P_1(X,Y,Z)}{P_2(X,Y,Z)} \\
c &= \frac{P_3(X,Y,Z)}{P_4(X,Y,Z)}
\end{aligned}
\tag{6.32}
$$

为避免因计算过程中参数数值量级差别过大而引入舍入误差，需要将(r,c)和(X,Y,Z)均归一化到$-1\sim1$之间，以增强参数求解的稳定性。$P_n(n=1,2,3,4)$表示一般多项式，式中各个变量的幂均不超过3次，所有变量的幂之和也不超过3次，其形式如下：

$$\begin{aligned}P_n &= a_{n0}+a_{n1}Z+a_{n2}Y+a_{n3}X+a_{n4}ZY+a_{n5}ZX+a_{n6}YX+a_{n7}Z^2+a_{n8}Y^2\\&+a_{n9}X^2+a_{n10}ZYX+a_{n11}Z^2Y+a_{n12}Z^2X+a_{n13}Y^2Z+a_{n14}Y^2X\\&+a_{n15}ZX^2+a_{n16}YX^2+a_{n17}Z^3+a_{n18}Y^3+a_{n19}X^3\end{aligned} \tag{6.33}$$

式中：$a_{nj}(n=1,2,3,4;j=0,1,\cdots,19)$为有理多项式系数。

因RFM参数不具备任何具体的物理意义，在区域网平差过程中也就无法通过严密分析误差来源来改正模型误差，而是通过偏移补偿的方式进行模型误差改正，目前主要包括物方补偿和像方补偿两种策略。

基于物方的补偿模型是构建一个物方坐标点的多项式模型，针对RFM计算的地面点坐标采用该多项式模型进行补偿。该模型平差过程中将立体模型作为平差单元，以模型的物方坐标为观测值，计算获取各个模型单元的系统误差的补偿参数。由于模型的物方坐标并不是严格意义上的观测值，因此基于物方补偿的RFM区域网平差在理论上并不严密。

基于像方的补偿模型是建立一个影像像方坐标点的多项式模型，通过该多项式模型针对RFM计算获得的像点坐标进行补充。该模型平差过程中将单景影像作为平差单元，观测值为影像像点坐标，计算求解各影像系统误差的补偿参数。其误差方程是基于共线方程光束法区域网平差理论建立。研究表明，基于像方补偿的RFM区域网平差可以很好地消除影像的系统误差。

因此，本书中RFM的误差补偿采用像方仿射变换补充模型，则式（6.32）描述的像点坐标(r,c)和地面点坐标(X,Y,Z)之间的关系被修正为

$$\begin{aligned}r+\Delta R&=\frac{P_1(X,Y,Z)}{P_2(X,Y,Z)}\\c+\Delta C&=\frac{P_3(X,Y,Z)}{P_4(X,Y,Z)}\end{aligned} \tag{6.34}$$

式中：$(\Delta\mathrm{R},\Delta\mathrm{C})$为像点坐标$(r,c)$的系统误差补偿值，其形式为

$$\begin{aligned}\Delta R&=a_0+a_1r+a_2c+a_3r^2+a_4c^2+\cdots\\\Delta C&=b_0+b_1r+b_2c+b_3r^2+b_4c^2+\cdots\end{aligned} \tag{6.35}$$

式中：$(a_0,a_1,a_2,\cdots;b_0,b_1,b_2,\cdots)$为系统误差补偿参数。

当系统误差补偿量$(\Delta\mathrm{R},\Delta\mathrm{C})$取至一次项时，系统误差补偿模型即为仿射变换模型：

$$\begin{aligned}\Delta R&=a_0+a_1r+a_2c\\\Delta C&=b_0+b_1r+b_2c\end{aligned} \tag{6.36}$$

式中：$(a_0,a_1,a_2;b_0,b_1,b_2)$表示仿射变换参数。

逐点为连接点和激光测高点在立体影像上的像点构建误差方程，形成联合区域网平差

模型：

$$V_1 = At + B_1x_1 - L_1 \quad P_1 \tag{6.37}$$

$$V_2 = At + B_2x_2 - L_2 \quad P_2 \tag{6.38}$$

式（6.37）是为连接点列出的误差方程，它将RFM的仿射变换参数和连接点对应的地面三维坐标作为未知数。式（6.38）是为激光测高点列出的误差方程。当激光测高点作为平高控制点时，它将RFM的仿射变换参数作为未知数，当激光测高点仅作为高程控制点时，它将RFM的仿射变换参数和激光测高点地面经纬度坐标作为未知数。

在式（6.37）和式（6.38）中：

$\boldsymbol{V}_1 = [v_{R1} \quad v_{C1}]^{\mathrm{T}}$ 和 $\boldsymbol{V}_2 = [v_{R2} \quad v_{C2}]^{\mathrm{T}}$ 分别为连接点和激光测高点在影像上的像点坐标观测值残差向量；

$\boldsymbol{t} = [\Delta a_0 \quad \Delta a_1 \quad \Delta a_2 \quad \Delta b_0 \quad \Delta b_1 \quad \Delta b_2]^{\mathrm{T}}$ 为仿射变换参数的改正数向量；

$\boldsymbol{A} = \begin{bmatrix} \dfrac{\partial r}{\partial a_0} & \dfrac{\partial r}{\partial a_1} & \dfrac{\partial r}{\partial a_2} & 0 & 0 & 0 \\ 0 & 0 & 0 & \dfrac{\partial r}{\partial b_0} & \dfrac{\partial r}{\partial b_1} & \dfrac{\partial r}{\partial b_2} \end{bmatrix} = \begin{bmatrix} 1 & r & c & 0 & 0 & 0 \\ 0 & 0 & 0 & 1 & r & c \end{bmatrix}$ 为未知数 t 对应的偏导数系数矩阵；

$\boldsymbol{x}_1 = [\Delta X_{\mathrm{tie}} \quad \Delta Y_{\mathrm{tie}} \quad \Delta Z_{\mathrm{tie}}]^{\mathrm{T}}$ 为连接点对应的地面三维坐标的改正数向量；

$\boldsymbol{B}_1 = \begin{bmatrix} \dfrac{\partial r}{\partial X_{\mathrm{tie}}} & \dfrac{\partial r}{\partial Y_{\mathrm{tie}}} & \dfrac{\partial r}{\partial Z_{\mathrm{tie}}} \\ \dfrac{\partial c}{\partial X_{\mathrm{tie}}} & \dfrac{\partial c}{\partial Y_{\mathrm{tie}}} & \dfrac{\partial c}{\partial Z_{\mathrm{tie}}} \end{bmatrix}$ 为未知数 x_1 对应的偏导数系数矩阵，具体形式为

$$\begin{aligned} &\frac{\partial r}{\partial X_{\mathrm{tie}}} = \frac{\dfrac{\partial P_1}{\partial X_{\mathrm{tie}}}P_2 - \dfrac{\partial P_2}{\partial X_{\mathrm{tie}}}P_1}{P_2^2} \quad \frac{\partial r}{\partial Y_{\mathrm{tie}}} = \frac{\dfrac{\partial P_1}{\partial Y_{\mathrm{tie}}}P_2 - \dfrac{\partial P_2}{\partial Y_{\mathrm{tie}}}P_1}{P_2^2} \quad \frac{\partial r}{\partial Z_{\mathrm{tie}}} = \frac{\dfrac{\partial P_1}{\partial Z_{\mathrm{tie}}}P_2 - \dfrac{\partial P_2}{\partial Z_{\mathrm{tie}}}P_1}{P_2^2} \\ &\frac{\partial c}{\partial X_{\mathrm{tie}}} = \frac{\dfrac{\partial P_3}{\partial X_{\mathrm{tie}}}P_4 - \dfrac{\partial P_4}{\partial X_{\mathrm{tie}}}P_3}{P_4^2} \quad \frac{\partial c}{\partial Y_{\mathrm{tie}}} = \frac{\dfrac{\partial P_3}{\partial Y_{\mathrm{tie}}}P_4 - \dfrac{\partial P_4}{\partial Y_{\mathrm{tie}}}P_3}{P_4^2} \quad \frac{\partial c}{\partial Z_{\mathrm{tie}}} = \frac{\dfrac{\partial P_3}{\partial Z_{\mathrm{tie}}}P_4 - \dfrac{\partial P_4}{\partial Z_{\mathrm{tie}}}P_3}{P_4^2} \end{aligned} \tag{6.39}$$

其中，

$$\frac{\partial P_n}{\partial X_{\mathrm{tie}}} = a_3 + a_5Z_{\mathrm{tie}} + a_6Y_{\mathrm{tie}} + 2a_9X_{\mathrm{tie}} + a_{10}Z_{\mathrm{tie}}Y_{\mathrm{tie}} + a_{12}Z_{\mathrm{tie}}^2 + a_{14}Y_{\mathrm{tie}}^2 + 2a_{15}Z_{\mathrm{tie}}X_{\mathrm{tie}} + 2a_{16}Y_{\mathrm{tie}}X_{\mathrm{tie}} + 3a_{19}X_{\mathrm{tie}}^2$$

$$\frac{\partial P_n}{\partial Y_{\mathrm{tie}}} = a_2 + a_4Z_{\mathrm{tie}} + a_6X_{\mathrm{tie}} + 2a_8Y_{\mathrm{tie}} + a_{10}Z_{\mathrm{tie}}X_{\mathrm{tie}} + a_{11}Z_{\mathrm{tie}}^2 + 2a_{13}Y_{\mathrm{tie}}Z_{\mathrm{tie}} + 2a_{14}Y_{\mathrm{tie}}X_{\mathrm{tie}} + a_{16}X_{\mathrm{tie}}^2 + 3a_{18}Y_{\mathrm{tie}}^2$$

$$\frac{\partial P_n}{\partial Z_{\mathrm{tie}}} = a_1 + a_4Y_{\mathrm{tie}} + a_5X_{\mathrm{tie}} + 2a_7Z_{\mathrm{tie}} + a_{10}Y_{\mathrm{tie}}X_{\mathrm{tie}} + 2a_{11}Z_{\mathrm{tie}}Y_{\mathrm{tie}} + 2a_{12}Z_{\mathrm{tie}}X_{\mathrm{tie}} + a_{13}Y_{\mathrm{tie}}^2 + a_{15}X_{\mathrm{tie}}^2 + 3a_{17}Z_{\mathrm{tie}}^2$$

当将激光测高点作为平高控制点时，$x_2 = 0$；当将激光测高点仅作为高程控制点时，$\boldsymbol{x}_2 = [\Delta X_{\mathrm{laser}} \quad \Delta Y_{\mathrm{laser}}]^{\mathrm{T}}$ 为激光测高点地面经纬度的改正数向量；

$\boldsymbol{B}_2=\begin{bmatrix}\dfrac{\partial r}{\partial X_{\text{laser}}} & \dfrac{\partial r}{\partial Y_{\text{laser}}}\\ \dfrac{\partial c}{\partial X_{\text{laser}}} & \dfrac{\partial c}{\partial Y_{\text{laser}}}\end{bmatrix}$是未知数 x_2 对应的偏导数系数矩阵，具体形式为

$$
\begin{aligned}
\frac{\partial r}{\partial X_{\text{laser}}}&=\frac{\dfrac{\partial P_1}{\partial X_{\text{laser}}}P_2-\dfrac{\partial P_2}{\partial X_{\text{laser}}}P_1}{P_2^2} \quad & \frac{\partial r}{\partial Y_{\text{laser}}}&=\frac{\dfrac{\partial P_1}{\partial Y_{\text{laser}}}P_2-\dfrac{\partial P_2}{\partial Y_{\text{laser}}}P_1}{P_2^2}\\
\frac{\partial c}{\partial X_{\text{laser}}}&=\frac{\dfrac{\partial P_3}{\partial X_{\text{laser}}}P_4-\dfrac{\partial P_4}{\partial X_{\text{laser}}}P_3}{P_4^2} \quad & \frac{\partial c}{\partial Y_{\text{laser}}}&=\frac{\dfrac{\partial P_3}{\partial Y_{\text{laser}}}P_4-\dfrac{\partial P_4}{\partial Y_{\text{laser}}}P_3}{P_4^2}
\end{aligned}
\tag{6.40}
$$

平差求解时，通过对式（6.37）和式（6.38）构建改化法方程，分别消去连接点对应的地面三维坐标和激光测高点地面经纬度坐标等未知数，达到减少未知数个数，简化平差模型的目的。则有：

$$
\begin{aligned}
&[A_1^T P_1 A_1 - A_1^T P_1 B_1 (B_1^T P_1 B_1)^{-1} B_1^T P_1 A_1]\cdot t = A_1^T P_1 L_1\\
&\qquad - A^T P B_1 (B_1^T P B_1)^{-1}\cdot (B_1^T P_1 L_1)\\
&[A_1^T P_2 A_1 - A_1^T P_2 B_2 (B_2^T P_2 B_2)^{-1} B_2^T P_2 A_1]\cdot t = A_1^T P_2 L_2\\
&\qquad - A_1^T P_2 B_2 (B_2^T P_2 B_2)^{-1}\cdot (B_2^T P_2 L_1)
\end{aligned}
\tag{6.41}
$$

式中：$L_i(i=1,2)$ 为利用初值代入误差方程计算得到的常数项；$P_i(i=1,2)$ 为各观测值的权矩阵，通常各类观测值的权值由他们的先验信息确定，一般可取观测值的10倍先验标准差，并在每次平差迭代计算后重新计算各类观测值的权。

联立式（6.41）两个方程，可得到：

$$
N\cdot t = M \tag{6.42}
$$

式中：

$$
\begin{aligned}
N &= A_1^T P_1 A_1 + A_1^T P_2 A_1 - A_1^T P_1 B_1\cdot (B_1^T P_1 B_1)^{-1}\cdot B_1^T P_1 A_1\\
&\qquad - A_1^T P_2 B_2\cdot (B_2^T P_2 B_2)^{-1}\cdot B_2^T P_2 A_1\\
M &= A_1^T P_1 L_1 + A_1^T P_2 L_2 - A_1^T P_1 B_1\cdot (B_1^T P_1 B_1)^{-1}\cdot B_1^T P_1 L_1\\
&\qquad - A_1^T P_2 B_2\cdot (B_2^T P_2 B_2)^{-1}\cdot B_2^T P_2 L_2
\end{aligned}
\tag{6.43}
$$

则 t 的最小二乘解为

$$
t = N^{-1} M \tag{6.44}
$$

6.5.2 基于足印影像的激光测高点在立体影像上量测

本节重点阐述高分七号卫星基于足印影像的激光测高点在立体影像上的量测方法，即通过足印影像与立体影像的高精度匹配，获取足印影像上激光足印中心点的像点在立体影像上的同名像点坐标。

6.5.2.1 足印地表平坦的激光测高点在立体影像上量测

高分七号卫星激光测高仪采用了基模高斯模式，发射波形是只有一个波峰的高斯脉

冲。当卫星发射的激光脉冲遇到平坦的地面目标时，会被光斑范围内的地表反射一次并被星上激光接收系统接收，回波波形同样呈现为一个波峰的高斯形态。此时激光测高点的高程值实质上为地面光斑范围内地表的平均高程值，由于激光光斑内地表平坦，包括光斑中心点在内的各个位置处的高程值几乎一致。

足印地表平坦的激光测高点在立体影像上的量测方法的流程如图6.11所示。

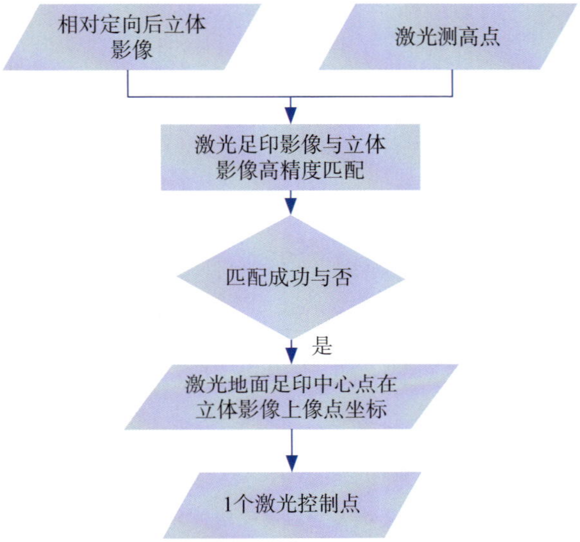

图 6.11　足印地表平坦的激光测高点提取高程控制点方法示意图

高分七号卫星的激光测高点产品在内容上除了包括地面足印中心点的精确高程值、足印中心点的概略经纬度坐标之外，还包括了足印影像以及激光点在足印影像上的像点坐标等信息。因此，通过足印影像与立体影像的高精度匹配，获取足印影像上激光足印中心点的像点在立体影像上的同名像点，该同名像点亦即激光测高点在立体影像上的精确像点坐标。

具体包括如下步骤：

1）立体影像重投影和降采样

高分七号卫星光学立体相机是由沿轨方向前倾26°的前视相机和沿轨方向后倾5°的后视相机构成。两台相机均采用线阵时间延迟积分电荷耦合器件推扫方式成像。前视相机可获取0.8 m分辨率的全色影像（称为前视影像），后视相机可同时获取0.65 m分辨率的全色影像（称为后视影像）和2.6 m分辨率的4波段多光谱影像。前视和后视影像可构建基高比约0.67的立体影像。所有影像的幅宽约为20 km。

为了获得拥有较大交会角的立体影像，光学相机往往需要与地面有一个较大的成像视角，导致光学影像上存在明显的地物变形或地形遮挡，而足印相机一般为对地垂直成像。此外足印影像和光学影像的空间分辨率也存在较大差距。这些因素都非常不利于通过匹配来确定足印影像上激光光斑中心点在前、后视立体影像上的像素位置。为此本节提出了一种立体影像虚拟重成像的匹配方案，对前、后视影像进行虚拟重成像，生成与足印相机成像角度和空间分辨率相仿的无几何畸变的重成像影像，以期提升足印影像与立体影像的匹配成功率。

以后视影像为例进行说明。假设在激光足印相机位置处，存在一个与足印影像对地成像角度相同的理想虚拟线阵推扫式光学相机。首先为该虚拟相机构建理想的内方位元素（即CCD探元指向角垂直对地，且相机积分时间没有跳变等）；同时根据该轨后视影像实际成像时的姿态和轨道测量数据，构建一个平滑姿态模型和轨道模型，以此作为虚拟相机的外方位元素，即可构建该虚拟推扫式相机影像（即重投影影像）的严密成像几何模型：

$$\begin{bmatrix} X \\ Y \\ Z \end{bmatrix}_{\mathrm{WGS84}} = \begin{bmatrix} X_{\mathrm{GPS}} \\ Y_{\mathrm{GPS}} \\ Z_{\mathrm{GPS}} \end{bmatrix} + m \cdot \boldsymbol{R}_{\mathrm{body}}^{\mathrm{WGS84}} \cdot \left(\begin{bmatrix} D_x \\ D_y \\ D_z \end{bmatrix} + \begin{bmatrix} -\tan[\psi_y(s,l)] \\ \tan[\psi_x(s,l)] \\ -1 \end{bmatrix} \cdot f \right) \tag{6.45}$$

式中：$\boldsymbol{R}_{\mathrm{body}}^{\mathrm{WGS84}}$ 表示通过姿态数据构建的本体坐标系到WGS坐标系变换的旋转矩阵；$[X_{\mathrm{GPS}} \quad Y_{\mathrm{GPS}} \quad Z_{\mathrm{GPS}}]^{\mathrm{T}}$ 表示成像时GPS天线相位中心在WGS84坐标系下坐标；$[D_x \quad D_y \quad D_y]^{\mathrm{T}}$ 表示从GPS天线相位中心到卫星质心的偏心矢量在卫星本体坐标系下的三维坐标；m 表示尺度因子；$\psi_y(s,l)$ 和 $\psi_x(s,l)$ 表示虚拟相机上各CCD探元的指向角度；f 表示焦距。

高分七号卫星后视相机虚拟重成像原理如图6.12所示。

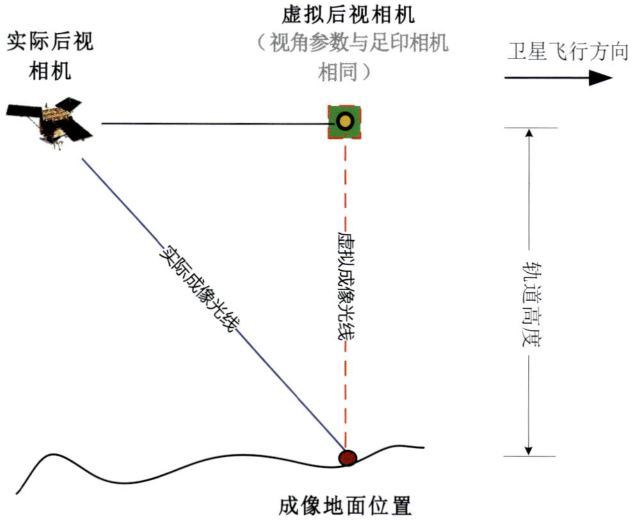

图 6.12　后视影像虚拟重成像原理示意图

由于利用重投影影像和真实后视影像严密成像几何模型的正反算公式，可以分别获取同一地面点在重投影影像和真实后视影像上的像点坐标，因此可以建立重投影影像和真实后视影像之间各个像素的对应关系。通过逐像素计算重投影影像像点位置对应的真实后视影像像点位置，并将真实后视影像的像点灰度值赋给重投影影像对应像点，最终完成重投影影像的生成，具体制作流程如图6.13所示。

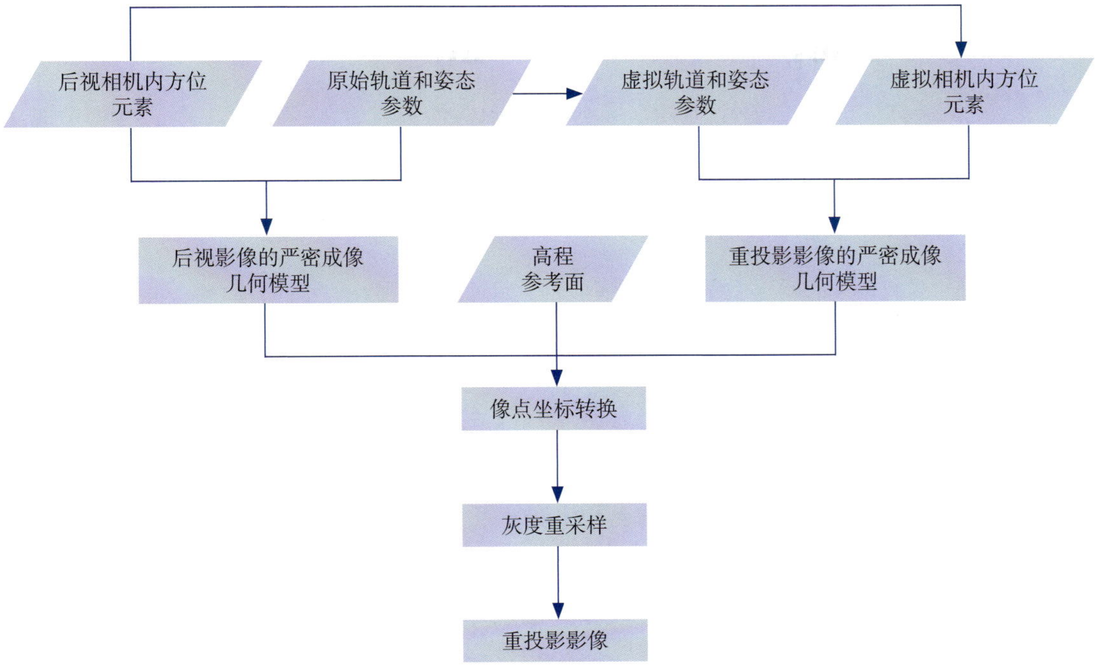

图 6.13　重投影影像生成过程流程图

具体步骤如下：

（1）以全球1公里格网的SRTM数据作为高程面（或直接使用该区域平均高程），利用重成像影像的严密成像几何模型，计算虚拟影像上像素 (s,l) 对应的物方点的大地坐标 (X,Y)。

（2）利用真实后视影像的严密成像几何模型，计算物方点 (X,Y) 在真实后视影像上的像点 (s',l')。

（3）将像点 (s',l') 的灰度值赋予像点 (s,l)，如果像点 (s',l') 为非整数像元，则通过对像点 (s',l') 的邻近像元进行灰度插值后赋给像点 (s,l)。

重复上述步骤直至完成整个虚拟相机的重成像过程，得到重投影影像。

最后再根据激光足印影像的空间分辨率，对生成的重投影影像进行降采样，生成与足印影像拥有相似空间分辨率的后视影像的重投影影像，并根据严密成像几何模型为其生成有理函数模型。

通过前述步骤，还可以生成前视影像的重投影影像。前、后视影像的重投影影像可以有效消除足印影像和立体影像的成像视角和空间分辨率的差异，还可以有效消除前、后视影像中可能存在的内部几何畸变。

2）重投影影像与足印影像的高精度匹配

采用尺度不变特征转换（Scale-invariant Feature Transform, SIFT）特征匹配方法（Lowe et al., 2004），对重投影影像与足印影像开展影像匹配，获取足印影像上激光足印中心点的像点在重投影影像上的同名像点。

SIFT作为图像处理领域的一种局部特征描述子，在一定程度上这种描述具有尺度不变性，它对物体的尺度变化、刚体变换、光照强度和遮挡都具有较好的稳定性。算法实现特征匹配主要有三个流程：特征点提取、特征点描述和特征点匹配。

采用SIFT匹配方法开展足印影像与重投影影像的匹配流程如图6.14所示。

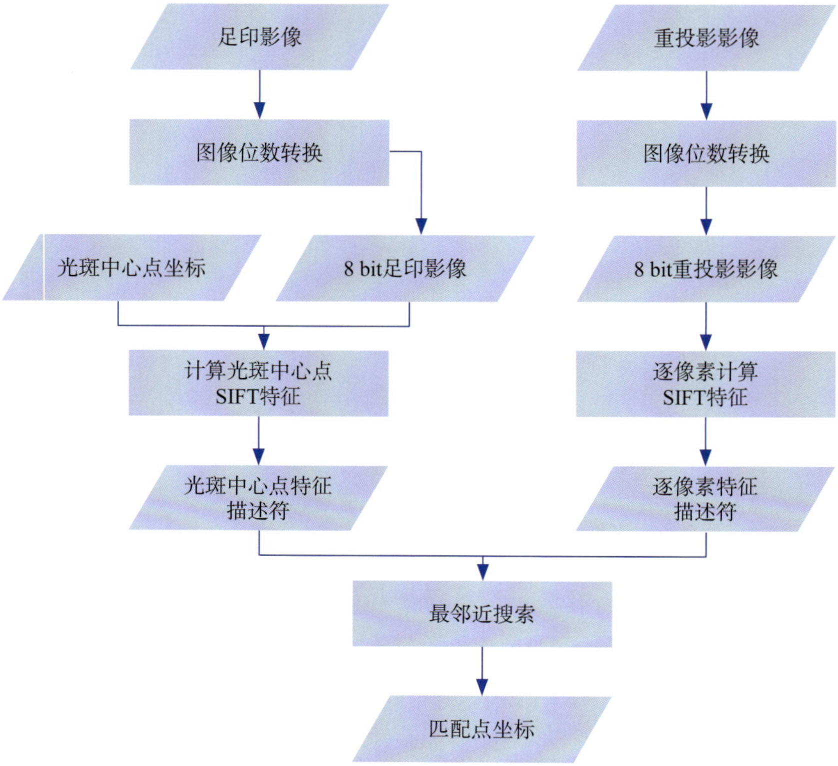

图 6.14　足印影像与重投影影像匹配流程示意图

具体流程步骤包括：

（1）分别针对足印影像和重投影影像开展图像位数转化，将两个影像的像素位数从16 bit转化为8 bit。

（2）计算足印影像上激光光斑中心点位置处像点的SIFT特征，生成SIFT特征描述符，具体包括：①将足印影像与使用不同“高斯核”的高斯函数进行卷积运算，得到足印影像的高斯多尺度空间序列。②将相邻两个高斯空间的图像相减得到高斯差分的响应图像，并寻找高斯差分响应图像局部极大或极小值，作为稳定特征点。③针对上一步骤获得的特征点，利用图像的局部特征为特征点分配一个基准方向，使描述符对图像旋转具有不变性。计算以特征点为中心、以$3\times1.5\sigma$为半径的区域图像的幅角和幅值，再利用图像的梯度直方图求取关键点局部结构的稳定方向。④针对上一步骤获取的特征点，将坐标轴旋转为特征点的主方向，求取以特征点为中心的16×16的窗口的像素的梯度幅值和梯度方向，将窗口内的像素分成16块，每块绘制8个方向的梯度直方图并计算每个梯度方向的累加值，可形成128维的特征向量，亦即SIFT特征描述符。

（3）分别针对前视影像的重投影影像和后视影像的重投影影像，根据激光测高点的地面经纬度坐标和高程值，利用重投影影像的成像几何模型，计算激光测高点地面光斑中心点在重投影影像上的大致位置，并以此为中心，向四周外扩一定像素范围作为影像匹配的搜索范围；计算选定影像搜索范围内每个像素的SIFT特征，并生成其SIFT特征描述符。

（4）分别针对前视影像的重投影影像和后视影像的重投影影像搜索范围内每个像素的SIFT特征描述符，使用快速最近邻逼近搜索函数库搜索足印影像上激光测高点足印中心点像素的SIFT特征的最邻近值，则该像素为激光测高点地面光斑中心位置在前视影像的重投影影像或后视影像的重投影影像上的像点坐标。

3）获取激光测高点在立体影像上的像点坐标

运用前视影像的重投影影像和后视影像的重投影影像的有理函数模型逆运算公式，分别计算重投影影像上激光测高点光斑中心点像点在前视影像和后视影像中的对应像点坐标。

通过上述步骤，即可获得一个激光测高点在立体影像上的准确像点坐标。

6.5.2.2　足印地表起伏的激光测高点在立体影像上量测

当激光足印范围内地表起伏时，卫星激光测高仪发射的激光脉冲遇到高低不平的地面目标时，会被足印内的地物多次反射并被星上的激光接收系统接收。例如激光脉冲首先接触到足印内高程较高的地表和地物时，部分脉冲能量被返回并被卫星记录，剩余的脉冲能量继续传播，当遇到高程较低的地表和地物时再次发射反射，直至能量消耗殆尽。由于每次反射的回波波形都可近似为一个高斯形态，因此光斑内地表起伏的激光测高点的回波波形可近似看作是多个高斯脉冲的叠加。通过回波波形中各个高斯形状的波峰的时间与发射脉冲高斯波峰的时间差，根据激光在空气中的传播速度，可计算获得各反射激光脉冲的地表的高程值。因此在理论上，一个光斑内地表起伏的激光测高点，可以获取光斑范围内的多个地表的高程值。尤其需要注意的是，一个激光测高点内获取的多个地表的高程值并非全部可靠，例如地形坡度、地表粗糙等会导致回波波形发生裂变、展宽和信噪比变弱；地表反射率变化会改变激光回波的光子数量，引起回波脉冲的强度、峰值发生变化，这些因素均会使激光测距精度下降，导致这些地表的高程值因为精度较低而失去使用价值。因此，需通过波形分析筛选出部分精度可靠的激光测高点。

由于激光测高仪无法获知一个激光测高点的多个地表的高程值所对应的平面位置，为这类激光测高点在立体影像上的准确量测带来了极大的挑战，此前的同类研究中因为无法解决该问题，所以舍弃了该类激光测高点的使用，导致起伏地形区域的激光点应用具有极大的局限性。在山地和高山地区域获取的激光测高点主要以此类激光测高点为主，因此如何将这类激光测高点在立体影像上进行准确布设，实现这类激光测高点的有效利用，对保障全地形区域激光测高点和立体影像的复合测绘效果具有重要意义。

针对该类激光测高点，首先在光学影像上激光足印范围内开展密集匹配获取高程点云，进而获取地表高程值最大和最小的高程点在立体影像上的像点坐标，并将其作为将激光测高点包含的多个高程值中的最大和最小高程值在立体影像上的像点坐标，即可生成两个高程控制点，具体流程如图6.15所示。

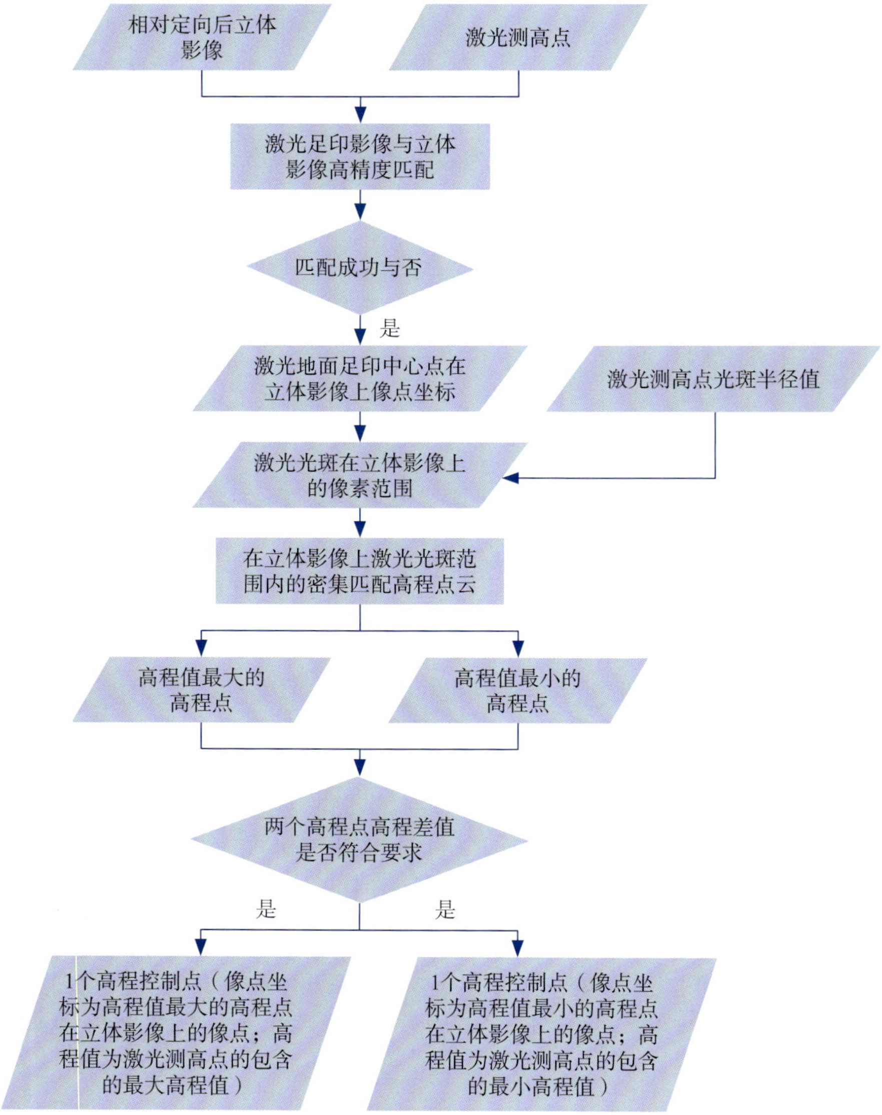

图 6.15　足印地表起伏的激光测高点提取高程控制点方法示意图

具体步骤描述如下：

（1）采用6.5.2.1所述方法，通过足印影像与立体影像匹配的方式，获取激光足印中心点在立体影像上的准确像素位置。同时根据激光足印的直径和光学影像分辨率，可获得激光足印范围在立体影像上的平面位置信息。

（2）在上一步获取的立体影像上的激光足印范围内，通过逐像素密集匹配生成高程点云，在进行必要的粗差剔除后，获取高程值最大和最小的高程点。

（3）计算高程值最大和最小的高程点的高程差值，同时计算激光测高点包含的多个高程值中最大和最小高程值的差值。当差值小于设定阈值时（一般该阈值为激光点理论高程中误差的1/5），则认为逐像素密集匹配生成的高程点云结果正确。此时将高程值最大和最小的高程点分别作为高程控制点，但它们的高程值分别用激光测高点包含的多个高程值的最大和最小高程值替代。

6.6　足印影像与激光高精度几何关联及复合测绘试验

6.6.1　足印相机在轨几何检校试验

针对本章提出的足印相机在轨几何检校方法，设计了三个方面的试验开展GF7-01足印相机几何检校精度分析及验证。试验1用于验证单景足印影像几何检校后的定位精度；试验2用于验证多景足印影像联合检校时的精度及可靠性；试验3用于验证基于严密成像模型生成的有理函数模型的对地定位精度。

为便于控制点靶标布设，在国内选取2个试验区分别作为在轨检校和验证区域，试验区1位于陕西省榆林市，地形以平原居民地为主，如图6.16（a）所示。试验区2位于内蒙古自治区呼和浩特市，地形以平坦戈壁为主，如图6.16（b）所示。由于足印相机1和足印相机2设计与功能相同，仅对足印相机1的几何检校结果进行分析与评价。

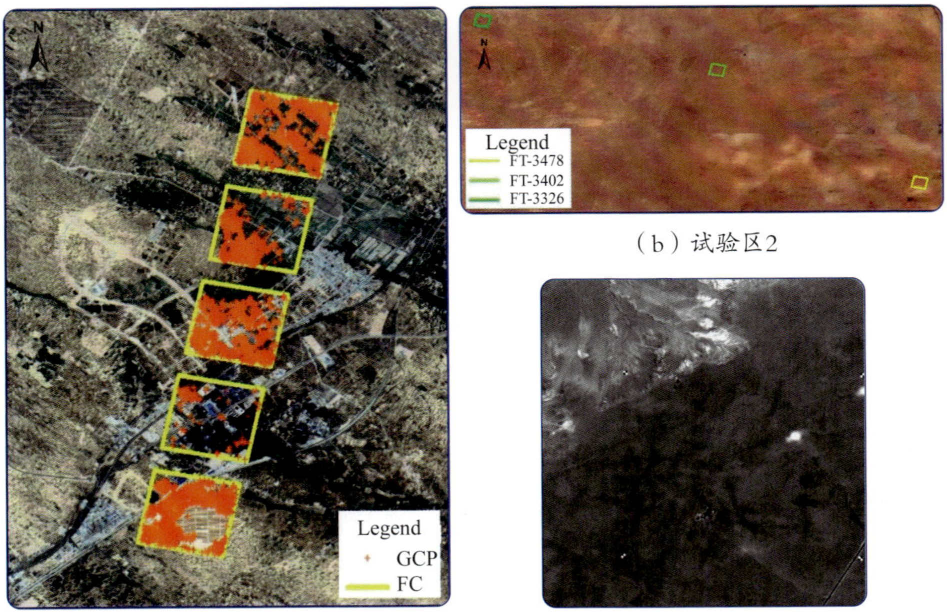

（a）试验区1　（b）试验区2　（c）含靶标的足印影像

图 6.16　试验数据

如图6.16（a）所示，试验区1为足印相机波束1的3250轨的部分数据，选择其中相邻的5景同步曝光模式影像作为在轨检校影像。为了获取足够数量的控制点，采用足印影像与正射参考影像匹配的方式获得密集控制点，并基于ALOS数字高程模型数据，采用双线性内插方法获取当前控制点的高程信息。5景足印影像共成功提取3737个同名点，其分布如图6.16（a）中红色十字丝所示。试验区2主要用于验证足印相机的直接对地定位精度，分别在三处不同区域布设了12个地面靶标，共获取了3景包含靶标的足印影像，3景影像依次分布于3326、3402、3478轨数据内，如图6.16（b）所示。靶标影像如图6.16（c）所示，靶标处的地理坐标采用静态GNSS接收机完成观测。图6.16（a）和图6.16（b）涉及的4轨数据获取时间如表6.5所示。

表6.5　轨道数据获取时间

轨道	O3250	O3326	O3402	O3478
时间	2020-06-11 11:41:58	2020-06-09 11:38:58	2020-06-14 11:37:34	2020-06-19 11:36:17

6.6.1.1　单景足印影像在轨几何检校结果

分别利用单景足印影像及其对应的控制点完成在轨几何检校。统计检校后的外参数及内检校后控制点的反投影中误差，结果如表6.6所示。

表6.6　单景足印影像几何检校外参数

项目	影像1	影像2	影像3	影像4	影像5	所有影像
ex（deg）	×.×12526	×.×12704	×.×12501	×.×12587	×.×12524	×.×12556
ey（deg）	×.×42990	×.×42609	×.×42661	×.×43111	×.×43010	×.×42848
ez（deg）	×.×98429	×.×16272	×.×05699	×.×86482	×.×59181	×.×96465
中误差/像元	0.30	0.38	0.41	0.60	0.37	0.38

影像1至影像5分别对应图6.16（a）中，从北至南的5景足印影像。分析表6.6结果可知，利用单景足印影像完成相机几何检校后，其外参数相差不大。经过内检校后，控制点反投影中误差整体在1/3个像元左右，而影像4由于匹配获取的控制点数量较少，且分布不均，导致中误差达到0.6个像元，因此控制点分布不均会造成足印影像几何检校结果的不稳定。

6.6.1.2　多景足印影像在轨几何检校结果

将5景影像包含的控制点进行整体平差解算，获取足印影像的检校结果，并计算控制点反投影残差，结果如图6.17所示。

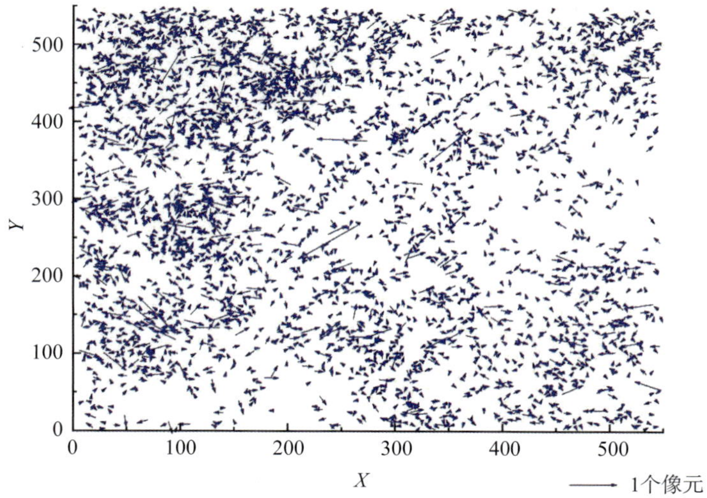

图 6.17　检校后控制点反投影残差分布

从图6.17中可见，5景足印影像内包含的控制点已经完全覆盖足印相机的像平面内，且像幅内控制点反投影残差分布均匀，整体中误差仅为0.38像元，说明本书构建的足印相机严密成像模型能够准确恢复足印相机的光线传播情况，且检校结果中不含有明显的系统误差。

利用内检校结果，以25像元为固定间隔，生成当前足印相机的畸变分布，如图6.18所示。

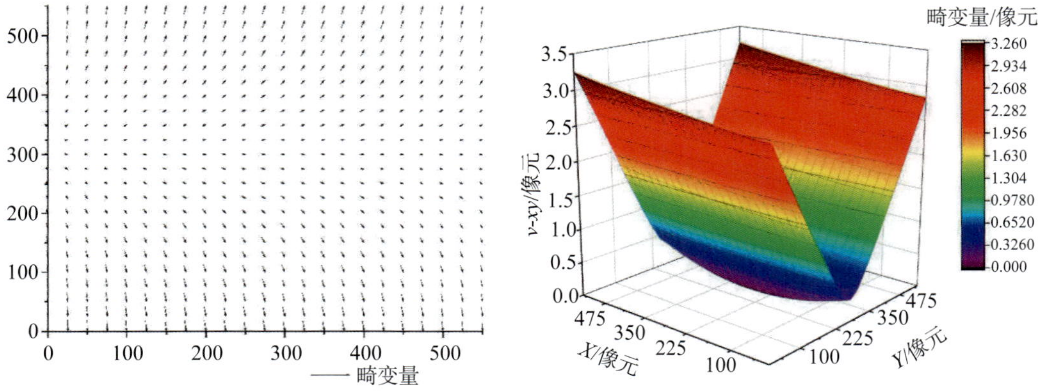

（a）畸变量变化向量　　（b）畸变量渲染曲面

图 6.18　相机畸变量分布

分析图6.18可知，足印相机的畸变量主要集中在纵轴，且从影像中间向两边扩散，并未呈现典型的径向、切向畸变分布规律，如图6.18（a）所示。其影像边缘最大畸变差约等于3像元，横轴仅包含少量畸变量，如图6.18（b）所示。该畸变量分布情况与足印相机的光学系统设计及地面实验室标定结果相统一。

6.6.2 足印影像几何检校精度验证试验

为验证足印相机几何检校结果在跨区域、长周期情况下的应用效果，基于2020年获取的5景足印影像的在轨检校结果，在我国黑龙江、内蒙古、陕西、山西、河北、山东等省（自治区），按照地形类别和地表覆盖等不同要素，选取了2021年和2022年共18轨数据，开展了足印影像几何精度验证。每轨数据分别针对相机A和相机B给出了一景影像的精度统计结果，图6.19、图6.20分别为2021年3月9日获取的第007481轨数据的足印相机A和B影像及其控制点/检查点分布示意图。

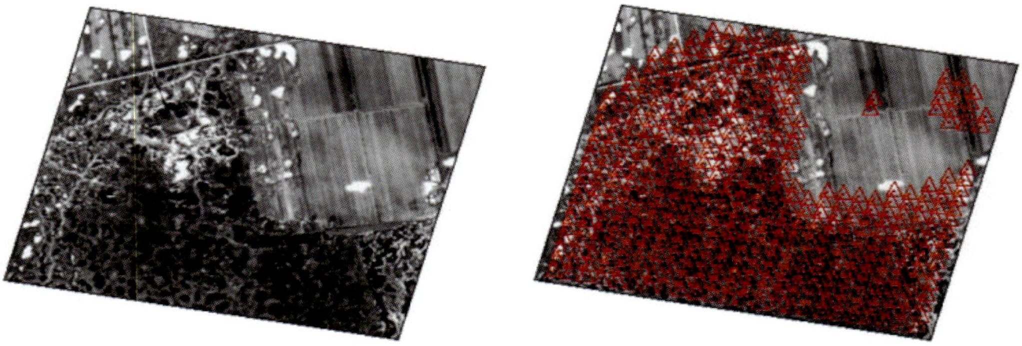

图 6.19　足印相机 A 影像及控制点 / 检查点分布示意图（Orb007481_Date20210309）

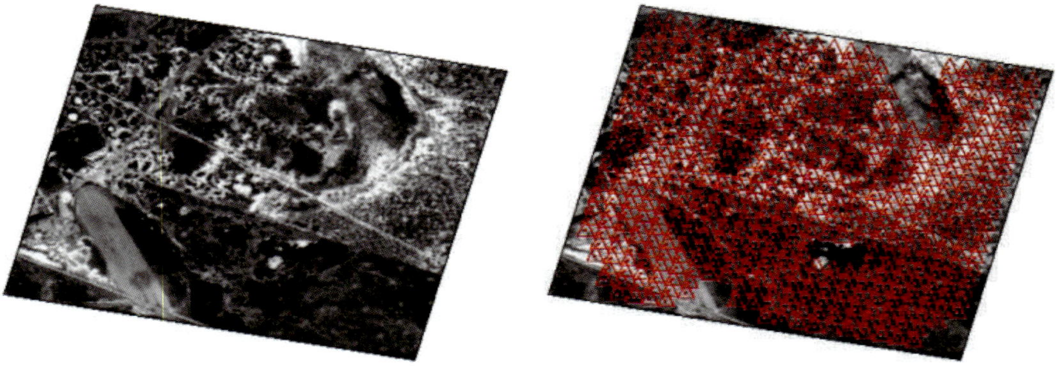

图 6.20　足印相机 B 影像及控制点 / 检查点分布示意图（Orb007481_Date20210309）

表6.7 足印影像检校精度统计表

单位：像元

序号	轨道号	日期	侧摆角/（°）	地理位置	影像号	相机	点数	有控制定位精度 中误差		无控制定位精度（检查点） 中误差		无控制定位精度（检查点） 均值	
								列	行	列	行	列	行
1	007481	2021年3月9日	0.000	E125.1_N46.4	297_226752878.666932136_Ⅰ	FPC_Ⅰ	446	0.142	0.187	2.091	2.664	−2.086	2.649
					300_226752879.671431124_Ⅰ	FPC_Ⅱ	541	0.125	0.187	1.039	1.551	−1.024	1.532
2	007557	2021年3月14日	2.098	E125.8_N46.2	233_227184782.333598137_Ⅰ	FPC_Ⅰ	366	0.226	0.291	0.693	1.115	0.652	1.059
					240_227184784.671431124_Ⅰ	FPC_Ⅱ	555	0.178	0.141	1.651	0.220	1.636	−0.159
3	007634	2021年3月19日	−1.498	E125.1_N46.4	236_227616683.333598077_Ⅰ	FPC_Ⅰ	260	0.272	0.294	1.026	0.666	−0.988	−0.424
					241_227616685.004763633_Ⅰ	FPC_Ⅱ	429	0.246	0.240	0.294	1.472	0.054	−1.449
4	007664	2021年3月21日	0.000	E109.5_N38.4	392_227792980.333598286_Ⅰ	FPC_Ⅰ	400	0.147	0.220	0.368	0.982	0.331	−0.895
					392_227792980.338095963_Ⅰ	FPC_Ⅱ	387	0.097	0.101	0.956	1.827	0.945	−1.823
5	008044	2021年4月15日	0.000	E111.2_N37.6	380_229952557.333597869_Ⅰ	FPC_Ⅰ	399	0.172	0.212	0.756	0.898	0.736	−0.812
					379_229952557.004763365_Ⅰ	FPC_Ⅱ	392	0.216	0.217	1.423	1.903	1.403	−1.890
6	008652	2021年5月25日	0.998	E114.6_N37.4	665_233407781.333598077_Ⅰ	FPC_Ⅰ	594	0.157	0.190	2.378	2.147	−2.373	2.123
					668_233407782.338097721_Ⅰ	FPC_Ⅱ	546	0.182	0.234	1.816	0.842	−1.803	0.804
7	010279	2021年9月9日	4.993	E109.8_N38.4	410_242653936.333597541_Ⅰ	FPC_Ⅰ	398	0.135	0.167	0.200	0.719	0.046	0.656
					411_242653936.671432644_Ⅰ	FPC_Ⅱ	400	0.125	0.174	0.760	0.263	0.728	0.135
8	011182	2021年11月3日	0.579	E113.5_N37.8	678_247404915.666931868_Ⅰ	FPC_Ⅰ	383	0.275	0.345	0.866	0.510	0.816	0.179
					679_247404916.004764676_Ⅰ	FPC_Ⅱ	400	0.224	0.214	1.330	0.920	1.294	−0.894
9	011583	2021年11月29日	−4.883	E119.3_N36.8	839_249649749.333599091_Ⅰ	FPC_Ⅰ	586	0.205	0.186	0.817	0.865	−0.786	−0.802
					842_249649750.338099539_Ⅰ	FPC_Ⅱ	518	0.210	0.193	0.237	1.936	0.045	−1.926
10	011793	2021年12月13日	−3.994	E115.8_N36.6	896_250860208.333598912_Ⅰ	FPC_Ⅰ	579	0.202	0.230	0.291	1.108	0.085	1.052
					895_250860208.004765332_Ⅰ	FPC_Ⅱ	432	0.227	0.408	0.926	0.503	0.888	−0.172

续表

序号	轨道号	日期	侧摆角/(°)	地理位置	影像号	相机	点数	有控制定位精度		无控制定位精度（检查点）			
								中误差		中误差		均值	
								列	行	列	行	列	行
11	011912	2021年12月21日	3.695	E108.3_N38.4	576_251553481.666932523_Ⅰ	FPC_Ⅰ	398	0.161	0.239	1.430	2.132	1.417	−2.088
					577_251553482.004764616_Ⅰ	FPC_Ⅱ	400	0.150	0.168	1.899	2.924	1.891	−2.915
12	012078	2022年1月1日	−1.148	E113.4_N38.4	588_252502525.666932821_Ⅰ	FPC_Ⅰ	400	0.209	0.255	0.270	0.651	−0.111	−0.540
					589_252502526.004764795_Ⅰ	FPC_Ⅱ	386	0.247	0.311	0.799	1.841	0.755	−1.814
13	012534	2022年1月31日	0.000	E115.6_N37.0	480_255093974.666932136_Ⅰ	FPC_Ⅰ	459	0.311	0.338	0.742	0.569	0.667	0.239
					481_255093975.004765153_Ⅰ	FPC_Ⅱ	514	0.196	0.248	0.979	0.895	0.941	−0.853
14	012671	2022年2月9日	−3.495	E111.7_N38.4	157_255872482.000262856_Ⅰ	FPC_Ⅰ	399	0.470	0.200	1.550	0.382	1.477	0.129
					159_255872482.671431154_Ⅰ	FPC_Ⅱ	395	0.272	0.175	2.024	1.259	2.004	−1.245
15	012686	2022年2月10日	0.000	E116.5_N37.0	821_255957753.333598197_Ⅰ	FPC_Ⅰ	530	0.243	0.272	0.647	1.138	0.595	−1.062
					820_255957753.004764438_Ⅰ	FPC_Ⅱ	481	0.231	0.215	1.268	1.891	1.233	−1.878
16	013111	2022年3月10日	1.728	E109.7_N38.4	272_258378690.333597988_Ⅰ	FPC_Ⅰ	400	0.173	0.177	0.866	0.678	−0.847	0.618
					273_258378690.671432585_Ⅰ	FPC_Ⅱ	400	0.211	0.173	0.299	0.449	−0.137	−0.406
17	013568	2022年4月9日	0.000	E111.7_N38.2	445_260970148.000264347_Ⅰ	FPC_Ⅰ	400	0.271	0.308	0.865	0.326	0.774	−0.010
					446_260970148.338098556_Ⅰ	FPC_Ⅱ	400	0.173	0.199	1.135	1.323	1.113	−1.306
18	014799	2022年6月29日	1.998	E125.7_N46.0	300_267965649.666931123_Ⅰ	FPC_Ⅰ	501	0.197	0.221	2.128	2.245	2.118	−2.221
					301_267965650.004763961_Ⅰ	FPC_Ⅱ	584	0.180	0.255	3.075	3.190	3.069	−3.177
					最小值		260	0.097	0.101	0.200	0.220	−2.373	−3.177
					最大值		594	0.47	0.408	3.075	3.190	3.069	2.649
					均值	FPC_Ⅰ	438	0.220	0.241	0.999	1.100	0.140	−0.008
					均值	FPC_Ⅱ	446	0.194	0.214	1.217	1.401	0.835	−1.080

表6.7给出了验证试验的18轨数据几何精度统计情况，显示了每景足印影像的控制点（GCP）/检查点（ICP）在行、列方向的残差中误差（RMSE）、均值（Mean）计算结果。分析该表中影像内部几何精度、绝对定位精度、精度与数据获取时间的关系、精度与侧摆角度的关系，可以得出如下结论：

（1）控制点/检查点的数据量介于260 ~ 594之间，对于550像元 × 550像元的影像数据，数据量具有统计学意义；

（2）相机A和相机B，影像内部几何精度在行和列方向上，均约为0.2像元，最大不超过0.5像元，精度高且较稳定；

（3）相机A和相机B，绝对定位精度的均方根误差（RMSE）约为1个像元左右，相当于3 m。考虑到卫星的星历精度优于0.1 m，卫星的姿态精度在1″左右（换算到地面坐标系统约为2.5 m），说明该绝对定位精度较高且精度可靠。

（4）相机A绝对定位位置均值接近0像元，说明该相机几何检校精度较好，符合预期。然而，相机B绝对定位位置均值在1个像元左右，可见相机B的几何检校结果仍然存在一个系统偏差，需进一步检校分析。

整体上，GF7-01卫星激光足印相机的几何检校成果稳定、可靠，精度良好，满足足印影像业务化生产的需求。

6.6.3　激光在足印影像像点位置关联试验

以高分七号卫星3402、3478轨的足印相机数据为例。基于地面靶标修正外参数，以获取激光足印的像点投影位置的计算流程如图6.21所示。

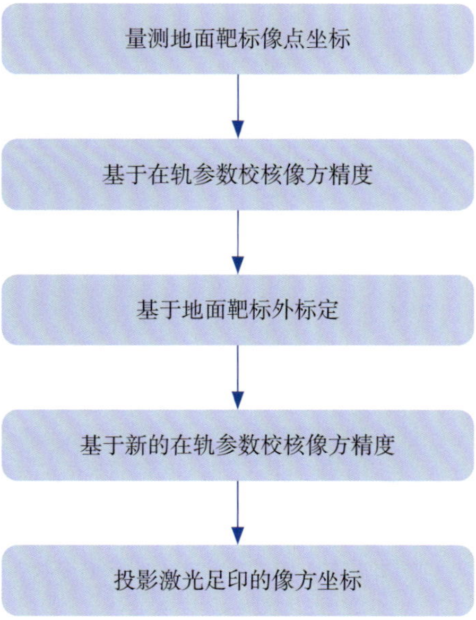

图 6.21　激光足印像方坐标计算过程

以3402轨参数为例，其在轨参数校核精度如图6.22所示。

按照在轨几何检校参数，4个地面靶标的像方投影中误差为1.11像元。利用4个靶标数据完成外检校后，再次进行像方校核，其结果如图6.23所示。

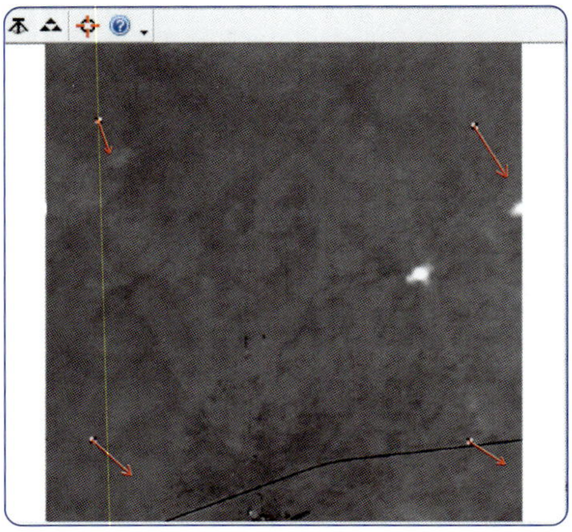

图 6.22 足印 3402 轨波束 1 的像方校核精度

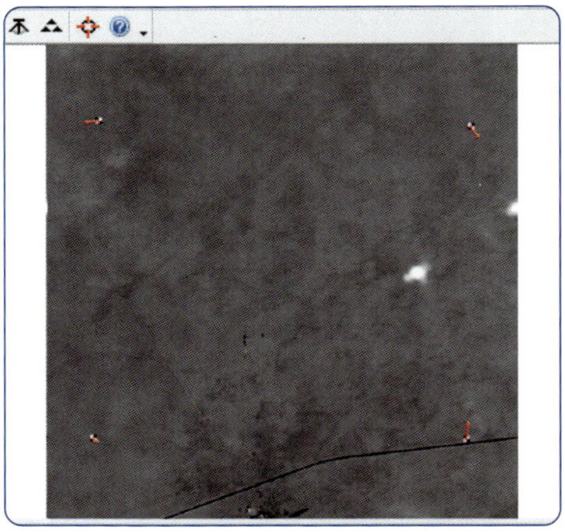

图 6.23 足印 3402 轨波束 1 完成外检校后的像方校核精度

对比图6.22和图6.23可见，经过地面靶标修正外参数后，4个靶标点的残差明显减小，且其残差方向已没有明显系统方向性。将激光足印地理坐标投影至当前足印影像，其结果如图6.24所示。

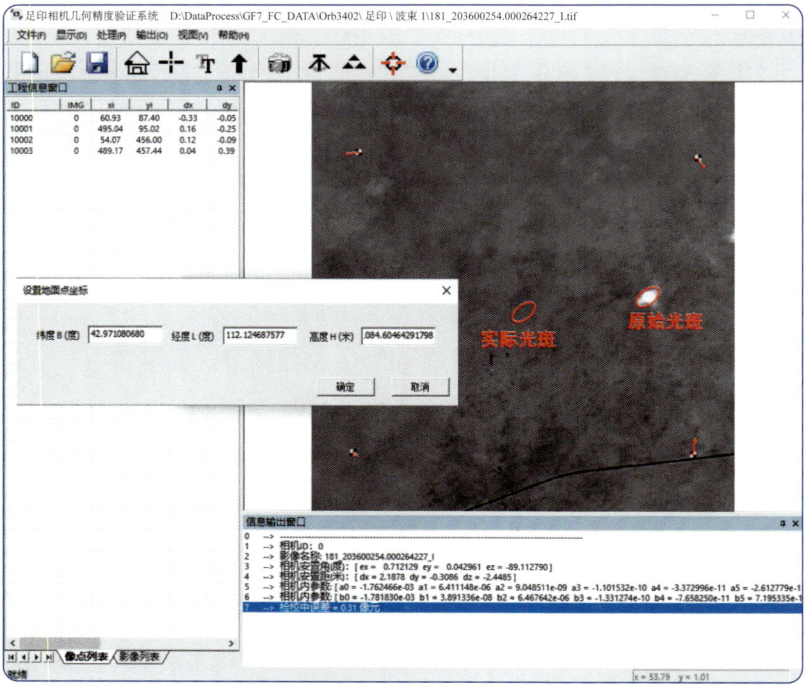

图 6.24 足印 3402 投影激光足印在影像上的位置

依次对3402、3478轨足印影像激光足印的像点位置解算，取均值结果如表6.8所示：

表6.8　激光足印在无畸变影像上的像点坐标　　单位：像元

轨道	波束1	波束2
3402	[26×.1，27×.5]	[23×.0，31×.8]
3478	[26×.5，27×.3]	[23×.9，31×.2]
平均值	[26×.3，27×.4]	[23×.95，31×.0]

从表6.8中可见，基于单景足印影像外检校后可以获取稳定的激光足印的像点坐标，其方向定位中误差约为0.2像元，试验表明，激光在足印影像上定位精度较高，可满足后期与光学影像的联合应用。

6.6.4　基于足印影像辅助的线阵立体影像与激光复合测绘试验

6.6.4.1　试验区域和试验数据

选择覆盖中国河北省北部区域的高分七号卫星传感器校正立体影像和激光高程点作为试验数据，开展激光测高点和立体影像复合测绘试验。由于天气和卫星侧摆等因素影响，试验数据中仅有一轨激光高程点和立体影像是同轨获取，其他均为非同轨获取。

收集试验区域内采用GPS CORS技术测量获取的GPS点作为检查参考资料，GPS点的平面和高程精度均优于0.1 m。试验数据详细信息如表6.9所示。

表6.9　试验数据情况

<table>
<tr><th rowspan="2">数据类型</th><th rowspan="2">覆盖地形</th><th colspan="3">传感器校正立体影像</th><th colspan="2">激光高程点</th><th rowspan="2">GPS点数量</th></tr>
<tr><th>覆盖面积/km²</th><th>数量</th><th>影像轨道号</th><th>数量</th><th>数据轨道号</th></tr>
<tr><td rowspan="5">高分七号卫星数据</td><td>平地</td><td>3500</td><td rowspan="5">70</td><td rowspan="5">2449
3267
5806
5880
5962</td><td>134</td><td rowspan="5">3267
6786
6868
7679
8652</td><td>40</td></tr>
<tr><td>丘陵</td><td>4200</td><td>84</td><td>26</td></tr>
<tr><td>山地</td><td>17300</td><td>244</td><td>124</td></tr>
<tr><td>高山地</td><td>2000</td><td>1</td><td>11</td></tr>
<tr><td>全区域</td><td>27000</td><td>463</td><td>201</td></tr>
</table>

试验数据覆盖区域的地形类型根据中国1∶50000比例尺地形图各图幅地形类型来确定。试验区域的地形起伏从海拔50 m到3000 m，试验区域及试验数据的地理分布如图6.25所示。

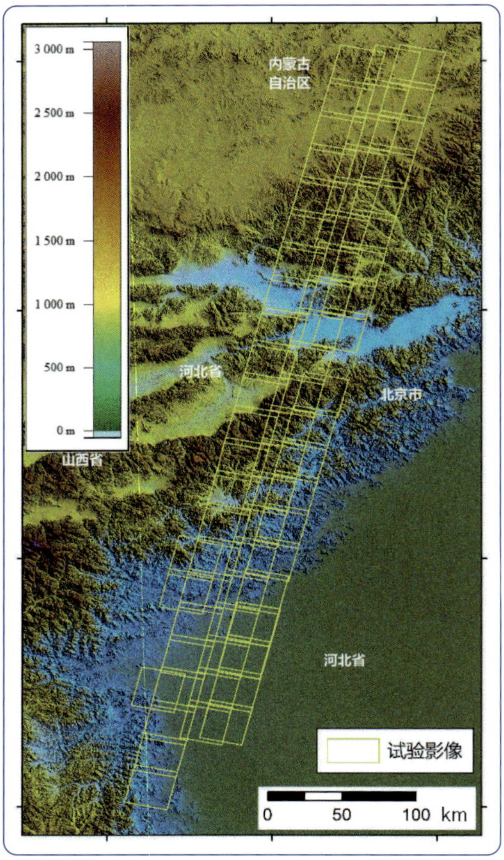

（a）地形渲染图

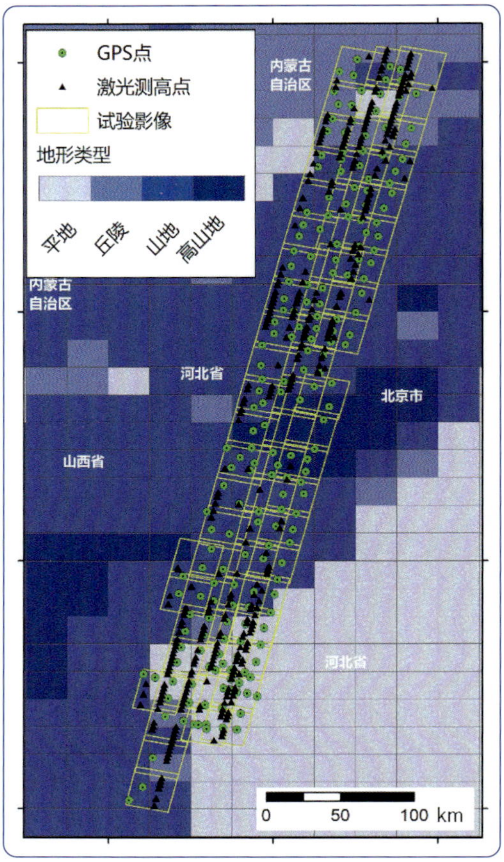

（b）地形类型图

图 6.25　高分七号试验区及试验数据分布示意图

为与高分七号卫星同平台获取的立体影像和激光测高点复合测绘试验结果进行比对，收集了2020年1月至今获取的覆盖试验区域的ICESat-2/ATLAS激光高程点，用于与高分七号试验影像开展联合区域网平差试验，从而进一步验证同一卫星平台获取立体影像和激光高程点复合测绘的优势。

为确保所选ICESat-2/ATLAS激光点精度的可靠性，首先综合利用波束类型、信噪比、地形、坡度等激光点自带参数信息对精度较低的激光点进行剔除，再利用TanDEM-X数据与激光高程点进行高程对比，剔除高差大于2 m的激光点。经筛选后，共获取8824个ICESat-2/ATLAS激光点，其地理分布如图6.26所示。

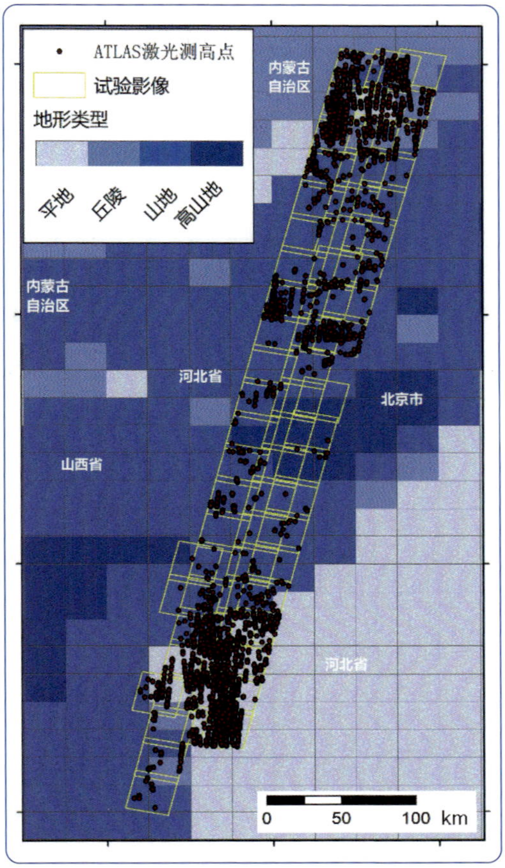

图 6.26　ATLAS 激光点分布示意图

6.6.4.2　影像自由网平差几何精度验证

采用影像匹配技术在每景立体影像内部和相邻立体影像的重叠区域匹配均匀分布的连接点，其分布密度约为每平方千米0.5个点。将所有GPS点作为检查点，GPS点通过人工量测方式在立体影像上进行量测，像点量测精度优于1像元。分别对高分七号影像开展自由网平差。试验结果如表6.10所示，检查点残差如图6.27所示。

通过表6.10可知，高分七号卫星立体影像在平地、丘陵、山地、高山地和整个区域的平面中误差分别为5.00 m、3.81 m、4.32 m、6.36 m和4.93 m，高程中误差分别为3.07 m、4.68 m、2.86 m、2.48 m和3.10 m。平面精度可以满足我国1：10000比例尺测图精度要求，但是高程精度在部分地形区域无法满足1：10000比例尺测图精度要求。我国1：10000比例尺测图精度要求如表6.11所示。

表6.10　自由网平差结果　　单位：m

地形类型	检查点数量	平面精度		高程精度	
		中误差	最大误差	中误差	最大误差
平地	40	5.00	9.26	3.07	–6.72
丘陵	26	3.81	6.40	4.68	–7.14
山地	124	4.32	8.12	2.86	–7.17
高山地	11	6.36	8.89	2.48	6.23
全区域	201	4.93	9.26	3.19	–7.17

注：在自由网的平差过程中，连接点的像方中误差均小于0.3像元，最大残差均小于1.2像元。

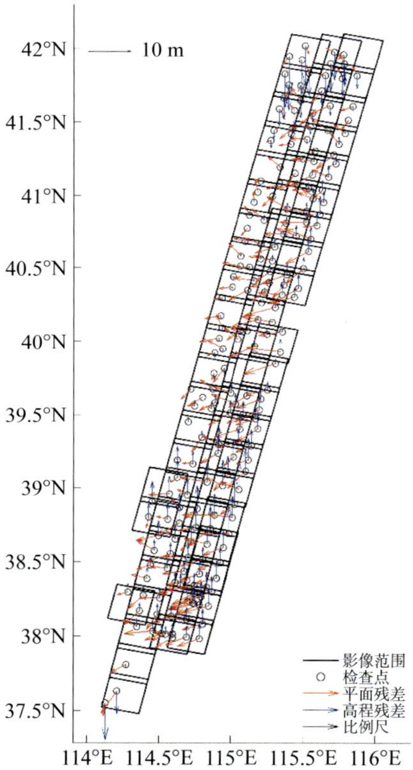

图 6.27　高分七号卫星立体影像自由网平差残差图

表6.11　我国1：10000比例尺测图精度要求　　单位：m

比例尺	平面位置中误差		高程中误差			
	平地和丘陵	山地和高山地	平地	丘陵	山地	高山地
1：10000	5	7.5	0.5	1.2	2.5	5

6.6.4.3　激光复合测绘处理精度验证

按照6.5节描述的处理步骤，开展如下4组试验：

（1）采用6.5.2节方法将高分七号激光高程点在立体影像上进行布设，并将其作为高程控制点。将所有GPS点作为检查点，采用6.5.1节所述的平差模型，开展区域网平差。该组试验用于验证高分七号激光高程点能否有效提升立体影像高程精度。

（2）采用6.5.2.1节方法将高分七号激光高程点在立体影像上进行布设，并将其同时作为平面和高程控制点。将所有GPS点作为检查点，采用6.5.1节所述的平差模型，开展区域网平差。该组试验用于验证高分七号激光高程点能否同时提升立体影像的平面和高程精度。

（3）选取适量GPS点作为平高控制点，将剩余的GPS点作为检查点，开展立体影像区域网平差。该组试验用于反映采用高精度控制条件下，立体影像能够达到的精度水平。

（4）将所有ICESat-2/ATLAS激光高程点在高分七号立体影像上进行量测，并将其作为高程控制点。将所有GPS点作为检查点，采用6.5.1节所述的平差模型，开展区域网平差。该组试验用于验证不同卫星平台获取的激光高程点对立体影像高程精度的提升效果。

上述4组试验的连接点均采用6.6.4.2节自由网平差试验中的连接点。

试验结果如表6.12至表6.15所示，试验残差如图6.28所示。

表6.12　高分七号卫星试验数据复合测绘处理第1组试验精度　　单位：m

地形	GPS检查点					激光高程控制点		
	数量	平面精度		高程精度		数量	高程残差	
		中误差	最大误差	中误差	最大误差		中误差	最大误差
平地	40	4.99	8.39	0.35	−0.72	134	0.33	−0.94
丘陵	26	3.52	6.72	0.66	−1.40	84	0.63	1.33
山地	124	4.42	7.54	0.74	2.07	244	0.71	1.61
高山地	11	5.99	8.08	0.91	1.80	1	1.00	1.00
全区域	201	4.82	8.39	0.68	2.07	463	0.61	1.61

表6.13　高分七号卫星试验数据复合测绘处理第2组试验精度　　单位：m

地形	GPS检查点					激光平面和高程控制点				
	数量	平面精度		高程精度		数量	平面残差		高程残差	
		中误差	最大误差	中误差	最大误差		中误差	最大误差	中误差	最大误差
平地	40	4.94	8.83	0.35	−0.77	129	4.55	8.45	0.34	−1.13

续表

地形	GPS检查点					激光平面和高程控制点				
	数量	平面精度		高程精度		数量	平面残差		高程残差	
		中误差	最大误差	中误差	最大误差		中误差	最大误差	中误差	最大误差
丘陵	26	3.12	6.48	0.62	-1.44	75	3.01	5.99	0.60	1.28
山地	124	5.28	10.85	0.73	1.92	216	4.97	8.77	0.72	1.56
高山地	11	5.68	9.11	0.90	1.78	1	6.13	6.13	0.98	0.98
全区域	201	5.00	10.85	0.67	1.92	421	4.55	8.77	0.61	1.56

表6.14　高分七号卫星试验数据复合测绘处理第3组试验精度　　单位：m

地形	GPS检查点					GPS点平面和高程控制点				
	数量	平面精度		高程精度		数量	平面残差		高程残差	
		中误差	最大误差	中误差	最大误差		中误差	最大误差	中误差	最大误差
平地	29	1.64	3.25	0.92	1.33	11	1.63	2.89	0.77	1.54
丘陵	17	2.40	3.60	0.95	1.86	9	2.31	3.33	0.84	-1.75
山地	91	2.34	4.16	0.88	2.21	33	2.05	3.85	0.88	2.09
高山地	7	2.51	3.86	0.94	-1.53	4	1.67	2.41	0.83	-1.28
全区域	144	2.23	4.16	0.90	2.21	57	1.99	3.84	0.85	2.09

表6.15　高分七号卫星试验数据复合测绘处理第4组试验精度　　单位：m

地形	GPS检查点					激光高程控制点		
	数量	平面精度		高程精度		数量	高程残差	
		中误差	最大误差	中误差	最大误差		中误差	最大误差
平地	40	4.99	8.43	1.33	4.29	3038	1.28	-6.46
丘陵	26	3.53	6.36	1.21	-2.48	3248	1.24	9.53
山地	124	4.29	7.65	2.01	5.59	2493	1.68	5.69
高山地	11	6.02	8.22	1.74	2.55	45	0.99	1.94
全区域	201	4.79	8.43	1.78	5.59	8824	1.39	9.53

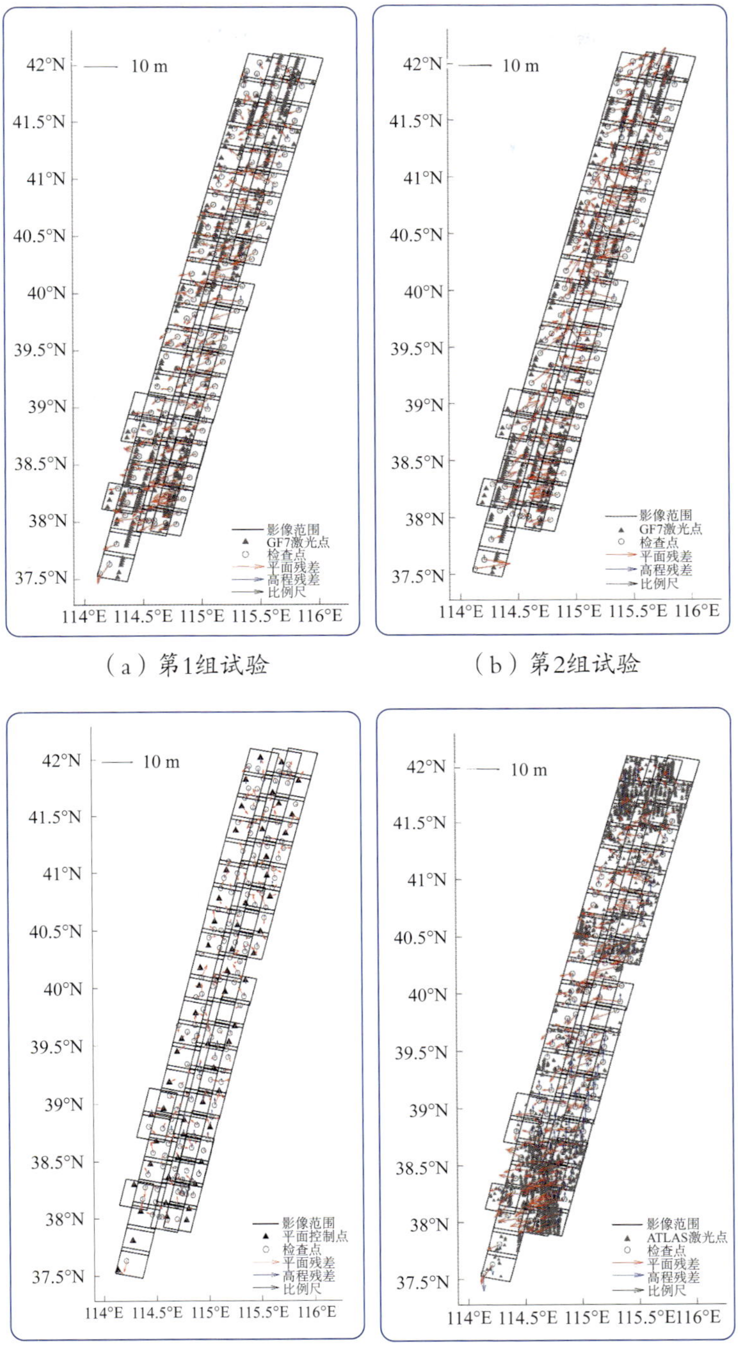

（a）第1组试验　（b）第2组试验

（c）第3组试验　（d）第4组试验

图6.28　高分七号卫星试验数据各组试验的残差图

表6.12中检查点的高程精度相对表6.10中对应值，有了显著提升，高分七号卫星影像在全区域整体高程中误差由原来的3.19 m降低至0.68 m，其中平地、丘陵、山地和高山地区域的高程中误差分别为0.35 m、0.66 m、0.74 m和0.91 m，完全满足我国1：10000（甚至

1：5000）比例尺测图的精度要求。充分验证了本章提出复合测绘方法的有效性。由于激光高程点并没有作为平面控制点，因此表6.13中检查点的平面精度值相对表6.10中的对应值几乎没有变化。

虽然，图6.28（a）和图6.28（b）中各个检查点的平面残差有所不同，但是，表6.13中检查点的平面精度值与表6.13中的对应值差异不大，表6.14中检查点的高程精度值与表6.13中对应值几乎一致，图6.28（a）和图6.28（b）中各个检查点高程残差也几乎一致。这表明将高分七号卫星激光高程点同时作为平面和高程控制点，可以有效提升高分七号卫星立体影像的高程精度，但无法确保提升立体影像的平面精度。

表6.14中检查点的高程精度低于表6.13中的对应值，这表明在提升立体影像高程精度方面，本文提出的复合测绘技术，等同于甚至优于采用适量高精度地面控制点的区域网平差。

对比表6.15和表6.10可知，利用ATLAS激光点与高分七号立体影像开展联合区域网平差后，高分七号影像的整体高程精度从3.19 m提高到了1.78 m。虽然ATLAS激光点数量是高分七号激光点近20倍，并且ATLAS激光点的标称高程精度也与高分七号激光点几乎一致，二者都是大约0.1 m，但是表6.15中的检查点在所有地形区域的中误差均远远大于表6.12中的对应值，这表明高分七号激光与立体影像复合测绘处理后精度要远远高于ATLAS激光点和高分七号影像的联合区域网平差的精度。通过表6.15和表6.12的对比充分说明了利用同一卫星平台获取立体影像和激光高程点开展复合测绘的优越性。

试验结果总结如下：

（1）将激光高程点作为高程控制点，通过本章的复合测绘处理方法，高分七号卫星影像在平地、丘陵、山地、高山地和整个区域的高程中误差大幅降低至0.35 m、0.66 m、0.74 m、0.91 m和0.68 m，全面满足中国1：10000（甚至1：5000）比例尺立体测图的精度要求。其高程精度甚至优于使用适量GPS点作为控制的区域网平差结果。这些结果均表明本章所述复合测绘处理方法，可以大幅提升各种地形区域的立体影像的高程精度。

（2）开展高分七号卫星数据的复合测绘处理中，将激光高程点同时作为平面和高程控制点，试验影像的高程精度虽然大幅提升，但是平面精度并未有明显变化。这表明激光高程点与高分七号光学立体影像平面精度相差不大，不能确保明显提升立体影像的平面精度。

（3）利用ATLAS激光高程控制点代替高分七号激光测高点，与高分七号试验影像开展联合区域网平差试验，用于评价和对比同平台/不同平台获取的激光高程控制点与立体影像联合区域网平差效果。虽然试验中ATLAS激光高程控制点的数量远远高于高分七号卫星，但本书方法所取得的结果更优。这表明采用同平台获取立体影像和激光测高点的方式具有较大的优越性。

综上所述，本章提出的同一卫星平台获取的立体影像与激光测高点复合测绘处理方法是有效的、正确的和先进的。

参考文献

毕进子，夏文兵，刘丹，等，2008. 空间固体激光器的研究进展 [J]. 红外与激光工程，37（5）：818-821.

毕云峰，陈结祥，张毅，等，2005. 大气传输介质引起的激光测高仪回波能量衰减分析 [J]. 量子电子学报，22（6）：918-922.

陈俊勇，2005. 对 SRTM3 和 GTOPO30 地形数据质量的评估 [J]. 武汉大学学报（信息科学版），30（11）：941-944.

陈林生，周梅，腾格尔，等，2020. 基于曲线匹配的星载激光测高仪无场在轨几何定标方法 [J]. 中国科学院大学学报（1）：7.

曹金山，袁修孝，龚健雅，等，2014. 资源三号卫星成像在轨几何定标的探元指向角法 [J]. 测绘学报，43（10）：1039-1045.

戴永江，2010. 激光雷达技术 [M]. 北京：电子工业出版社.

杜小平，郭华东，范湘涛，等，2013. 基于 ICESat/GLAS 数据的中国典型区域 SRTM 与 ASTERGDEM 高程精度评价 [J]. 地球科学：中国地质大学学报，38（4）：887-897.

Gunter, 1998. 卫星大地测量学 [M]. 北京：地震出版社.

霍玉晶，陈千颂，潘志文，2001. 脉冲激光雷达的时间间隔测量综述 [J]. 激光与红外，31（3）：136-139.

纪荣祎，赵长明，任学成，2010. 脉冲激光测距时刻鉴别方法的研究 [J]. 红外，31（11）：34-37.

蒋永华，张过，唐新明，等，2013. 资源三号测绘卫星三线阵影像高精度几何检校 [J]. 测绘学报，42（4）:523-529.

姜云玉，赵裕粟，高欣圆，2013. 基于有理函数模型的“天绘一号”影像正射纠正 [J]. 测绘与空间地理信息，36（3）：129-130.

李春来，任鑫，刘建军，等，2010. 嫦娥一号激光测距数据及全月球 DEM 模型 [J]. 中国科学：D 辑（3）：281-293.

李德仁，2012. 我国第一颗民用三线阵立体测图卫星：资源三号测绘卫星 [J]. 测绘学报，41（3）:317-322.

李德仁，郑肇葆，1992. 解析摄影测量 [M]. 北京：测绘出版社.

刘恩超，李新，张允祥，等，2021. 卫星激光测高仪在轨检校脉冲探测器的设计、测试及应用 [J]. 大气与环境光学学报，16（6）:12.

李斐，袁乐先，张胜凯，等，2016. 利用 ICESat 数据解算南极冰盖冰雪质量变化 [J]. 地球物理学报，59（1）：93-100.

李国元，唐新明，樊文锋，等，2017. 基于地面红外探测器的星载激光测高仪在轨几何定标 [J]. 红外与激光工程，46（11）：1117004.

李奇峻，范大昭，雷蓉，等，2016. 资源三号多光谱影像谱段间相对内参关系标定及高精度配准 [J]. 测绘学报，45（6）：685-690.

李然，王成，苏国中，等，2007. 星载激光雷达的发展与应用 [J]. 科技导报，25（714）：58-63.

李松，2004. 星载激光测高仪发展现状综述 [J]. 光学与光电技术，2（6）：4-6.

李松，2016. 地面激光足印探测器成功实现在轨标定 [J]. 卫星应用（10）: 57.
李少宁，2017. 星载激光对地测高系统在轨几何定标研究 [D]. 武汉：武汉大学 .
李松，马跃，周辉，等，2014. 星载激光测高系统大气折射延迟的影响分析 [J]. 应用光学，35（3）: 520-524.
刘辉珞，2009. 基于 APD 的光电探测器电路研究与设计 [J]. 现代电子技术，32（13）: 177-180.
欧阳自远，2010. 嫦娥一号卫星的初步科学成果与嫦娥二号卫星的使命 [J]. 航天器工程（5）: 1-6.
宋博，李旭，郑伟，等，2017. 资源三号（02）星载高精度激光测距技术的实现 [J]. 光电子技术，37（1）: 61-65.
唐冲，惠辉辉，2013. 基于 Matlab 的高斯曲线拟合求解 [J]. 计算机与数字工程，41（8）: 1262-1263+1297.
唐新明，陈继溢，李国元，等，2018. 资源三号 02 星激光测高误差分析与指向角粗标定 [J]. 武汉大学学报（信息科学版），43（11）: 1611-1619.
唐新明，李国元，2017. 激光测高卫星的发展与展望 [J]. 国际太空（11）: 13-18.
唐新明，谢俊峰，付兴科，等，2017a. 资源三号 02 星激光测高仪在轨几何检校与试验验证 [J]. 测绘学报，46（6）: 714-723.
唐新明，谢俊峰，莫凡，等，2017b. 资源三号 02 星激光测高仪足印位置预报方法 [J]. 测绘学报，46（7）: 866-873.
唐新明，谢俊峰，莫凡，等，2021. 高分七号卫星双波束激光测高仪在轨几何检校与试验验证 [J]. 测绘学报，50（3）:12.
唐新明，张过，祝小勇，等，2012. 资源三号测绘卫星三线阵成像几何模型构建与精度初步验证 [J]. 测绘学报，41（2）: 191-197.
唐新明，张过，祝小勇，2017. 资源三号卫星数据几何处理方法 [M]. 北京：科学出版社 .
田世强，2017. 国产星载激光雷达在轨几何检校与验证技术研究 [D]. 西安：长安大学 .
王冰洁，王云才，孔令琴，等，2008. 混沌激光雷达多目标测距 [J]. 中国光学快报，6（11）: 868-870.
王兵团，2001. 平面曲线离散点集拐点的快速查找算法 [J]. 北方交通大学学报，25（6）: 85-87.
王建宇，舒嵘，陈卫标，等，2010. 嫦娥一号卫星载激光高度计 [J]. 中国科学：物理学力学天文学（8）: 1063-1070.
吴钰，周木春，赵琦，等，2019. 脉冲激光测距中阈值：峰值双通道时刻鉴别方法 [J]. 红外与激光工程，48（6）: 308-314.
谢栋平，李国元，赵严铭，等，2018. 美国 GEDI 天基激光测高系统及其应用 [J]. 国际太空（12）: 39-42.
谢俊峰，刘仁，王宗伟，等，2021. 高分七号星载激光测高仪在轨几何检校与精度评估 [J]. 红外与激光工程，50（8）:195-205.
许春晓，周峰，2009. 星载激光遥感技术的发展及应用 [J]. 航天返回与遥感，30（4）: 26-31.
徐代升，黄庚华，舒嵘，等，2005. 星载激光高度计综合性能分析 [J]. 红外（1）: 1-8.
许万鹏，黄庚华，2014. 基于恒比定时鉴别的激光雷达时间测量前沿技术研究 [J]. 红外，35（4）: 18-24.
徐文，龙小祥，李庆鹏，等，2016. “高分四号” 卫星影像辐射与几何精度评价 [J]. 航天返回与遥感，37（4）: 16-25.

杨瑞科，马春林，韩香娥，等，2007. 激光在大气中传输衰减特性研究 [J]. 红外与激光工程，36（2）：415-418.

杨洋，赵远，乔立杰，等，1999. 1.06 μm激光的大气传输特性 [J]. 红外与激光工程，28（1）：15-19.

叶培建，黄江川，张廷新，等，2013. 嫦娥二号卫星技术成就与中国深空探测展望 [J]. 中国科学：技术科学（5）：467-477.

赵忠伟，张玉钧，沈超，2012. 脉冲激光引信光电转换系统的设计 [J]. 激光技术，36（3）：326-329.

张过，李少宁，黄文超，等，2017. 资源三号 02 星对地激光测高系统几何检校及验证 [J]. 武汉大学学报（信息科学版），42（11）：1589-1596.

张建华，石林峰，马勇，等，2022. 星载激光测高系统外场检校测量方法研究 [J]. 北京测绘（6）：36.

张剑清，张祖勋，1996. 数字摄影测量 [M]. 武汉：武汉大学出版社.

朱孟真，程勇，谭朝勇，等，2012. 国外空间激光的发展现状 [J]. 红外与激光工程，41（12）：3241-3248.

Abshire J B, Mcgarry J F, Pacini L K, et al., 1994. Laser altimetry simulator. Version 3.0: User's guide. NASA.

Abshire J B, Sun X, Riris H, et al., 2003. Geoscience laser altimeter system （GLAS） for the ICESat mission–pre-launch performance[C]//Conference on Lasers and Electro-Optics. California: Optica Publishing Group.

Abshire J B, Sun X, Afzal R S, 2000. Mars Orbiter Laser Altimeter: receiver model and performance analysis[J]. Applied optics, 39（15）: 2449-2460.

Afzal R S, 1994. Mars Observer Laser Altimeter: laser transmitter[J]. Applied optics, 33（15）: 3184-8.

Anthony W Y, Krainak M A, Harding D J, et al., 2011. Development effort of the airborne lidar simulator for the lidar surface topography （LIST） mission[C]//Lidar Technologies, Techniques, and Measurements for Atmospheric Remote Sensing VII. SPIE, 8182: 38-43.

Cheng A F, Santo A G, Heeres K J, et al., 1997. Near - earth asteroid rendezvous: mission overview[J]. Journal of geophysical research: planets, 102（E10）: 23695-23708.

Cole T D, 1998. NEAR laser rangefinder: a tool for the mapping and topologic study of asteroid 433 Eros[J]. Johns Hopkins apl technical digest, 19（2）: 143.

David D R, Claudia C C, Scott B L, et al., 2000. Satellite laser altimetry on-orbit calibration techniques for precise geolocation[J]. The review of laser engineering, 28（12）: 796-803.

Dubayah R, 2019. The global ecosystem dynamics investigation: mission status and first results[C]//AGU fall meeting abstracts: B31A-04.

Filin S, 2001. Calibration of airborne and spaceborne laser altimeters using natural surfaces[M]. Columbus: The Ohio State University.

Filin S, 2002. Establishing analytical criteria for selection of sites for calibration of spaceborne laser altimeters[C]//IEEE International geoscience and remote sensing symposium, 6: 3591-3594.

Gardner C S, 1982. Target signatures for laser altimeters: an analysis[J]. Applied optics, 21（3）: 448-453.

GLAS Instrument Team. Geoscience laser altimeter system preliminary design review [R/OL]. NASA Goddard Space Flight Center, 1998（1）: 12- 14.

Herring T A, Quinn K J. 2012. The algorithm theoretical basis document for the atmospheric delay

correction to GLAS laser altimeter ranges. NASA Goddard Space Flight Center.
Hong Y, Song L, Yue M, et al., 2017. On-orbit calibration of satellite laser altimeters based on footprint detection[J]. Acta physica sinica, 66（13）.
Kamalakar J A, Laxmi P A S, Bhaskar K V S, et al., 2009. Laser ranging experiment aboard Chandrayaan-I: Instrumentation and preliminary results[C]//40th Annual Lunar and Planetary Science Conference: 1487.
Kase T, Abe K, Hotta T, et al., 2003. LALT: Laser altimeter for luna exploring satellite SELENE: active and passive sensors for remote sensing[J]. NEC research & development, 44（2）: 175-180.
Kaula W M, Schubert G, Lingenfelter R E, et al., 1974. Apollo laser altimetry and inferences as to lunar structure[C]//Lunar and Planetary Science Conference Proceedings, 5: 3049-3058.
Kouba J. 2003. Testing of the IERS2000 sub-daily earth rotation parameter model[J]. Studia geophysica et geodaetica, 47（4）: 725-739.
Li G Y, Tang X M, Gao X M, et al., 2017. Pointing angle calibration of ZY3-02 satellite laser altimeter using terrain matching[J]. ISPRS - International archives of the photogrammetry, remote sensing and spatial information sciences, XLII-1/W1: 205-210.
Liu R, Xie J F, Xu C P, et al. 2022. A separate calibration method of laser pointing and ranging for the gf-7 satellite laser that does not require field detectors[J]. Remote sensing, 14: 5935.
Lowe D G. 2004. Distinctive image features from scale-invariant key points[J]. Int. J. Computer, 60: 91–110.
Luthcke S B, Rowlands D D, Mccarthy J J, et al., 2000. Spaceborne laser-altimeter-pointing bias calibration from range residual analysis[J]. Journal of spacecraft & rockets, 37（3）: 374-384.
Luthcke S B, Carabajal C C, Rowlands D D. 2002. Enhanced geolocation of spaceborne laser altimeter surface returns: parameter calibration from the simultaneous reduction of altimeter range and navigation tracking data[J]. Journal of geodynamics, 34（3-4）: 447-475.
Luthcke S B, Rowlands D D, Williams T A, et al., 2005. Reduction of ICESat systematic geolocation errors and the impact on ice sheet elevation change detection[J]. Geophysical research letters, 32（21）.
Ma Y, Wang M W, Li G Y, et al., 2016. Waveform model of a laser altimeter for an elliptical gaussian beam[J]. Applied Optics, 55（8）: 1957-1965.
Magruder L A, Ricklefs R L, Silverberg E C, et al., 2010. ICESat geolocation validation using airborne photography[J]. IEEE transactions on geoscience and remote sensing, 48（6）: 2758-2766.
Magruder L A, Schutz B E, Silverberg E C. 2001. Pointing angle and timing calibration/validation of the Geoscience Laser Altimeter with a ground-based detection system[C]//IEEE International Geoscience and Remote Sensing Symposium.
Magruder L A, Silverberg E, Webb C, et al., 2005. In situ timing and pointing verification of the ICESat altimeter using a ground - based system[J]. Geophysical research letters, 32（21）.
Magruder L A, Schutz B E, Silverberg E C, 2003a. Laser pointing angle and time of measurement verification of the ICESat laser altimeter using a ground-based electro-optical detection system[J]. Journal of geodesy, 77（3）: 148-154.
Magruder L A, Suleman M A, Schutz B E, 2003b. ICESat laser altimeter measurement time validation

system[J]. Measurement science and technology, 14（11）: 1978.

Magruder L A, Webb C E, Urban T J, et al., 2006. ICESat altimetry data product verification at White Sands Space Harbor[J]. IEEe transactions on geoscience and remote sensing, 45（1）: 147-155.

Martin C F, Thomas R H, Krabill W B, et al., 2005. ICESat range and mounting bias estimation over precisely-surveyed terrain[J]. Geophysical research letters, 32（21）: 242-257.

Neuenschwander A, Pitts K 2019. The ATL08 land and vegetation product for the ICESat-2 mission[J]. Remote sensing of environment, 221: 247-259.

Næsset E, Gobakken T, 2008. Estimation of above-and below-ground biomass across regions of the boreal forest zone using airborne laser[J]. Remote sensing of environment, 112（6）: 3079-3090.

Neumann G A, Abshire J B, Aharonson O, et al., 2003. Mars orbiter laser altimeter pulse width measurements and footprint - scale roughness[J]. Geophysical research letters, 30（11）.

Nikonov V A, 1985. Elevation profiles of the lunar surface from APOLLO-15 APOLLO-16 and APOLLO-17 laser altimetry[J]. Trudy gosudarstvennogo astronomicheskogo instituta, 57: 194.

Nozette S, Rustan P, Pleasance L P, et al., 1994. The clementine mission to the Moon: scientific overview[J]. Science, 266（5192）: 1835-1839.

Nie S, Wang C, Zeng H, et al., 2015. A revised terrain correction method for forest canopy height estimation using ICESat/GLAS data[J]. ISPRS journal of photogrammetry and remote sensing, 108: 183-190.

Pang Y, Lefsky M, Sun G, et al., 2008. Temperate forest height estimation performance using ICESat GLAS data from different observation periods[J]. International archives of the photogrammetry, remote sensing and spatial information sciences, 37（Part B7）: 777-782.

Petit G, Luzum B. 2010. IERS conventions. Tech. Rep. DTIC Document. 36: 180.

Poli D, Toutin T. 2012. Review of developments in geometric modelling for high resolution satellite pushbroom sensors[J]. The photogrammetric record, 27: 58-73.

Riris H, Cavanaugh J F, Sun X, et al., 2009. The lunar orbiter laser altimeter（LOLA）on NASA's lunar reconnaissance orbiter（LRO）mission[C]//Conference on lasers and electro-optics. Optica Publishing Group: CFJ1.

Rowlands D D, Pavlis D E, Lemoine F G, et al., 1999. The use of laser altimetry in the orbit and attitude determination of Mars Global Surveyor[J]. Geophysical research letters, 26（9）: 1191-1194.

Schutz B E 2001. GLAS altimeter post-launch calibration/validation plan[J]. Version, 1: 58-61.

Schutz B E, Zwally H J, Shuman C A, et al., 2005. Overview of the ICESat mission[J]. Geophysical research letters, 32（21）: 97-116.

Smith D E, Zuber M T, Neumann G A, et al., 1997. Topography of the moon from the clementine lidar[J]. Journal of geophysical research: planets, 102（E1）: 1591-1611.

Tadono T, Ishida H, Oda F, et al., 2014. Precise global DEM generation by ALOS PRISM, ISPRS Annals of the photogrammetry[J]. Remote sensing and spatial information sciences, II-4: 71-76.

Takaku J, Tadono T. 2009. PRISM on-orbit geometric calibration and DSM performance[J]. Ieee transactions on conscience and remote sensing[J], 47: 4060-4073.

Takaku J, Tadono T, Tsutsui K. 2014. Generation of high resolution global DSM from ALOS PRISM[J]. The international archives of the photogrammetry, remote sensing and spatial information sciences,

XL-4（4）: 243-248.

Takaku J, Tadono T, Tsutsui K, et al., 2016. Validation of "AW3D" global DSM generated from ALOS PRISM[J]. ISPRS annals of the photogrammetry, remote sensing and spatial information sciences, III-4: 25-31

Tang X M, Xie J F, Gao X M, et al., 2019. The in-orbit calibration method based on terrain matching with pyramid-search for the spaceborne laser altimeter[J]. IEEE journal of selected topics in applied earth observations and remote sensing, 12（3）: 1053-1062.

Tang X, Xie J, Liu R, et al., 2020. Overview of the GF - 7 laser altimeter system mission[J]. Earth and space science, 7（1）.

Tao C V, Hu Y. 2001. A comprehensive study of the rational function model for photogrammetric processing[J]. Photogrammetric engineering & remote sensing, 67: 1347-1357.

Teshima Y, Iwasaki A. 2008. Correction of attitude fluctuation of terra spacecraft using ASTER/SWIR imagery with parallax observation[J]. IEEE transactions on geoscience & remote sensing, 46: 222-227.

Weidlich K, Rech M, Kallenbach R., 2011. Qualification testing of the laser transmitter part for ESA's bepicolombo laser altimeter （BELA）[C]//Lidar Remote Sensing for Environmental Monitoring XII. SPIE, Prague 8159: 57-72.

Xie J F, Huang G H, Liu R, et al., 2020. Design and data processing of China's first spaceborne laser altimeter system for earth observation: GaoFen-7[J]. IEEE journal of selected topics in applied earth observations and remote sensing, 13: 1034-1044.

Xie J F, Tang X M, Mo F, et al., 2018. In - orbit geometric calibration and experimental verification of the ZY3 - 02 laser altimeter[J]. The photogrammetric record, 33（163）: 341-362.

Xie J F, Tang X M, Mo F, et al., 2017. ZY3-02 laser altimeter footprint geolocation prediction[J]. Sensors, 17（10）, 2165

Xie J F, Liu R, Tang X M, et al., 2023. A geometric calibration method without a field site of the GF-7 satellite laser relying on a surface mathematical model[J]. IEEE transactions on geoscience and remote sensing, 61, 1-14.

Yu A W, Krainak M A, Harding D J,et al., 2011. Development effort of the airborne lidar simulator for the lidar surface topography (LIST) mission[C]//International Society for Optics and Photonics.Lidar Technologies, Techniques, & Measurements for Atmospheric Remote Sensing VII.

Zwally H J, Schutz B, Abdalati W, et al., 2002. ICESat's laser measurements of polar ice, atmosphere, ocean, and land[J]. Journal of geodynamics, 34（3-4）: 405-445.